How to Make Shoes Patterns

구두 패턴
프로세스

김형래 · 차남수 공저 | 김영길 감수

 일진사

Preface

구두 디자인은 시시각각으로 변하는 세계 트렌드의 흐름에 따라 하루가 다르게 변화하고 있다. 그 중심에는 발에 대한 정확한 이해와 라스트(구두 디자인 모형)에 대한 고찰 및 원부자재의 다양화 등이 있었다. 오늘날 구두 디자인은 단순히 자신이 원하는 디자인을 그리는 드로잉뿐만이 아니라 그 디자인에 맞는 컬러와 소재 선정 능력, 라스트 제작 방법 등에 대한 전문적인 지식이 필요하다. 구두 디자이너에게 있어 감각적인 자질보다는 끊임없이 노력하여 자기만의 기술과 안목을 기르는 것이 중요하며, 구두 패턴 전체 과정을 이해하고 총괄할 수 없다면 구두 디자인의 핵심을 놓치는 것이다.

이에 본 저자는 강단에서의 강의 경험과 풍부한 현장의 노하우를 토대로 구두 패턴을 배우고자 하는 후학들에게 조금이나마 도움이 되고자 구두 패턴의 제작 과정을 알기 쉽게 사진과 글로 정리하여 집필하게 되었다.

이 책은 펌프스, 토 오픈, 백 오픈, 샌들, 옥스퍼드, 더비, 스니커즈, 앵클부츠, 롱부츠 등 구두에서 가장 많이 사용되고 있는 디자인 패턴을 선별하여 총 13장으로 구성하였으며, 장이 들어가기 전에 패턴 제작을 위한 준비물과 라스트의 구조 및 명칭 그리고 발의 구조에 대해서 간략하게 설명하였다.

또한 각 장은 누구나 쉽게 따라할 수 있도록 과정 단계별로 사진을 넣어 상세하게 설명하였으며, 패턴 제작 과정을 일목요연하게 정리하여 구두 패턴을 처음 배우는 학생들과 일반인에게 좀 더 쉽게 전달하고자 노력하였다. 다만, 좀 더 많은 사진과 디자인을 담지 못한 점은 앞으로 개정판을 통해 더욱 보완해 나갈 것이다.

끝으로 이 책을 출판하는 데 있어 여러 가지로 도움을 준 사랑하는 제자들, 바쁜 와중에도 직접 감수해 주신 오산대 제화패션산업과 김영길 교수님 그리고 꼼꼼한 편집과 교정에 수고를 아끼지 않은 출판사 편집부 모든 분들께 머리 숙여 감사의 마음을 전한다.

저자 일동

Contents 차례

B asic
K nowledge

들어가기 전에

◉━ 구두 패턴 제작 도구(준비물)

구두 패턴 작업을 하기 위해서는 다음과 같은 제작 도구(①~⑯)가 필요하다. 라스트는 원하는 디자인에 맞게 준비하고 패턴용 종이로는 두꺼운 용지와 얇은 용지(종이 가봉할 때 사용하는 용지)가 사용되며, 마스킹테이프 폭은 5cm, 7cm 정도가 좋다. 딱풀과 스카치테이프는 골씌움할 때 필요하고, 제화용 칼 또는 일반용 칼은 재단용으로 사용되며 플라스틱 자보다는 철자가 작업하기 쉽고 위험하지도 않다.

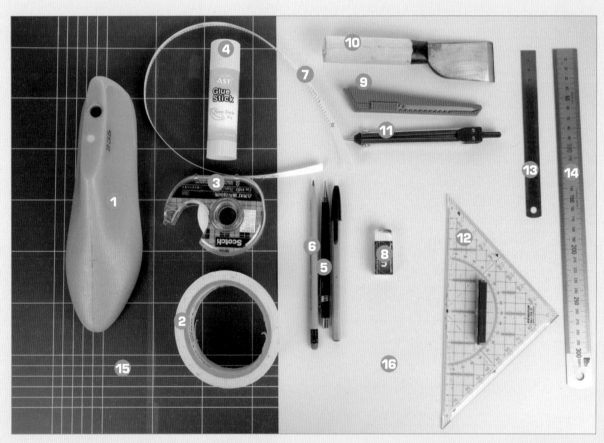

❶ 라스트(구두골)	❷ 마스킹테이프	❸ 스카치테이프	❹ 딱풀
❺ 샤프	❻ 연필	❼ 줄자 (30cm)	❽ 지우개
❾ 일반용 칼	❿ 제화용 칼	⓫ 디바이더	⓬ 삼각자
⓭ 철자(15cm)	⓮ 철자(30cm)	⓯ 패턴용 고무판	⓰ 패턴 종이

◉—○ 라스트의 구조 및 각 부분 명칭

구두 패턴 작업을 하기 위해서는 라스트의 구조 및 각 부분 명칭에 대해서 알아야 한다. 라스트는 신발 제작을 위해 만든 실제 발 형태에 가까운 모형으로 우리나라에서는 플라스틱 소재의 라스트가 주로 사용되고 있다. 라스트는 발을 중심으로 엄지발가락이 있는 쪽을 안쪽(inside)이라고 하며 새끼발가락이 있는 쪽을 바깥쪽(outside)이라고 한다. 각 부분에 대한 명칭은 다음 그림과 같다.

■ 플랫 라스트(측면)

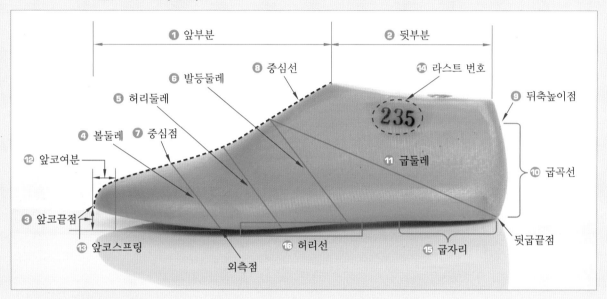

❶ 앞부분(fore part) : 발목둘레 앞부분부터 앞코끝점까지의 길이

❷ 뒷부분(back part) : 발목둘레 앞부분부터 뒷굽끝점까지의 길이

❸ 앞코끝점(toe point) : 라스트 중심선에서 가장 앞부분 끝지점

❹ 볼둘레(ball girth) : 내측점에서 중심선을 지나 외측점까지의 둘레

❺ 허리둘레(waist girth) : 내측 아치선에서 허리점을 지나 외측 아치선까지의 둘레

❻ 발등둘레(instep girth) : 내측 아치 끝부분에서 발등점을 지나 외측 아치 끝부분까지의 둘레

❼ 중심점(center point) : 볼둘레선과 중심선이 만나는 지점

❽ 중심선(center line) : 앞코끝점에서 발목둘레 앞부분까지의 선

❾ 뒤축높이점(heel curve point) : 뒷굽끝점에서 뒤축높이 5cm 지점

❿ 굽곡선(heel curve) : 뒷굽끝점에서 뒤축높이점까지의 곡선

⓫ 굽둘레(heel girth) : 뒷굽 끝점에서 발등둘레 상단까지의 둘레

⓬ 앞코여분(toe room) : 발끝 부분과 구두 끝부분 사이에 존재하는 공간

⓭ 앞코 스프링(toe spring) : 라스트의 앞코 끝에서 지표면까지의 수직 거리

⓮ 라스트 번호(last number) : 라스트마다 가지는 고유의 번호

⓯ 굽자리(heel seat) : 굽이 부착되는 지점

⓰ 허리선(arch line) : 볼둘레선에서 뒷부분 방향으로 아치 곡선이 나타나는 선

■ 플랫 라스트(평면)

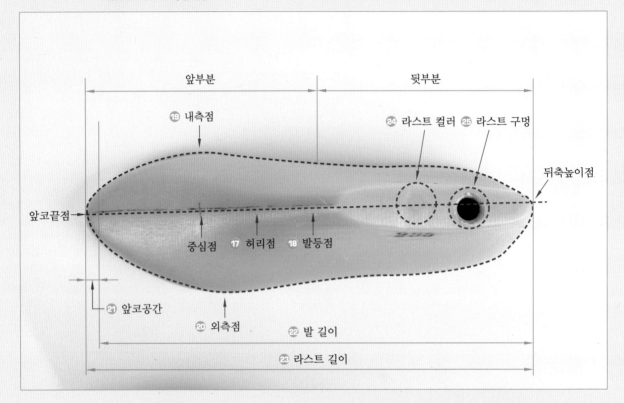

⑰ **허리점(waist point)** : 외측 허리선과 내측 허리선이 중심선과 만나는 중간지점

⑱ **발등점(instep point)** : 발등둘레선과 중심선이 만나는 지점

⑲ **내측점(inside ball point)** : 엄지발가락 안으로 내측에서 가장 돌출된 지점

⑳ **외측점(outside ball point)** : 새끼발가락 밖으로 외측에서 가장 돌출된 지점

㉑ **앞코공간(toe room)** : 신발 끝과 발가락의 끝 사이에 생기는 여유 공간

㉒ **발 길이(foot length)** : 앞코공간 뒷부분에서 뒷굽끝점까지의 길이

㉓ **라스트 길이(last length)** : 앞코끝점에서 뒷굽끝점까지의 길이

㉔ **라스트 컬러(last color)** : 라스트마다 사이즈를 표시하는 컬러(녹색 : 235size)

㉕ **라스트 구멍(last hole)** : 조립 공정에서 골씌움하고 탈골하기 위해서 만들어진 구멍

■ 펌프스 라스트(측면)

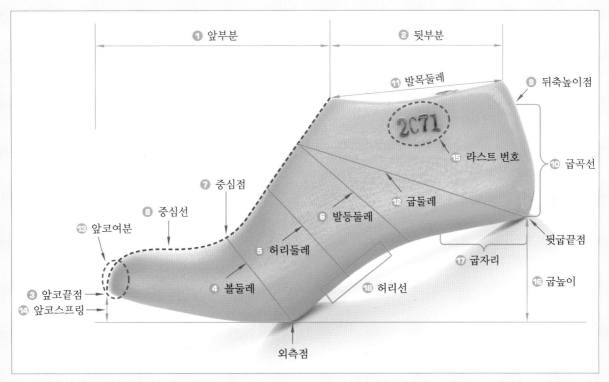

❶ 앞부분(fore part) : 발목둘레 앞부분부터 앞코끝점까지의 길이

❷ 뒷부분(back part) : 발목둘레 앞부분부터 뒷굽끝점까지의 길이

❸ 앞코끝점(toe point) : 라스트 중심선에서 가장 앞부분 끝지점

❹ 볼둘레(ball girth) : 내측점에서 중심선을 지나 외측점까지의 둘레

❺ 허리둘레(waist girth) : 내측 아치선에서 허리점을 지나 외측 아치선까지의 둘레

❻ 발등둘레(instep girth) : 내측 아치 끝부분에서 발등점을 지나 외측 아치 끝부분까지의 둘레

❼ 중심점(center point) : 볼둘레선과 중심선이 만나는 지점

❽ 중심선(center line) : 앞코끝점에서 발목둘레 앞부분까지의 선

❾ 뒤축높이점(heel curve point) : 뒷굽끝점에서 뒤축높이 5cm 지점

❿ 굽곡선(heel curve) : 뒷굽끝점에서 뒤축높이점까지의 곡선

⓫ 발목둘레(ankle girth) : 라스트 높이에서 앞방향으로 중심선까지의 둘레

⓬ 굽둘레(heel girth) : 뒷굽 끝점에서 발등둘레 상단까지의 둘레

⓭ 앞코여분(toe room) : 발끝 부분과 구두 끝부분 사이에 존재하는 공간

⓮ 앞코스프링(toe spring): 라스트의 앞코 끝에서 지표면까지의 수직 거리

⓯ 라스트 번호(last number) : 라스트마다 가지는 고유의 번호

⓰ 굽높이(heel high) : 뒷굽끝점으로부터 바닥 평면까지의 수직 높이

⓱ 굽자리(heel seat) : 굽이 부착되는 지점

⓲ 허리선(arch line) : 볼둘레선에서 뒷부분 방향으로 아치 곡선이 나타나는 선

■ 펌프스 라스트(평면)

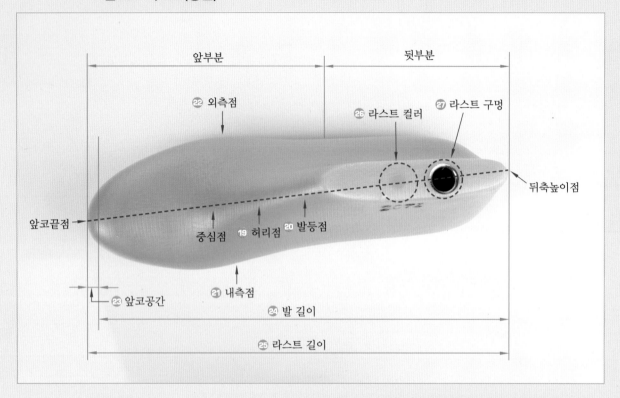

앞부분   뒷부분

㉒ 외측점   ㉖ 라스트 컬러   ㉗ 라스트 구멍

뒤축높이점

앞코끝점

중심점 ⑲ 허리점 ⑳ 발등점

㉑ 내측점

㉓ 앞코공간

㉔ 발 길이

㉕ 라스트 길이

⑲ 허리점(waist point) : 외측 허리선과 내측 허리선이 중심선과 만나는 중간지점

⑳ 발등점(instep point) : 발등둘레선과 중심선이 만나는 지점

㉑ 내측점(inside ball point) : 엄지발가락 안으로 내측에서 가장 돌출된 지점

㉒ 외측점(outside ball point) : 새끼발가락 밖으로 외측에서 가장 돌출된 지점

㉓ 앞코공간(toe room) : 신발 끝과 발가락의 끝 사이에 생기는 여유 공간

㉔ 발 길이(foot length) : 앞코 공간 뒷부분에서 뒷굽끝점까지의 길이

㉕ 라스트 길이(last length) : 앞코끝점에서 뒷굽끝점까지의 길이

㉖ 라스트 컬러(last color) : 라스트마다 사이즈를 표시하는 컬러(녹색 : 235size)

㉗ 라스트 구멍(last hole) : 조립 공정에서 골씌움하고 탈골하기 위해서 만들어진 구멍

구두 패턴 용어

    구두 패턴을 제작하기 위해서는 우선 신발 각 부분에 대한 명칭과 의미를 정확히 이해하는 것이 중요하다. 하지만 구두 제작 용어는 체계적으로 표준화되지 않아 작업자에 따라 한국어, 영어, 일본어가 혼용되고 있다. 현장에서 일하는 분들은 오랫동안 습관적으로 사용해 왔기 때문에 표준어를 사용하지 않고 있다. 따라서 앞으로 구두 제작에서 사용되는 용어의 표준화 작업이 무엇보다 필요하다. 여기에서는 구두 제작에 사용되는 용어를 현장 실무에서 사용하는 용어와 영어로 정리하여 설명하였다.

  ① 갑피(갑혁 ; upper) : 구두의 윗부분을 말한다.

  ② 선심(toe box) : 구두의 앞코 부분을 보호하기 위해서 덧붙이는 보강 소재

  ③ 월형(counter) : 구두 뒷부분의 갑피와 내피 사이에 들어가며 발뒤꿈치를 보호하고 형태를 유지한다.

  ④ 내피(lining) : 구두의 안쪽에 들어가는 소재로 갑피를 보강해 준다. 주로 돈피가 많이 사용된다.

  ⑤ 앞날개(vamp) : 발의 앞부분을 덮는 구두의 앞부분

  ⑥ 뒷날개(quarter) : 앞날개를 제외한 구두의 후미 부분을 감싸주는 부분

  ⑦ 지활재(갑보 ; heel grip) : 발의 뒤꿈치가 벗겨지는 것을 방지하고 보호하는 안감

  ⑧ 끈(lace) : 구두가 벗겨지지 않도록 고정하는 역할을 하며 최근에는 워커용 디자인에서 많이 볼 수 있다.

  ⑨ 도꾸리(독구리, 뒷보강 ; back stay) : 뒷박음질의 상단을 보강하기 위해 덧붙인 가죽 조각

  ⑩ 아구(top line) : 구두의 앞부분의 디자인 라인을 말하며, 예전에는 U자형 아구 라인이 많았는데 최근에는 일자형 아구 라인도 많이 볼 수 있다.

  ⑪ 도리(binding) : 구두 갑피 작업을 할 때 끝부분을 다시 한 번 가죽이나 합성 피혁으로 감싸주는 것

  ⑫ 혀(설포, 베라 ; tongue) : 구두의 갑피 앞부분에 끈이 들어가는 디자인에서 발의 발등 부분에 들어가는 가죽 조각

  ⑬ 하도메(끈구멍테 ; eyelet) : 끈이 들어가는 디자인에 끈 구멍테를 말한다.

  ⑭ 안창(in sole) : 까래 아래에 있어 신발 안쪽의 바닥 부분으로 발을 지지하는 창

  ⑮ 중창(mid sole) : 안창과 겉창 사이에 삽입시킨 창

  ⑯ 겉창(out sole) : 구두의 맨 아래 있는 창으로 지면에 닿는다. 겉창의 종류에는 족창, 판창, 홍창이 있다.

  ⑰ 까래(sock lining) : 구두 안창 위에 붙이는 소재로 주로 브랜드 로고를 부착하고 충격을 흡수하기 위해 사용된다.

  ⑱ 허리쇠(shank steel) : 사람에게 척추의 역할을 하는 것처럼 구두의 척추 역할을 한다. 중창과 겉창 사이에 들어가며 형태는 일자형, Y자형, X자형 등 다양하다.

  ⑲ 굽싸개(heel cover) : 굽을 가죽으로 싸주는 것

⑳ 굽(heel) : 원하는 디자인에 따라 형태와 높이는 다양하다.

㉑ 뗀가와(천피 ; top lift) : 굽의 마모와 손상을 방지하기 위해서 붙이는 것

㉒ 속메움(filler) : 바닥 부분의 속메움을 하여 창 보강을 도와주며, 충격 흡수에 도움을 준다.

㉓ 골밥(lasting margin) : 구두의 골씌움 작업을 하기 위해서 갑피와 내피의 여분을 주어 라스팅 작업을 한다.

㉔ 저부(bottom) : 구두의 갑피 부분을 제외한 아래 부분

발의 구조

발의 골격

발은 발의 형태, 발가락의 길이와 연관하여 3가지 형태로 구분한다.

- 이집트형 발 : 엄지발가락이 가장 긴 발
- 그리스형 발 : 둘째 발가락이 엄지발가락보다 긴 발
- 정방형 발 : 처음 세 개의 발가락 길이가 같은 발

한쪽 발은 26개의 뼈로 형성되어 있다.

- 14개의 지골 : 말절골, 중절골, 기절골. 엄지발가락에는 중절골이 없다.
- 5개의 중족골 : 압박에서 보호해 주고, 근육이 잘 회전하도록 돕는다.
- 3개의 설상골 : 체중을 지탱하고 중심을 잡는 역할을 한다.

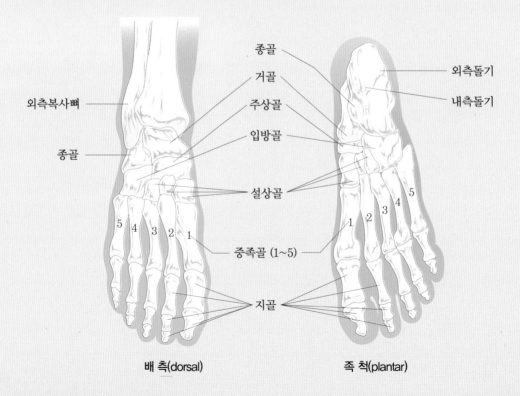

배 측(dorsal)　　　　　족 척(plantar)

- 1개의 주상골 : 발목의 중심부에 위치한다.
- 1개의 입방골 : 불규칙한 주사위 모양, 외측 발목 쪽에 위치한다.
- 1개의 종골 : 발꿈치에 해당, 서 있거나 걸을 때 체중을 유지한다.
- 1개의 거골 : 복사뼈에 해당, 위, 아래를 움직이는 지렛대 역할을 한다.

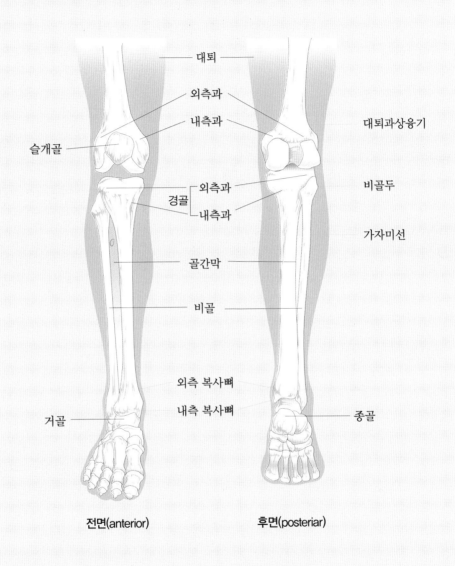

전면(anterior)   후면(posteriar)

■ 발의 아치형과 관절

발 골격의 뼈들은 서로 평평하게 이어져 있는 것이 아니다. 거골은 부분적으로 발 골격의 중간 가장자리에 솟아져 나와 있는 근골에 놓여 있다. 발의 아치형을 말할 때 전형적인 아치형은 이루어지지 않는다. 오히려 근육과 인대로 인하여 죄어지며 청소년기에 처음으로 형성된다.

- 종측 아치형 : 보이는 모양에 따라 높이 올라가 있는 내부 종측 아치형과 평평한 외부 종측 아치형으로 구분한다. 족저건, 장 족저 인대, 판 인대 등 3가지의 인대에 의해 죄어진다. 이 인대들은 다른 모든 인대들과 같이 콜라겐 섬유로 이루어져 있으며 이들은 신축성이 있지 않고 쉽게 지치지도 않는다. 그러나 갑자기 강하게 인대를 편다면 콜라겐 섬유는 길어진다. 발의 짧아진 근육은 지나친 피로, 잘못된 신발로 인해 미세하게 긴장하고 인대가 길어지게 되므로 종측 아치형을 평평하게 한다.
- 횡측 아치형 : 배후 횡측 아치형과 전방 횡측 아치형으로 구분한다. 배후 횡측 아치형은 장비 골근과 후경골근의 건에 의해 단축된다. 전방 횡측 아치형의 단축은 엄지발가락을 둘러싸고 있는 근육의 운동 부족과 작은 신발의 조여짐으로 인해 발이 편평해지고 선상족으로 변하게 된다.
- 발의 관절 : 상, 하측 과관절, 발목, 발가락 관절로 되어 있다.
- 거퇴관절(발목관절) : 경골(정강이뼈)과 비골(종아리뼈)의 아랫부분에 있는 관절부분과 거골 활차 사이에 이루어지는 접번관절이다.
- 족근간관절 : 7개의 족근골(발목뼈)들 사이에 이루어지는 평면관절이다.
- 족근중족관절 : 윗 위쪽 족근골(3개 이상의 설상골과 1개의 입방골)과 5개의 중족골 저부 사이에서 이루어지는 평면관절이다.
- 지절간관절 : 발가락뼈 사이에 기절골, 중절골, 말절골로 이루어지는 접번관절이다.
- 중족지절관절 : 5개의 중족골두와 5개의 기절골 저부 사이에 이루어지는 접번관절이다.
- 접번관절 : 문이 달려 있는 손잡이처럼 움직인다.
- 평면관절 : 돌로 쌓은 담장처럼 아주 작은 틈이 있을 뿐이며 서로 단단히 끼워져 있다.

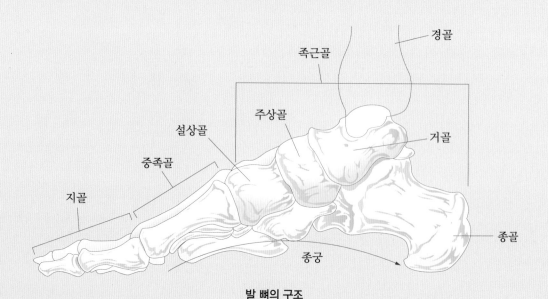

발 뼈의 구조

Shoes Pattern Process

Chapter

1

스탠더드 W
(standard W)

1 라스트 중심선 제작 방법

❶ 라스트 토 부분에서 3cm 정도 올려 선을 긋고 라스트 상단에서 3cm 정도 내려 긋는다.

❷ 라스트 상단이 앞으로 가게 돌려서 ❶과 ❷가 마주보는지 확인한다. 라스트를 기울여 가면서 상단 ❷가 토 부분에 ❶과 직선으로 일치하는지 눈으로 점검한 후 일치하지 않으면 일치하도록 수정한다. 먼저 두꺼운 종이를 3cm × 15cm 정도의 폭과 길이로 준비한다.

❸ 준비된 두꺼운 종이를 안쪽에서 토 부분 ❶과 상단 ❷에 맞추어 그린다(내측선).

❹ 라스트를 반대로 돌린 후 바깥쪽에서 ❷와 토 부분 ❶에 맞추어 그린다(외측선).
이때 라스트를 중심으로 내측선과 외측선 두 개가 생기는데, 그 중심의 $\frac{1}{2}$을 위에서 아래로 그린다.

step 01 ❶은 라스트 토 가장 뾰족한 위치에 좌우 $\frac{1}{2}$ 지점에서 시작하여 라스트 상단 쪽으로 3cm 긋는다. ❷는 라스트 등 정상에서 좌우 $\frac{1}{2}$ 지점을 하단 쪽으로 3cm 정도 긋는다.

step 02 라스트 상단선 ❷와 토 부분 ❶이 마주보아야 한다(일치선을 점선으로 표시). 라스트를 돌려서 step 01과 같은지 확인한다.

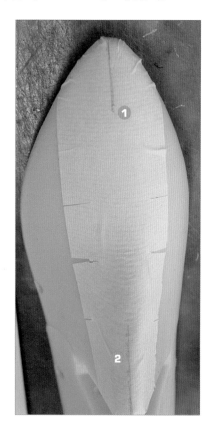

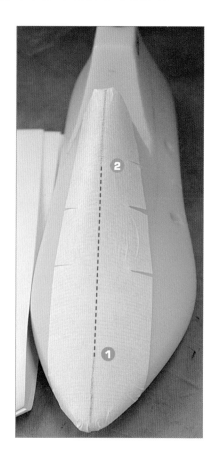

step **03** 라스트 토 **❶**과 라스트 상단 **❷**에 맞추어 준비한 종이를 안쪽에 대고 사진과 같이 연필로 그린다(내측선).

step **04** 라스트를 돌려서 라스트 상단 **❷**와 토 **❶**을 바깥쪽에 대고 사진과 같이 그린다(외측선).

준비한 두꺼운 종이

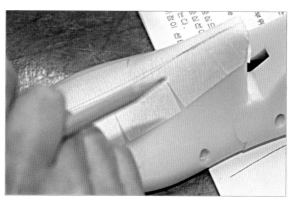

step **05** step **03** → step **04** 작업을 하면 다음과 같이 좌우로 2개의 선이 생기는데, 첫 번째 그린 선이 내측선, 두 번째 그린 선이 외측선이다. 완성된 내측선과 외측선의 중심을 위에서 아래 방향으로 그려 내려온 선이 라스트 중심선이 되며, 중심선을 그린 후에는 내측선과 외측선은 지우도록 한다.

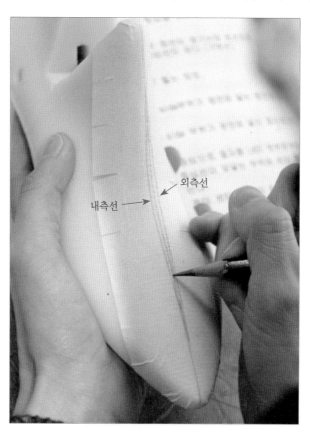

내측선 → ← 외측선

2 센터 포인트 정하는 방법

❶ 먼저 라스트를 책상 끝 지점 평면 판 위에 자연스럽게 올려놓은 후 라스트 외측을 살짝 들어 외측이 45° 각도가 되도록 한다. 이때 라스트 토 부분 쪽으로 공간이 생기며 또한 라스트 아치 부분에도 공간이 생기게 된다. 그리고 책상 평면에 라스트가 닿은 부분의 중심(A)을 연필로 표시한다.

❷ 반대로 라스트를 돌려서 자연스럽게 올려놓은 후 라스트 외측을 살짝 들어 내측 45° 각도가 되도록 한다. 이때에도 토 부분과 아치 부분에 공간이 생기게 된다. 그리고 책상 평면에 라스트가 닿은 부분의 중심(B)을 연필로 표시한다.

❸ A, B점을 중심으로 줄자를 라스트 상단 쪽으로 대고 A점 뒤로 줄자를 대어 엄지로 누른 다음 줄자를 B점 뒤로 대어 팽팽하게 당겨 장지로 고정시킨 후 라스트 중심선 위에서 만나는 점을 연필로 표시한다. 라스트에서 줄자를 완전히 분리한 후 다시 똑같은 방법으로 3회 반복하여 표시한다. 3회 실시하여 2회에 걸쳐 만나는 점이 센터 포인트가 된다.

step 01 라스트 바깥쪽 부분이 평면에 닿는 중간점 A점이다.	**step 02** 라스트 안쪽 부분이 평면에 닿는 중간점 B점이다.

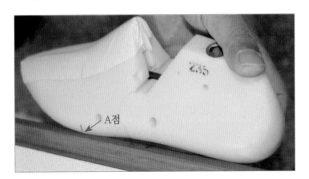

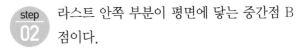

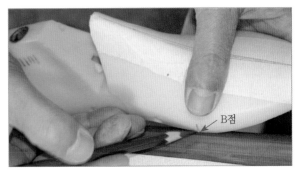

step 03 A, B점을 중심으로 줄자를 라스트 상단 쪽으로 대고 A점 뒤로 줄자를 대어서 엄지로 고정한다.

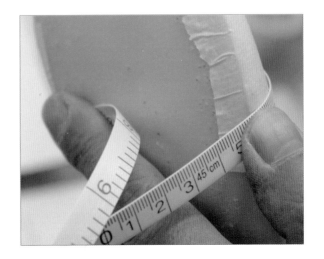

step **04** 고정된 줄자를 B점 뒤에 당겨서 고정시킨 후 중심선에 3회 반복 표시하여 2번 만나는 점이 센터 포인트가 된다.

step **05** 아래 사진에 진하게 표시된 선이 센터 포인트 확정 선이다.

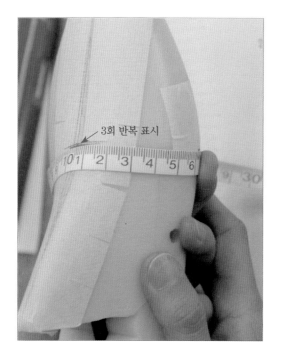

3회 반복 표시

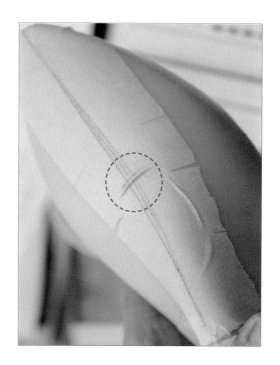

3 힐 커브 - 중심선 그리기

① 힐 커브는 뒤축에 힐이 달리는 상단 곡선이 있는 부분을 말한다.

② 라스트를 뒤집어 바닥 면이 보이게 한 후 힐이 달리는 부분의 가장 높은 곳에 연필로 꼭지점을 표시한다.

③ 뒤축 상단에서 가장 높은 곳을 연필로 표시한 후 라스트 밑바닥에 힐이 달리는 위치의 꼭지점까지 내려 긋는다. 이때 내려 그어진 선은 수직으로 내려 그려야 하며 좌우 틀어지지 않도록 주의해야 한다. 좌우로 틀어져 있는지를 잘 모를 경우 라스트를 굽 위에 올려놓고 확인하면 쉽게 알 수 있다.

④ 라스트에 뒤축높이가 표시되어 있지 않으면 줄자로 측량한다.
여성화 뒤축높이 : 50~55mm, 남성화 뒤축높이 : 60~65mm

step 01 힐 커브 모양 못이 박혀 있는 위치가 뒤축 높이다.

step 02 라스트 밑바닥에 힐이 달리는 위치의 꼭지점을 표시한다.

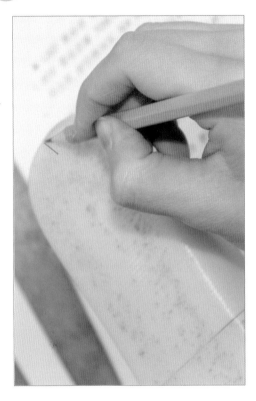

step 03 힐 커브 위에서부터 아래로 가장 돌출된 부분을 수직으로 내려 선을 그어 꼭지점까지 연결한다.

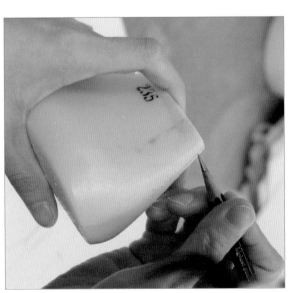

step 04 여성화 뒤축높이는 50~55mm가 가장 많이 사용되며, 남성화 뒤축높이는 60~65mm가 가장 많이 사용된다.

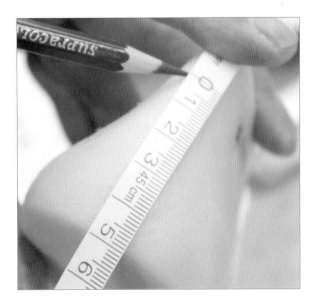

4 라스트에 선 메우기 작업

앞에서 나열한 선 그리기 작업 후 칼로 홈을 내어 색을 메우는 작업이다. 자주 사용하는 라스트에 기본선 포인트를 미리 표시해 놓으면 패턴 제작 시 기본선 작업에 드는 시간을 단축할 수 있어 효율적이다. 한 번만 사용할 라스트라면 선 그리기만 하고 메우기 작업은 하지 않아도 무방하다.

① 먼저 라스트 상단 뒤를 눌러서 견고하게 잡은 후 중심선을 축으로 위에서 아래 방향으로 칼로 홈을 내어 준다. 이때 칼날이 어느 정도 라스트에 박히도록 힘을 주어 칼질해야 홈이 생기고 색을 메울 수 있다.

② 센터 포인트에도 라스트 중심선과 열십자(+) 모양이 되도록 칼날을 세워 찍는 방법으로 칼질한다.

③ 바깥쪽 A점과 안쪽 B점도 칼날을 세워 콕 찍는 방법으로 칼질한다.

④ 라스트 힐 커브 위치도 칼로 홈을 내어야 한다. 이때 라스트 토를 책상에 고정시키고 직각으로 세워서 칼질을 해야 미끄러져 라스트를 손에서 놓쳤을 때도 칼에 의한 부상이 없다. 뒤축높이점도 칼질 홈을 낸다.

⑤ 칼질이 종료되었으면 선을 그리기 위하여 라스트에 부착한 테이프를 모두 떼어낸다. 칼로 홈을 내어준 자리에 흑색이나 적색 색연필로 문질러 홈 속으로 스며들게 한다. 이때 중심선, 센터 포인트, 바깥 A점, 안 B점, 힐 커브선, 뒤축높이점 등의 홈을 색연필로 모두 메워준다.

⑥ 메우기가 다 되었으면 이제는 지우개로 다시 벗겨내기를 한다. 잘 지워지지 않을 때에는 면 소재에 휘발유를 약간 묻혀서 지우면 잘 지워진다. 지우기가 끝나면 칼로 홈을 내어준 선과 포인트에만 색이 스며들어 선명한 선이 생긴다.

step 01 칼로 상단에서 하단 쪽으로 홈을 내기 위한 칼질을 한다. 이때 단 1회의 칼질로 마무리해야 하며 여러 차례 칼질을 할 경우 색을 메울 때 이중선이 생기기 때문에 주의해야 한다.

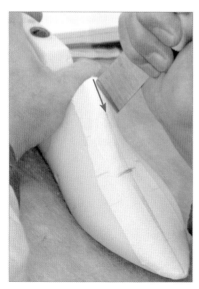 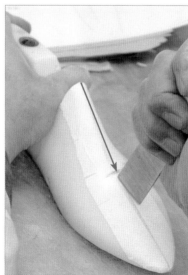 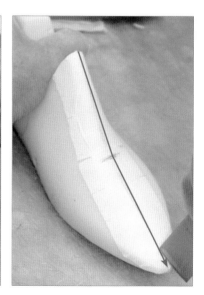

step 02 칼날을 세워 +모양이 되게 5mm 폭 정도로 칼질하고, 센터 포인트를 표시한다.

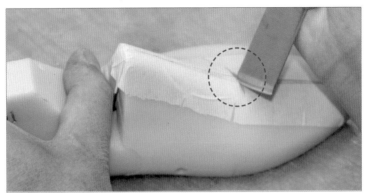

step 03 바깥쪽 A점과 안쪽 B점도 칼날을 세워 콕 찧는 방법으로 칼질한다.

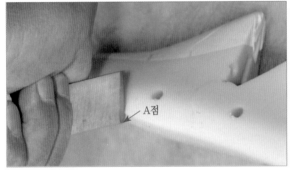

step 04 라스트를 직각으로 세워서 아래 사진과 같이 왼손으로 꽉 잡은 후 칼질한다.

step
05
뒤축높이점이 표시되어 있는 라스트는 칼질을 하지 않아도 무방하며 표시가 없는 라스트는 칼로 홈을 내어준다.

step
06
칼질이 종료되었으면 선을 그리기 위하여 라스트에 부착한 테이프를 모두 떼어내고, 홈을 색연필로 모두 메워준다.

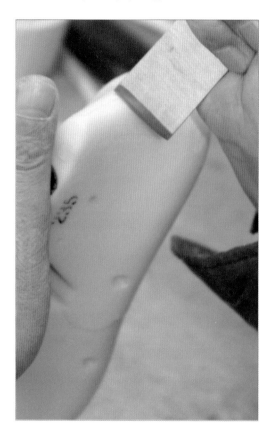

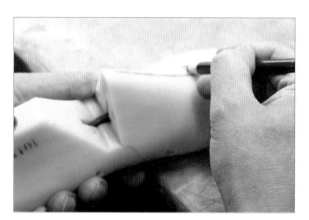

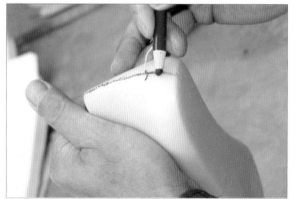

step
07
메우기가 다 되었으면 지우개로 다시 벗겨내기를 한다.

<table>
<tr><td>step
08</td><td>지우개로 깨끗하게 지우고 난 후의 라스트 중심선과 센터 포인트 모습이다.
왼쪽 : 앞에서 본 모습, 오른쪽 : 뒤에서 본 모습</td></tr>
</table>

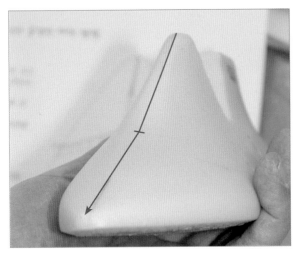 

5 라스트에 테이프 부착하는 방법

라스트에 테이프 부착 시 종이 재질의 마스킹테이프를 사용하며 폭은 40mm나 50mm가 적당하다.(패턴 제작 시 필요한 도구 : 줄자, 15cm 쇠자, 풀, 지우개, 송곳, 2B 연필, 0.5mm 샤프, 흑/적색 볼펜, 가위, 패턴용 칼)

❶ 준비된 왼쪽 라스트에 마스킹테이프를 부착하는 방법이다. 순서는 라스트 상단에서부터 아래 하단 부분으로 순차적으로 부착하는데 3줄로 마무리하며 왼쪽 라스트 바깥쪽만 부착하면 된다. 테이프를 라스트 상단 기장만큼 가위로 절단한 후 상단에 1cm 정도 덮이게 각도를 맞추고 라스트 중간 지점을 먼저 눌러 부착하고 라스트 중심선이 있는 앞쪽으로 주름이 안 생기도록 밀면서 부착해 나간다. 이때 중심선이 덮이게 부착한다. 다시 라스트 중간 지점에서 살짝 붙어 있는 뒤축 방향의 테이프를 떼어낸 후 지그재그 방식으로 밀면서 주름이 생기지 않도록 하면서 힐 커브 선이 덮이게 부착한다.

❷ 2번째 줄 중간 테이프는 라스트 토에서 뒤축까지 전체 기장만큼 테이프를 가위로 절단한다. 먼저 부착한 첫 번째 테이프 하단에 1cm 정도 겹치도록 각도를 맞춘 후 라스트 중심 지점을 먼저 부착하고 라스트 토 부분 쪽으로 지그재그 방식으로 밀면서 주름이 안 생기도록 부착해 나간다. 센터 포인트 부분은 곡선이므로 직각으로 3줄 정도 가위질을 하여 남는 분량을 커버해가며 곡선으로 부착한다. 다시 라스트 중간 지점에서부터 뒤축까지 지그재그 방식으로 밀면서 나누어 부착한다. 이때 라스트 굽자리 부분은 곡선 때문에 주름이 생기게 되므로 주름을 골고루 펴서 부착한다.

❸ 3번째 테이프 규격에 맞게 가위로 절단한다. 두 번째로 부착된 테이프 하단에 1cm 겹치도록 각도를 유지한 후 겹쳐 부착된 부분을 먼저 부착하고 라스트 바닥 쪽은 자연스럽게 생

기는 잔주름을 골고루 나누어 부착한다.

④ 라스트 바닥에 붙어 있는 테이프를 라스트 바닥 라인까지 떼어낸다. 라스트 바닥 중간 지점을 기점으로 토 방향으로 토까지는 바닥 라인에 맞추어 가위질하고 굽자리 방향으로 굽자리까지는 1cm 정도 남겨 라스트 바닥에 부착한다.(곡선으로 인해 가위질이 어렵다.)

⑤ 패턴용 칼로 라스트 상단에서 토까지 라스트에 표시된 중심선을 따라 칼질하여 중심선 내측 테이프를 떼어내어 버린다. 힐 커브 라인도 라스트에 표시된 라인을 따라 칼질하여 내측 테이프는 떼어내어 버려 버린다

⑥ 센터 포인트를 중심으로 라스트 중심선에 5cm 기장의 테이프를 붙이는데 이는 테이프를 보강하기 위함이며, 이때 라스트 중심선을 먼저 부착한 후 바깥쪽을 직각으로 3등분 가위밥을 넣어 곡선이 돌아가게 부착한다. 그리고 다시 중심선을 칼질하여 안쪽 테이프를 떼어낸다.

⑦ 라스트 바닥면의 토 부분은 라인을 따라 가위질하여 남는 여분이 없고 굽자리 쪽으로는 곡선 때문에 라스트 바닥면에 부착하여 두었다. 굽자리 쪽 바닥에 붙어 있는 마스킹테이프에 라스트의 각진 라인을 따라 연필로 자국을 내어 표시한다. 이때 라스트 상단에도 연필로 라인을 따라 자국을 내어 표시한다.

⑧ 송곳을 이용하여 라스트 바닥면에 붙어 있는 테이프를 떼어내고 힐 커브 부분부터 토 부분 쪽으로 조금씩 늘어나지 않도록 주의하면서 라스트에 부착된 테이프를 완전히 떼어낸다. 떼어낸 후 테이프에 연필로 표시되어 있는 상단과 하단의 라인을 칼로 절단한다.

⑨ 라스트 중심선 라인이 아래쪽으로 오게끔 자리를 잡고 센터 포인트를 중심으로 중심선 라인과 쇠자를 맞춰 직각을 이루도록 볼펜으로 센터 중심선 1번을 긋는다. 라스트 상단에서 3cm 내려온 중심선 라인과 직각을 이루도록 쇠자를 맞추고 볼펜으로 2번 선을 긋는다. 1번 선과 2번 선 중앙에 3번 선을 긋는다.

⑩ 1번 선-2번 선-3번 선 위 아래로 각각 2mm씩 남기고 칼질한다. 칼질은 2번 → 3번 → 1번 순서로 하되 이때 칼판에 테이프가 강하게 밀착되지 않도록 주의해야 양쪽에 남긴 2mm 간격이 분리되지 않는다.

⑪ 칼금을 내어 벌어진 테이프를 라스트 상단부터 패턴 종이에 부착한다. 이때 칼질한 부분이 자연스럽게 벌어지게 되며 칼질한 순서대로 붙여 내려온다. 주의할 점은 먼저 칼질한 부분을 순서대로 부착하고 토 쪽이나 뒤축 위치는 가장 마지막으로 부착한다. 이때에도 지그재그 방법으로 밀면서 주름이 생기지 않게 주의해서 부착한다.

⑫ 패턴 종이에 부착한 테이프 외곽선을 그대로 칼질한 후 센터 포인트에서 직각으로 그린 선의 $\frac{1}{2}$ 지점을 표시한다. 표시한 $\frac{1}{2}$ 지점을 양쪽 1mm씩 남기고 위와 아래 부분을 칼질하면 $\frac{1}{2}$ 지점만 붙어 있고 양쪽이 분리된다.

⑬ 센터 포인트를 3mm 벌리고 스카치테이프로 고정시키는데, 이것을 스프링 작업이라 한다. 스프링 작업을 할 때는 벌리는 부분 밑에 자를 놓고 정확하게 해야 한다. 여기까지 작업한 패턴을 1번 패턴이라 표시하며, 이때 센터 포인트는 3mm 벌어진 라스트 상단 쪽이다.

step 01 테이프를 라스트 상단 기장만큼 가위로 절단한다.

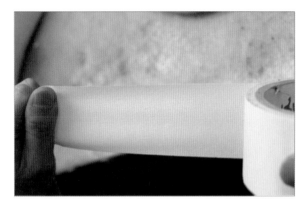

step 02 라스트 상단에 1cm 정도 덮이게 각도를 유지한다.

step 03 라스트 중간 지점을 우선 부착하고 중심선까지 지그재그 방식으로 주름 없게 밀면서 부착한다.

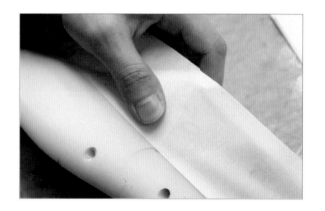

step 04 라스트 뒤축 방향의 테이프를 다시 떼어낸 후 주름이 생기지 않도록 지그재그 방식으로 밀면서 힐 커브 선까지 부착한다. 지그재그로 밀면서 붙여 나갈 때 테이프는 라스트에서 분리되어 있어야 한다.

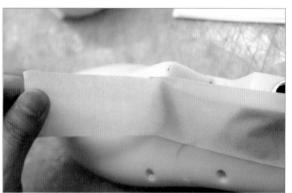

step 05 센터 포인트 부분이 곡선 때문에 부착이 어려우면 직각을 유지하면서 3줄 가위질 하여 부착한다.

step 06 라스트 토에서 뒤축 기장만큼 가위로 절단한다.

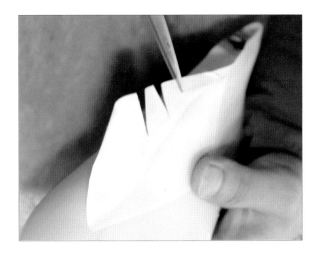

step 07 먼저 부착한 1번 테이프를 1cm 정도 겹치도록 각도를 유지한다.

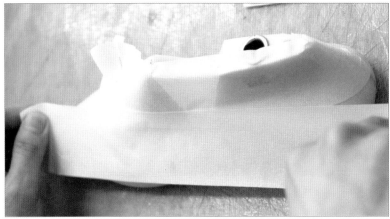

step
08
라스트에 살짝 붙어 있는 테이프를 떼어낸 후 지그재그 방식으로 밀면서 부착한다. 이때 잔주름을 골고루 펴서 붙인다.

step
09
1cm 겹쳐진 부분을 먼저 부착하고 라스트 하단 쪽 잔주름은 골고루 펴서 부착한다.

step 10 라스트 바닥에 붙어 있는 테이프를 라스트 바닥 라인까지 떼어낸다.

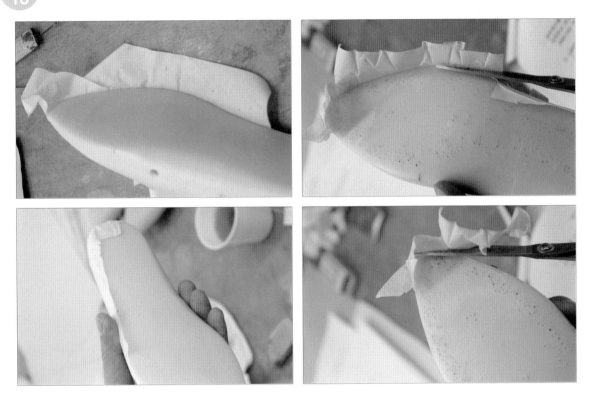

step 11 칼질 시 라스트에 표시된 중심선과 동일한 위치를 칼질해야 한다.

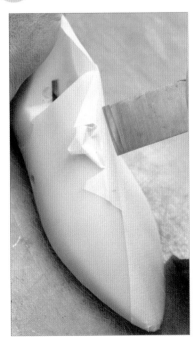

step
12
칼질 시 힐 커브가 표시된 라인과 동일한 위치를 칼질해야 한다.

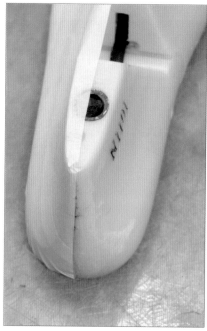

step
13
라스트 중심선을 기준으로 5cm 정도 기장으로 보강하며 부착한다.

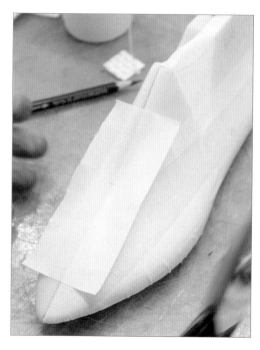
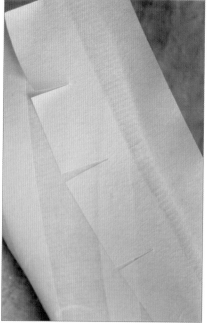

step 14 다시 중심선을 기준으로 칼질한 후 안쪽에 테이프를 떼어내어 버린다.

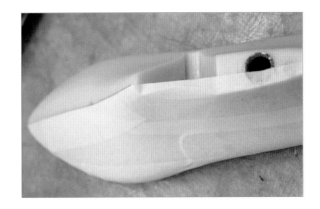

step 15 라스트 라인을 따라 연필로 자국을 내어 표시한다.

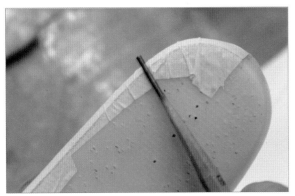
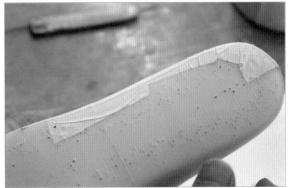

step 16 라스트 상단에도 연필로 자국을 내어 표시한다. 이때 라스트 중심선에 있는 센터 포인트도 볼펜으로 표시한다.

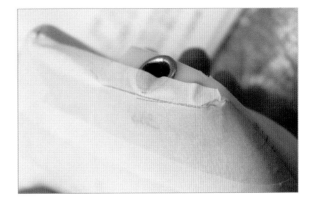

step
17
라스트 힐 커브 부분에서 라스트 토 부분 방향으로 부착된 테이프를 ❶ → ❷ → ❸의 순으로 떼어낸다. 이때 떼어낸 테이프가 엉겨 붙지 않도록 주의한다.

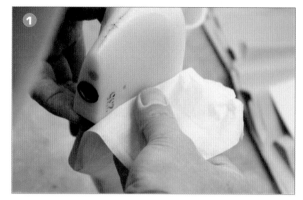

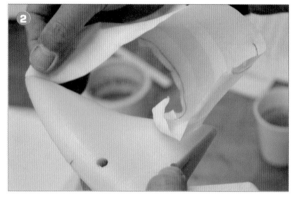

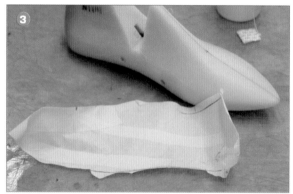

step
18
연필 라인을 칼로 자르는 모습이다.

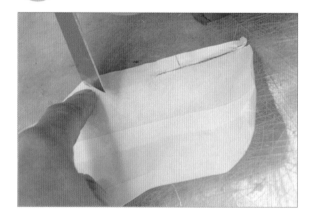

step
19
중심선이 아래쪽으로 놓여 있는 모습이다.

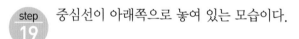

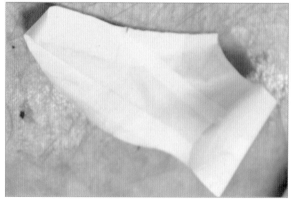

step 20 센터 포인트에 중심선 라인과 직각으로 쇠자를 맞춘 후 1번 선을 그린다.

step 21 라스트 상단에서 3cm 내려와 직각으로 2번 선을 긋는다.

step 22 1번 선과 2번 선이 그려진 모습이다.

step 23 3번 선은 1번 선과 2번의 중앙에 그리면 된다.

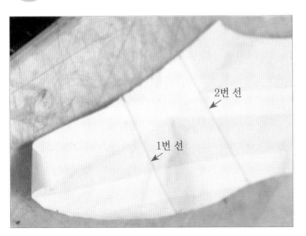
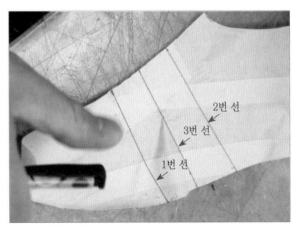

step 24 양쪽 상하로 2mm 남기고 3번부터 절단한다. 이때 남긴 2mm 간격이 분리되지 않도록 주의한다. 라스트 상단부터 칼질한 후 마지막으로 센터 포인트를 칼질한다.

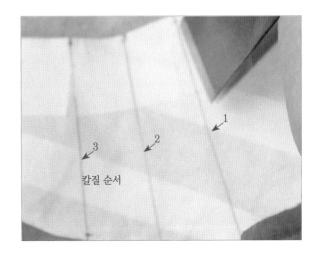

step 25 칼질한 후 떼어내고 다시 반복하여 칼질하고 떼어낸다.

step 26 양쪽을 남기고 칼질한 후 떼어내면 벌어진다.

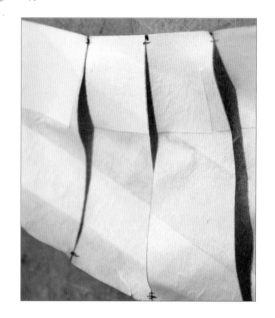

step 27 칼질한 테이프는 자연스럽게 벌어지도록 패턴 종이에 부착한다.

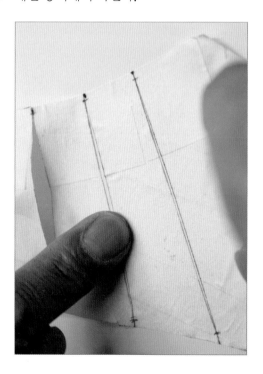

step 28 테이프를 패턴 종이에 1 → 2 → 3 → 4 → 5 순서로 주름 없이 부착한다.

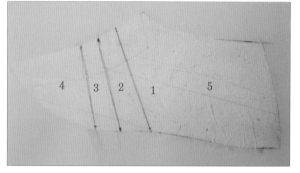

step 29 패턴 종이에 부착된 테이프의 외곽선을 자른다.

step 30 센터 포인트 $\frac{1}{2}$ 지점을 상하로 절단한다.

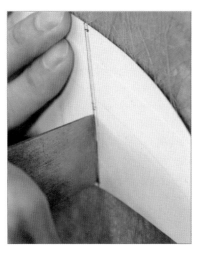 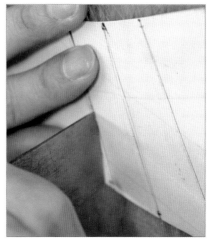

 step 31 $\frac{1}{2}$ 지점만 붙어 있고 양쪽이 분리된 모습이다.

step 32 칼질한 패턴을 자 위에 올려놓고 3mm 벌려 스프링 작업을 한다.

step
33

왼쪽 : 라스트 뒤가 위로 올라오게 부착된 모습, 오른쪽 : 정확한 3mm를 스프링하는 과정

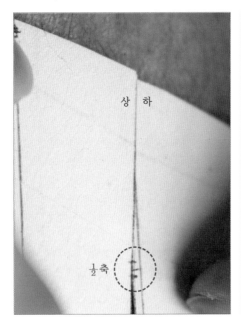
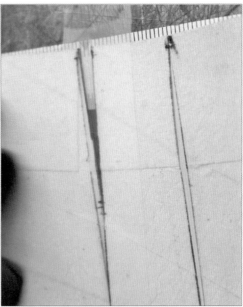

6 종이 제갑 만들기

❶ 얇은 패턴 종이 1장을 반으로 접는다.

❷ 접은 끝자락에 1번 패턴의 라스트 상단 모서리 부분을 대고 패턴 전체를 그린다. 이때 센터 포인트를 송곳이나 연필로 표시한다.

❸ 패턴용 칼로 라스트 중심선 라인을 칼질하여 떼어낸 후 그 자리에 스카치테이프 반쪽을 센터 포인트를 기준으로 상하로 분리하여 부착한다. 칼로 스카치테이프를 6~7mm 간격으로 칼질한 후 그대로 뒤집는다.

❹ 송곳을 이용하여 스카치테이프를 하나하나 반대편 패턴에 부착한다. 이때 부착한 스카치테이프가 벌어지지 않도록 스카치테이프를 중심선에 밀착시켜 부착한다.

❺ 힐 커브 상단을 2mm 줄여서 표시하고 1번 패턴 힐 커브를 대고 선을 수정한 후 라스트 목둘레 부분과 힐 커브 부분을 한꺼번에 칼질한다.

❻ 중심선 라인과 마찬가지로 힐 커브 부분을 반으로 나누어 스카치테이프를 부착한 후 칼로 6~7mm 간격으로 칼질하며 패턴을 뒤집은 다음 송곳을 이용해서 반대편 패턴에 벌어지지 않도록 밀착하여 부착한다.

❼ 라스트 바닥은 바닥 패턴 선을 따라 뒤에서 라스트 토 부분까지 1.5cm 간격의 골씌움 여분을 남겨서 칼질한다.

❽ 1번 패턴 종이 제갑이 완성되면 반드시 센터 포인트를 표시해야 한다.

step 01 스프링 작업이 완성된 패턴을 준비한 후 얇은 패턴 종이를 반으로 접는다.

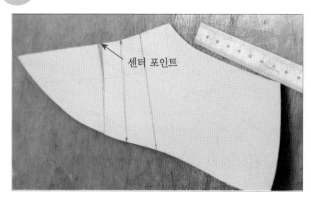 

step 02 반으로 접은 패턴 종이 끝자락에 1번 패턴 라스트 상단 모서리 부분을 대고 전체를 그린다.

step 03 센터 포인트를 송곳이나 연필로 표시한 후 라스트 중심선을 칼로 잘라 분리시킨다.

step 04 중심선 센터 포인트를 기준으로 상하로 스카치테이프를 부착한다.

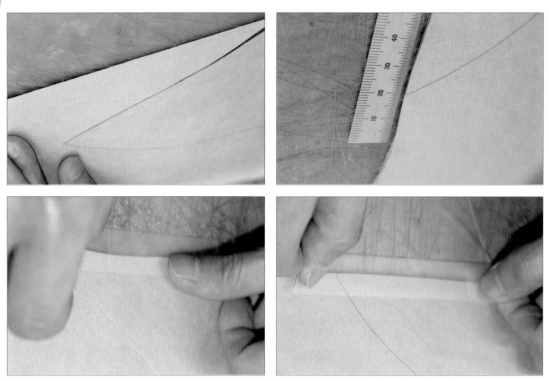

step 05 칼로 스카치테이프를 6~7mm 간격으로 절단한다.

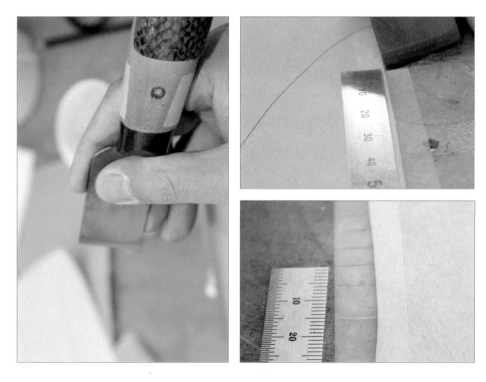

step 06 송곳을 이용해 패턴 선이 벌어지지 않도록 밀착시켜서 부착한다.

 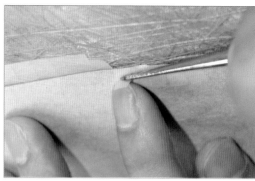

 step 07 힐 커브 상단은 2mm 줄여서 표시하고, 하단은 줄이지 않는다.

 step 08 스프링 작업이 완성된 패턴을 대고 표시된 대로 2mm를 줄여 그린다.

step 09 라스트 목둘레와 뒤축선을 한꺼번에 칼질
한다.

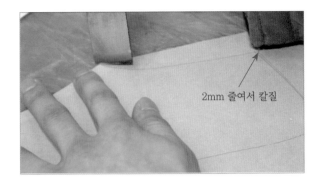

2mm 줄여서 칼질

step 10 힐 커브를 반으로 나누어 스카치테이프를 부착하고 6~7mm 간격으로 스카치테이프를 칼질한 뒤
패턴을 뒤집어 송곳을 이용하여 벌어지지 않게 부착한다.

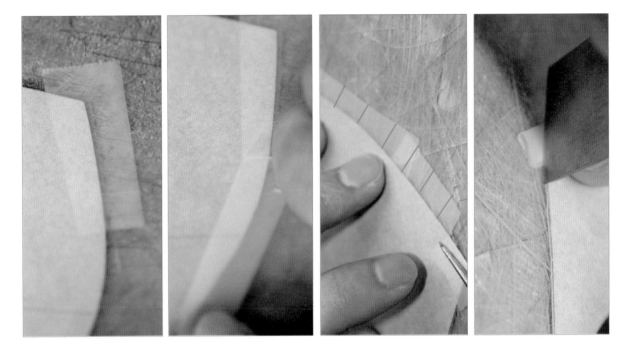

step 11 골밥을 1.5cm 너비로 살려서 칼질한다.

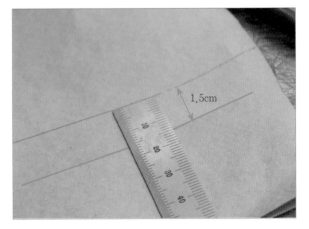

1.5cm

step
12
마지막으로 센터 포인트를 표시해야 한다. 벌어진 3mm 간격의 상단이 센터 포인트가 된다.

센터 포인트

7 종이 제갑 골씌우기

❶ 완성된 종이 제갑 두 겹을 한꺼번에 전체를 문질러 부드럽게 만든다. 특히 골씌움할 골밥
부분을 잘 문지른다. 부드럽게 만든 종이 제갑을 라스트에 올려서 중심선과 뒤축 힐 커브
부분을 잘 맞추어 편안하게 맞는지를 확인한다. 중심선 어느 부분이 라스트에 먼저 닿는
지, 뒤축 라인 또한 남거나 모자라지는 않는지 등을 확인하고, 중심선 부분이 편안하다면
골씌움 준비를 한다. 엄지손가락 부분의 패턴이 라스트에 먼저 닿아 다른 부분이 뜨는 현
상이 생기면 수정한다.

❷ 먼저 닿는 엄지손가락 부분을 칼로 절개한 후 종이 제갑을 라스트에 밀착시켜 당겨보면 자
연스럽게 벌어진다. 이때 스카치테이프로 반쪽 면만 부착하고 왼손에 라스트를 올려놓고
오른손으로 6~7mm 너비로 가위밥을 넣은 후 자연스럽게 부착하여 고정시킨다.

❸ 수정된 종이 제갑을 중심선과 뒤축 라인을 맞추어 확인한 후 라스트를 왼손으로 감싸 잡
은 다음 그대로 뒤집어 라스트 바닥면에 풀로 라인을 따라 풀칠한다. 뒤축 라인을 작업자
의 배부분에 대고 누르면 라스트가 고정된다. 이때 라스트 토 부분만 먼저 골씌움을 시작
한다.

❹ 토 부분을 골씌움하였으면 라스트 바닥면이 작업자의 몸쪽으로 오게끔 책상 위에 올려놓
는다. 바깥쪽 라스트에 표시된 A점을 기준으로 2cm 너비로 힐 부착 위치까지 가위질한
다. 골씌움이 편안하게 되려면 패턴 그리기 선보다 5mm 올려서 가위질을 직각으로 유지하
는 것이 중요하다. 가위질한 종이 제갑 A지점부터 힐 부착 위치(뒤에서부터 수직 5cm)까
지만 골씌움을 하되 왼손은 라스트를 눌러 고정시키고 오른손은 당겨가면서 골씌움하도
록 한다. 안쪽 라스트에 바깥 라스트와 마찬가지로 표시된 B점을 기준으로 2cm 너비로
가위질하여 힐 부착 위치까지만 골씌움한다.

❺ 힐 커브 하단의 패턴이 여유분이 있는지 확인한다. 여유분이 없으면 마지막으로 골씌움하고 여유분이 있으면 가위로 자른다. 스카치테이프로 한쪽 면만 부착한 후 가위로 6~7mm 간격으로 절단한 다음 오른손 엄지를 테이프 밑에 밀어 넣는다. 왼손 엄지를 이용하여 좌우선을 밀면서 맞닿게 한 뒤 왼손 엄지로 스카치테이프를 밀면서 반대편 패턴에 고정시켜 부착한다.

step 01 종이 제갑 두 겹을 골고루 문질러 부드럽게 만든다.

step 02 특히 골씌움을 하는 골밥 부분을 잘 문질러 부드럽게 만들어야 접착이 잘 된다.

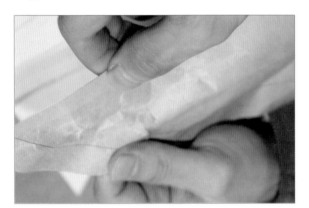

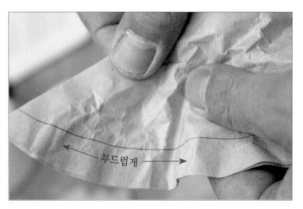

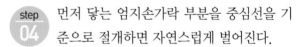

부드럽게

step 03 왼쪽 사진은 엄지손가락 부분이 먼저 닿아 수정을 해야 한다. 오른쪽 사진은 중심선 전체가 라스트에 자연스럽게 밀착되어 그대로 골씌움하면 된다.

step 04 먼저 닿는 엄지손가락 부분을 중심선을 기준으로 절개하면 자연스럽게 벌어진다.

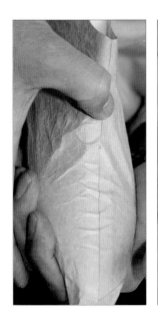

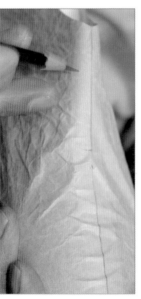

step 05 칼질한 위치에 반쪽 면만 스카치테이프를 부착한다. 왼손 위에 라스트를 올려놓고 6~7mm 벌어진 부분을 자연스럽게 이어 붙인다.

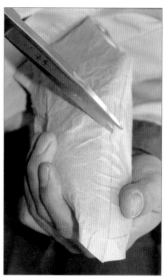

step 06 작업자의 배에 밀착시켜 골씌움 준비를 한다.

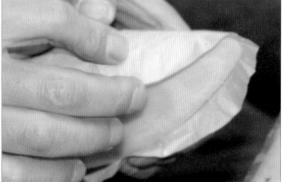

step 07 바닥면 라인을 따라 풀칠을 하고 뒤축 라인을 작업자의 배에 밀착시켜 토 부분을 먼저 골씌움한다.

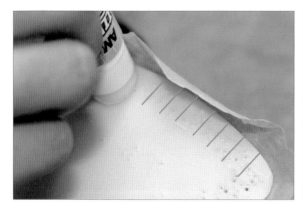

step 08 바깥쪽 점과 안쪽 점에서 2cm 간격으로 패턴 선보다 5mm 올려서 가위질한다.

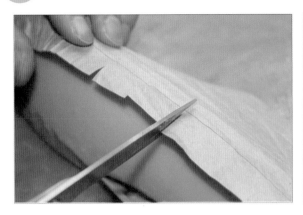

5mm 올려서

step 09 왼손은 누르고 오른손은 당겨가면서 골씌움한다. 왼쪽 사진은 바깥쪽, 오른쪽 사진은 안쪽 작업 과정을 나타낸 것이다.

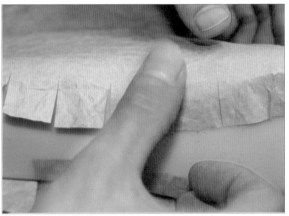

step 10 힐 커브 하단의 패턴에 여유분이 생기면 가위로 자른 후 스카치테이프를 반쪽 면만 부착한다.

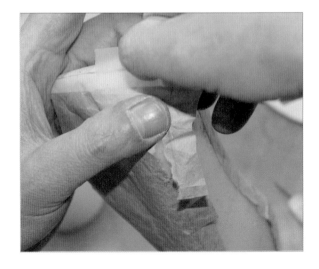

step
11 테이프를 6~7mm 간격으로 가위질한 후 오른손 엄지를 절단된 테이프 속에 밀어넣고 왼손 엄지와 오른손 엄지를 서로 밀어 패턴이 맞닿게 한 다음 왼손 엄지로 밀어 부착한다.

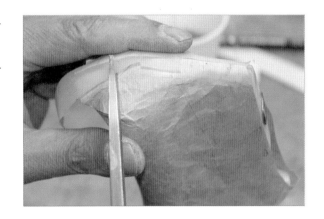

step
12 수정 후 다음과 같이 전체를 골씌움한다.

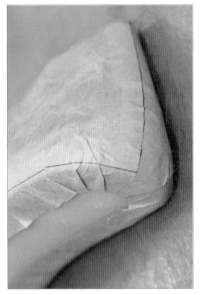

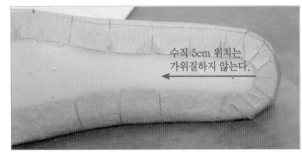

수직 5cm 위치는
가위질하지 않는다.

 step
13 골씌움이 완성된 라스트의 모습으로 라스트 형태를 그대로 살린 종이 제갑이다.

전체 모습

뒤축 모습

8 종이 제갑 분리하기

❶ 라스트 바닥 끝면을 연필로 표시한다. 바깥쪽은 전체 모두 표시하고, 안쪽의 아치 부분은 중창 모양 패턴을 미리 준비하여 라스트 아치에 대고 그린다.

❷ 라스트 중심선을 위에서 아래로 센터 포인트 2cm 밑까지 절단한다. 칼질된 위치를 살짝 벌려보아 라스트에 표시된 센터 포인트와 종이 패턴에 표시된 센터 포인트가 일치하는지를 확인한다. 오차가 생겼다면 라스트의 센터 포인트를 종이 패턴에 다시 표시한다. 힐 커브 위치선도 위에서 아래로 칼질한다. 여기도 뒤축높이점을 패턴에 표시한다. 이제 뒷부분부터 라스트에서 분리한다. 이때 바깥쪽 A점과 안쪽 B점을 분리하면서 패턴에 표시한다. 완전 분리된 좌우 패턴을 라스트 끝선을 따라 칼로 전체를 절단한다. 또한 라스트 중심선 토 부분 절단도 마무리한다.

❸ 절단한 좌우 패턴을 패턴 종이에 풀로 붙인다. 이때 패턴 중간을 먼저 부착하고 앞으로 밀면서 지그재그 방식으로 부착하며 뒤축 방향도 밀면서 부착한다. 완전히 펴지게 좌우 패턴을 부착한 후 칼로 좌우 패턴을 모두 절단한다. 이것을 2번 패턴이라 표시한다. 이때 센터 포인트와 A점, B점을 송곳으로 눌러 표시한다.

step 01 라스트 앞부분과 뒷부분을 아치 모양만 남기고 연필로 표시한다.

step 02 남아 있는 아치 부분은 준비한 중창 모양 패턴을 대고 연필로 그려 마무리한다.

step 03 ❶은 칼로 위에서 아래로 칼질하는 모습이고, ❷는 위에서 아래로 2cm 밑까지 절단하는 모습이다. ❸은 라스트에 표시된 센터 포인트와 패턴의 차이점을 확인하여 일치하지 않을 때 패턴 종이에 다시 표시하는 과정이다.

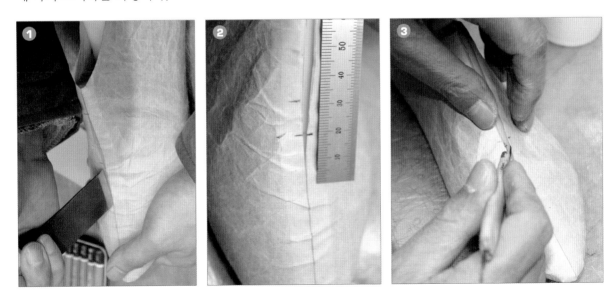

step 04 ❶은 라스트 상단을 분리하는 모습이고, ❷는 힐 커브 위치선을 위에서 아래로 절단하는 모습이며, ❸은 골밥 부분을 분리하는 모습이다.

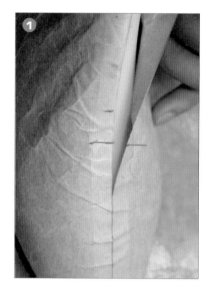
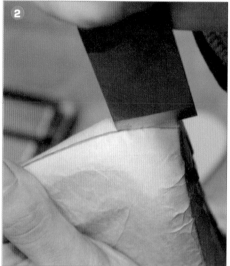

step 05 A점과 B점을 분리하면서 패턴에 표시한다.

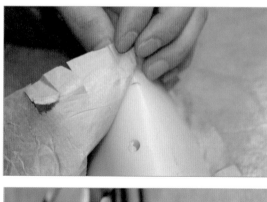

step 06 라스트 선을 따라 전체를 칼질한 후 토 부분 중심선 나머지 부분도 절단한다.

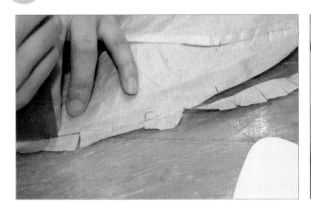 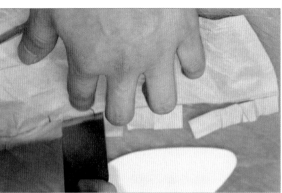

 step 07 ❶은 완전 분리된 안쪽, 바깥쪽 패턴 모습이다. ❷와 같이 전체 풀칠하여 새로운 패턴 종이에 ❸, ❹와 같이 바깥쪽, 안쪽 패턴의 중간 지점부터 지그재그 방법으로 완전히 부착한다.

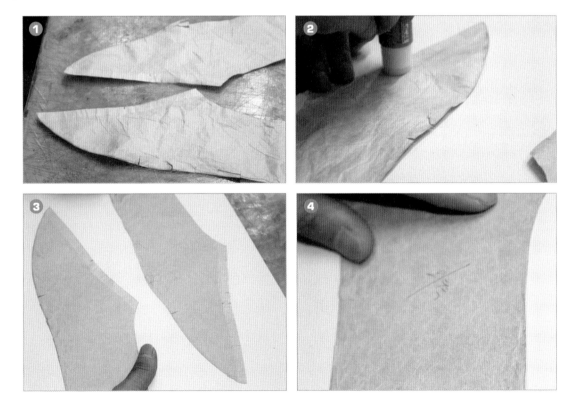

step 08 센터 포인트와 A, B점을 송곳으로 표시하여 2번 패턴이 완성되면 패턴 전체를 칼질하여 분리한다.

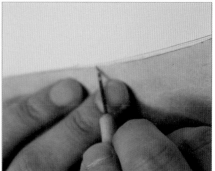

9 스탠더드 W 만들기

❶ 준비된 2번 바깥쪽 패턴을 흑색 볼펜으로 패턴 종이에 대고 전체를 그린다. 이때 센터 포인트를 표시하고 A점도 표시한다. 흑색 볼펜으로 그려진 바깥쪽 패턴에 안쪽 패턴을 뒤집어서 센터 포인트를 똑같이 맞추고 중심선을 일치시켜서 전체를 빨간 볼펜으로 그린다. 이때 B점도 표시한다. 흑색선과 적색선이 그려지면서 바깥쪽 패턴과 안쪽 패턴의 차이점이 표시된다. 차이가 표시된 부분을 룰렛이나 송곳으로 표시한다.

❷ 센터 포인트 상단에 15cm 쇠자로 중심선에 일직선으로 맞추어 직각을 유지하고 선을 라스트 바닥 쪽으로 그린다. 전체 기장의 $\frac{1}{2}$을 찾아 점을 표시한 후 표시된 $\frac{1}{2}$지점과 뒤축높이 점까지 일직선으로 표시한다.

❸ 전체 기준점 표시가 완료되면 스탠더드 W라 표시하고 라스트 번호, 사이즈 번호를 표시한다. 이제 스탠더드 W의 외곽선을 칼로 절단하여 떼어내면 스탠더드 W의 패턴이 완성된다.

> **＊**스탠더드 W 패턴의 완성 순서
> ① 라스트에서 떼어낸 패턴 1번 제작
> ② 종이 제갑 후 제작된 안쪽, 바깥쪽 2번 패턴 제작
> ③ 안쪽, 바깥쪽 패턴을 한 면에 동시에 그려 완성

step
01 라스트 선을 따라 전체를 칼질한 후 토 부분 중심선 나머지 부분도 절단한다. ❶과 ❷는 바깥쪽 패턴과 안쪽 패턴의 차이점을 확인하는 모습이다.

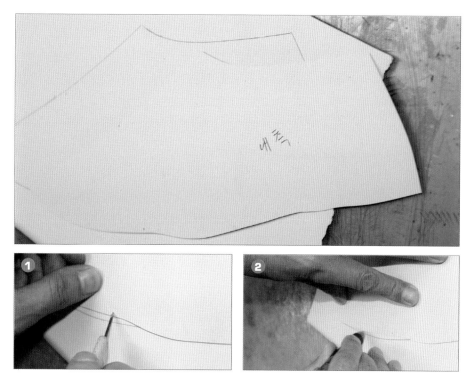

step
02 준비된 2번 바깥쪽 패턴을 흑색 볼펜으로 패턴 종이에 대고 전체를 그린다. 이때 센터 포인트, A 점을 표시한다. 그린 바깥쪽 패턴에 안쪽 패턴을 뒤집어서 센터 포인트를 똑같이 맞추고 중심선을 일치시켜서 전체를 빨간 볼펜으로 그린다. 이때 B점도 표시한다.

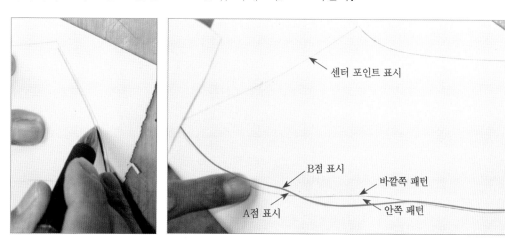

step 03 송곳이나 룰렛으로 차이점을 표시한다.

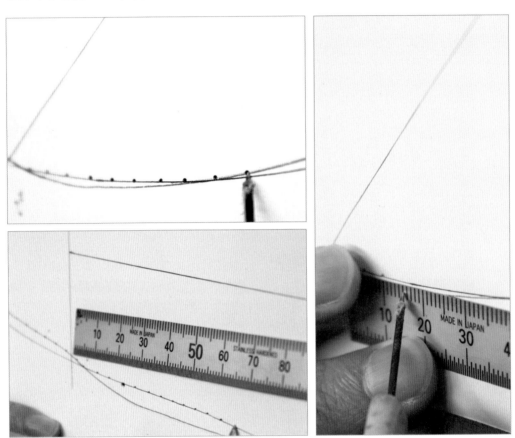

step 04 센터 포인트 상단에 15cm 쇠자로 중심선에 일직선으로 맞추어 직각을 유지하고 선을 라스트 바닥 쪽으로 그린 후 전체 기장의 $\frac{1}{2}$ 지점을 찾아 점으로 표시한다.

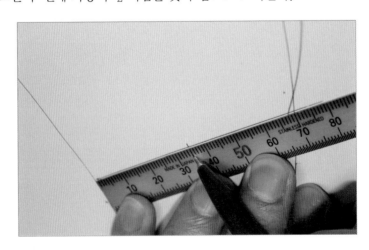

step 05 표시된 $\frac{1}{2}$ 지점과 뒤축높이점까지 일직선으로 표시한다.

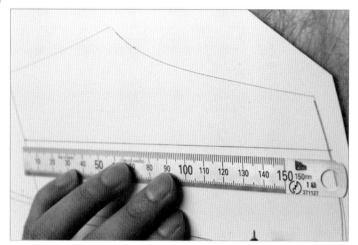

step 06 전체를 칼질하여 스탠더드 W를 완성시킨다. 이때 라스트 번호, 사이즈 번호를 기입한다.

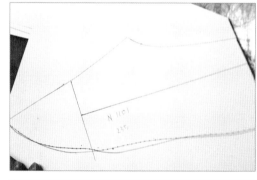
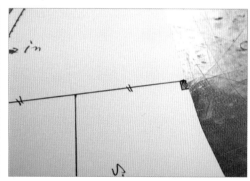
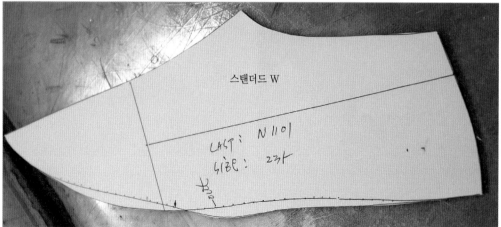

step
07 라스트에서 떼어낸 패턴 1번

step
08 종이로 골씌움한 안쪽, 바깥쪽 패턴 2번

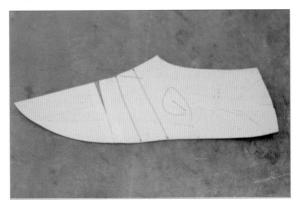

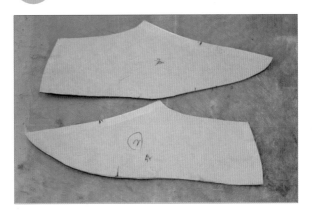

step
09 안쪽, 바깥쪽 패턴을 한 면에 동시에 그려 완성한 스탠더드 W 패턴의 모습이다. 스탠더드 W는 라스트의 형태를 평면 종이에 표현한 패턴으로 옥스퍼드, 더비, 펌프스 등 여러 가지 스타일을 디자인하는 데 기본이 된다.

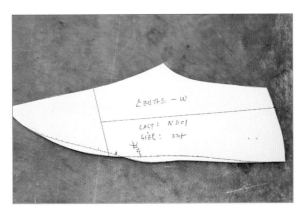

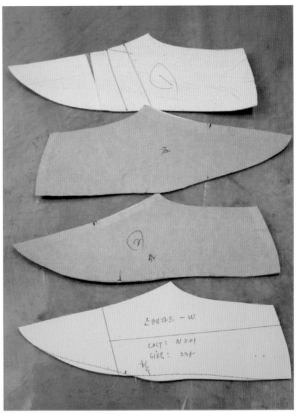

Shoes Pattern Process

베이식 플랫 펌프스
(basic plat pumps)

1 데콜테(decollete) 패턴 만들기

먼저 데콜테(decollete) 스타일부터 제작한다. 펌프스는 데콜테의 대표적인 스타일로 앞서 제작한 스탠더드 W를 데콜테 스탠더드로 변형해 사용한다. 일반적으로 가장 먼저 스프링(spring) 작업이 이루어져야 하며, 스프링 작업 후에는 다양한 디자인 변형이 가능하다.

스프링 작업이란 기본이 되는 스탠더드 W 패턴을 라스트 중심선을 중심으로 상하로 벌려 디자인에 맞게 변형하는 작업을 말하며 여성화는 5mm, 남성화는 4mm를 벌려준다.

데콜테 스탠더드를 만드는 과정은 다음과 같다.

❶ 스탠더드 W를 패턴 종이에 똑같이 그린다. 이때 센터 포인트 직각선 및 $\frac{1}{2}$ 지점과 뒤축높이점을 표시하고 외측과 내측의 차이점도 스탠더드 W와 동일하게 표시한다. 표시가 끝났으면 패턴의 외곽선 전체를 칼질한다.

❷ 전체 외곽선 칼질이 끝났으면 센터 포인트 $\frac{1}{2}$ 지점을 기준으로 상하 1mm씩 남기고 칼질한다. 칼질한 패턴의 하단 끝에 쇠자를 대고 5mm(여성화 기준) 벌려준다. 이때 칼질한 상단은 라스트 앞코(토) 부분이 위로 올라가게 고정하고 스카치테이프로 앞뒤를 고정시킨다.

❸ 데콜테 스탠더드 패턴을 완성하면 완성된 패턴에 데콜테 스탠더드라 표시하고 라스트 번호, 사이즈를 표시한다.

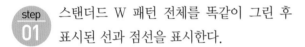

step 01 스탠더드 W 패턴 전체를 똑같이 그린 후 표시된 선과 점선을 표시한다.

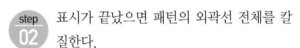

step 02 표시가 끝났으면 패턴의 외곽선 전체를 칼질한다.

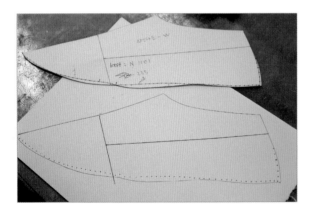

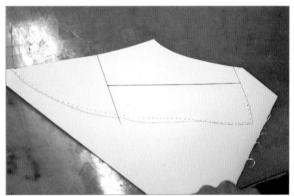

step 03 센터 포인트 $\frac{1}{2}$ 지점을 기준으로 상하 1mm 씩 남기고 칼질한다.

step 04 칼질한 패턴의 하단 끝에 쇠자를 대고 5mm(여성화 기준) 벌려준다.

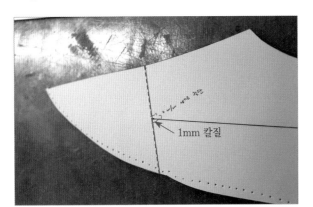

1mm 칼질

step 05 라스트 토 부분이 위로 올라오게 고정시킨 후 스카치테이프로 부착시킨 모습이다.

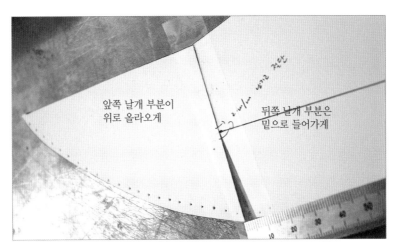

앞쪽 날개 부분이 위로 올라오게

뒤쪽 날개 부분은 밑으로 들어가게

step 06 고정시킨 스카치테이프를 패턴 선과 같게 칼질한 후 데콜테 스탠더드라 표시하고 라스트 번호, 사이즈를 표시하면 데콜테 스탠더드가 완성된다.

2 플랫 펌프스 디자인하기

❶ 새로운 패턴 종이에 데콜테 스탠더드 전체를 그린다. 센터 포인트, 뒤축높이점, 그리고 패턴의 차이점을 표시한다. 센터 포인트를 기준으로 자를 라스트 상단에 대고 중심선에 직각으로 맞추어 볼펜으로 선을 새로 긋는다. 선을 새롭게 긋는 이유는 스프링 작업으로 선의 변화가 생겼기 때문에 조정된 기본선을 새롭게 표시하기 위함이다. 센터 포인트 위치와 라스트 하단 끝까지의 기장을 측정하여 $\frac{1}{2}$ 지점을 점으로 표시하고 F점이라 표시한다. $\frac{1}{2}$ 지점 표시점과 라스트 뒤축높이점(G점)을 일직선으로 긋는다. F에서 G 쪽으로 4cm 위치에 H점을 표시하고 H점에서 수직으로 1cm 내려 B점을 표시한다. B에서 G 쪽으로 일직선을 긋고 표시된 F점 상단에 3mm 사각형을 만들어준다.

앞체 기장	S-D기장	사각형
앞체가 긴 경우	13~15mm	3mm
앞체가 짧은 경우	16~18mm	3mm

❷ 센터 포인트는 항상 S로 표시한다. 알파벳 중 C는 안쪽 라인을 설명한다. S점에서 D점까지 13~15mm 표시한다. S-D의 거리는 플랫 펌프스 톱라인 시작점이다. 13~15mm 길이는 가장 일반적인 플랫 펌프스 기준이다. 여기까지 플랫 펌프스 디자인을 하기 위한 기본 설계도 제작 설명이다. 각 위치에 기호를 붙여 기본이 되는 점과 선의 기준을 정해 쉽게 설명하였으며, 이는 기본 패턴의 기준이 되는 선을 지정하는 데 이해를 돕기 위함이다. 완성된 기본 라인을 바탕으로 다양한 디자인 변형이 가능하다.

❸ 파이핑(piping)하는 플랫 디자인의 패턴을 제작한다. 톱라인을 피돌려 넘김(피도리)하는 플랫 디자인은 가죽이 넘어가는 두께가 있기 때문에 톱라인(아구 라인)이 좁아지게 되어 자칫 답답해 보일 수 있다. 그러므로 파이핑하는 플랫 디자인의 톱라인 기준선은 F점의 3mm 사각형을 지나지 않고 D → F → B → G점으로 연결한다. 이 선이 바깥쪽 톱라인이다. 이때 중요한 포인트는 각 점을 지나가는 가장 자연스럽고 디자인에 맞는 라인을 찾는 것이다. 패턴 중 안에 기준점과 선들을 볼펜으로 그린 이유는 가장 자연스러운 디자인 선을 찾기 위해서 연필로 여러 번 선을 다듬고 교정해야 하기 때문이다. 모든 선이 완성되면 바깥쪽 톱라인 전체가 완성된다.

❹ 외측 톱라인이 완성되었으면 다음으로 안쪽 톱라인을 그린다. 우선 B점에서 3~4mm 위로 점을 표시한다. F점에서 D점 방향으로 17mm 위치에 점을 표시한다. D점에서 17mm 표시 점까지는 안쪽이나 바깥쪽 톱라인의 변화가 없다. D점부터 바깥쪽 선을 따라오다가 17mm 위치 표시 점부터 자연스럽게 벌어지게 B점 상단 3~4mm 표시점을 연결하여 뒤축 라인과 연결하면 내측 톱라인이 완성된다. 라스트 토 부분 꼭지점을 A로 표시하고 D점과 직선으로 그려준다. A-D점을 일직선으로 칼질한 다음 톱라인 안쪽 선을 따라 뒤축높이점까지 칼질한 후 외곽선 전체를 칼질하여 분리한다.

⑤ 외곽선을 따라 절단하여 분리한 패턴을 2차 스프링하는 순서이다. 2차 스프링은 D점에서 안쪽 톱라인 위에 수직으로 5cm 되는 위치를 점으로 표시한 후 철자를 D점 방향으로 직각을 유지해 수직으로 선을 긋는다. 그은 선의 $\frac{1}{2}$ 위치를 찾아 양쪽으로 1mm씩 남기고 상단과 하단을 칼로 절단한다.

⑥ 이때 상단은 선을 따라 자르고 하단은 누운 V자 형태가 되도록 임의대로 자른다. 누운 V자 형태로 자르는 이유는 V자 홈으로 인해 패턴이 상하로 움직이는 것을 최소화할 수 있기 때문이다.

⑦ 패턴 하단에 철자를 대고 1.5mm 너비로 절개를 벌려주며 상단은 뒤축 쪽이 위로 올라오게 겹쳐주어 스카치테이프로 고정시킨 후 패턴 라인을 따라 스카치테이프를 칼질해 준다. 이것으로 2차 스프링 작업이 끝난다.

step 01 새로운 패턴 종이에 데콜테 스탠더드 전체를 그린다.

step 02 센터 포인트, 뒤축높이점, 패턴 기장의 차이점을 송곳으로 표시한다.

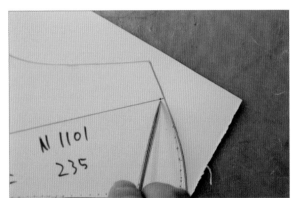

step 03 센터 포인트를 기준으로 상단에 15cm 쇠자를 직각으로 맞추어 선을 그린다.

센터 포인트

step 04 그리기 한 선의 전체 기장을 측정하여 $\frac{1}{2}$ 지점을 표시한다.

step 05 $\frac{1}{2}$ 지점 표시점과 라스트 뒤축높이점(G 축)을 일직선으로 긋는다. F에서 G 쪽으로 4cm 위치에 H점을 표시하고 H점에서 수직으로 1cm 내려 B점을 표시한다.

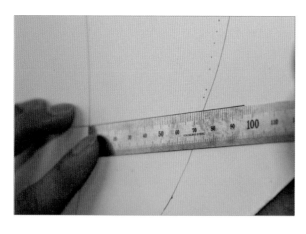

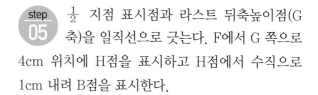

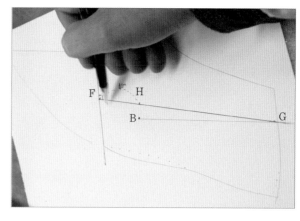

step 06 도표를 참조하여 F점 상단에 3mm 사각형 을 만든다.

step 07 F점에서 H점까지 길이는 4cm, H점에서 B점까지 길이는 1cm, B점에서 G점까지 직선으로 연결한다.

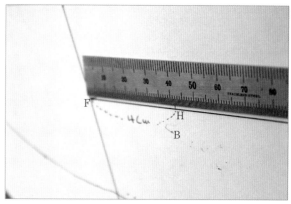

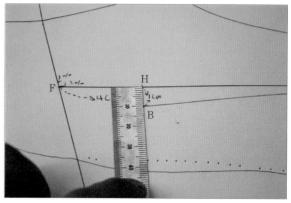

step 08 S점에서 D점까지 길이는 13~15mm이며, D점은 플랫 펌프스 톱라인 시작점이다.

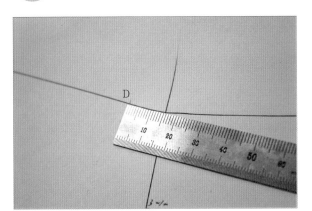

step 09 각 위치점의 표시가 끝난 상태의 모습이다.

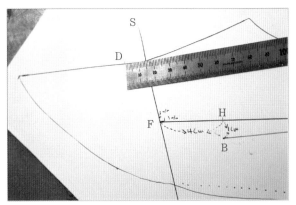

● 외측 톱라인 디자인

 step 10 D점에서 F점까지 둥글게 톱라인을 연결한다.

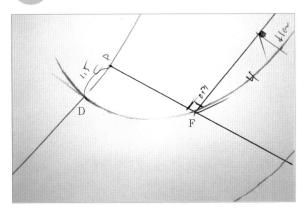

step 11 F점에서 B점까지 자연스럽게 연결한다.

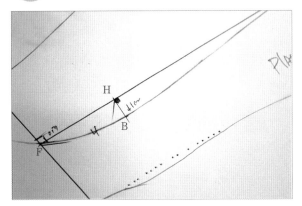

 step 12 B점에서 뒤축점까지 직선으로 연결한다.

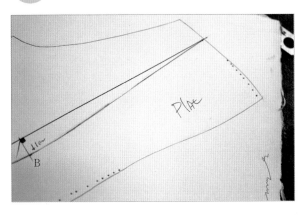

step 13 외측 톱라인이 완성된 모습이다.

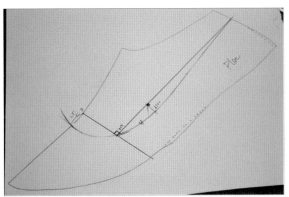

● 내측 톱라인 디자인

step 14 B점에서 위로 3~4mm 점을 표시한다.

step 15 F점에서 D점 방향으로 17mm 지점에 점을 표시한다.

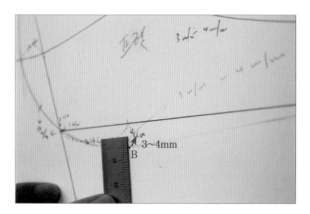

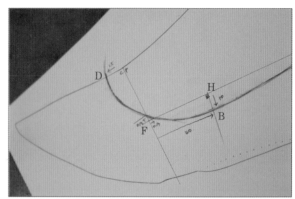

step 16 D점부터 바깥쪽 선을 따라오다가 17mm 위치 표시점부터 자연스럽게 벌어지게 B점 상단 3~4mm 표시점과 뒤축 라인을 연결하면 내측 톱라인이 완성된다.

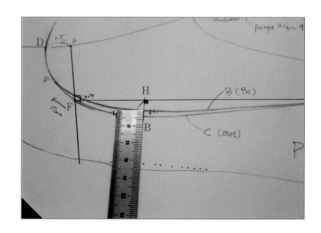

step 17 A점과 D점을 직선으로 그린 후 칼질한다.

step 18 D점에서 내측선을 따라 뒤축높이점까지 자연스럽게 칼질한다.

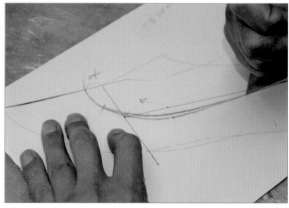

step 19 라인을 따라 칼질한 후 분리하는 모습

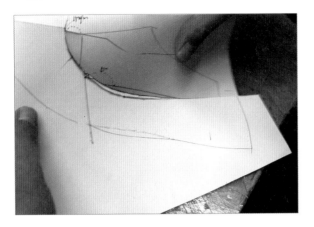

step 20 나머지 힐 커브 및 패턴 외곽선 전체를 칼질한다.

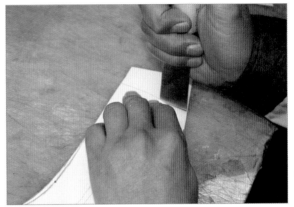

● 2차 스프링

step 21 D점에서 5cm 위치에 점으로 표시한다.

step 22 D점 쪽으로 직각으로 맞추고 선을 내려 그은 후 $\frac{1}{2}$ 지점을 찾아 점을 표시한다.

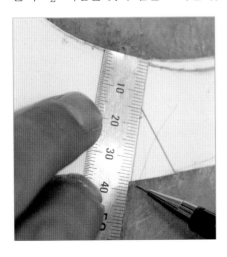

step 23 연필선을 따라 그은 선 상단부터 $\frac{1}{2}$ 지점까지 칼질한다.

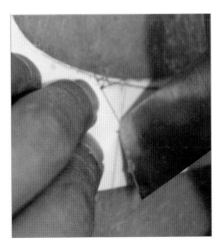

step 24 하단은 사진과 같이 옆으로 칼질한다. 이 때 $\frac{1}{2}$ 지점은 패턴이 붙어 있어야 한다.

step 25 상하를 V자 형태로 자르고 하단을 1.5mm 벌려서 뒤축 쪽이 위로 올라오게 고정한다.

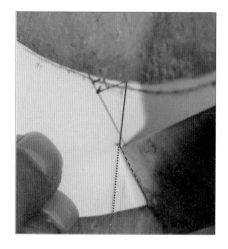

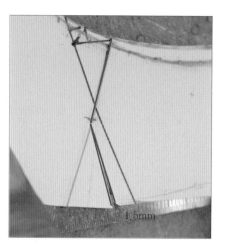

step 26 스카치테이프로 1.5mm 너비로 벌어진 상태를 고정시킨다(2차 스프링). 고정시킨 스카치테이프 잔여분은 패턴 선을 따라 칼질하여 분리한다.

3 종이 제갑 만들기

❶ 종이 제갑용 얇은 패턴지를 맞접어서 자국을 낸 후 그 자리에 볼펜으로 직선을 긋는다. 2차 스프링이 완료된 패턴을 직선으로 맞추고 패턴의 전체를 그린 후 송곳으로 바깥쪽 디자인 라인을 눌러 표시하고 힐 커브 라인의 차이도 송곳으로 표시한다.

❷ 표시된 바깥쪽 디자인 라인을 연필로 자연스럽게 스케치한다. 2차 스프링한 패턴을 힐 커브 위치에 대고 상 2mm, 하 0이 되게 줄여주면 된다. 힐 커브 선의 상단 뒤축높이점을 2mm 줄이고 하단은 그대로 두어 새로운 선을 완성한다.

❸ 종이 제갑용 패턴지를 접은 상태에서 D점에서 안쪽 라인을 따라 칼질한 후 힐 커브 선도 칼질한다. 바깥쪽에 힐 커브 하단 차이점을 표시한 점선을 안쪽 패턴에 다시 표시한 후 바깥쪽 패턴을 대고 안쪽 점선을 칼질하여 줄여준다.

❹ 라스트 바닥 끝선을 따라 뒤에서 라스트 토 위치까지 골밥(lasting margin) 15mm를 전체적으로 살려서 칼질한다. 패턴을 핀 상태에서 바깥쪽 톱라인 스케치 선을 칼질한다. 이때 칼질이 매끈하게 잘 되었는지 확인하여 각이 지거나 울퉁불퉁하면 수정해 준다. 종이 제갑 힐 커브 선에 스카치테이프를 반씩 나누어 반쪽만 부착한 후 나머지 반쪽 스카치테이프는 칼로 칼금을 5mm 간격으로 내어 준 다음 송곳을 이용하여 하단에서부터 상단 쪽으로 붙여 나간다.

step 01 A와 D를 직선 위에 수직으로 맞추고 패턴 전체를 그린다.

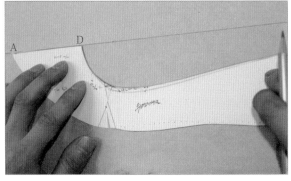

step 02 바깥 라인을 송곳으로 눌러 표시한다.

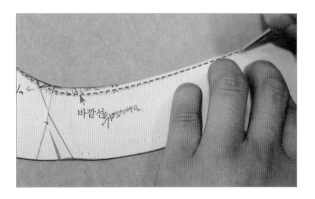

step 03 뒤축 힐 커브 라인의 차이도 송곳으로 표시한다.

step 04 송곳으로 표시한 바깥쪽 라인을 자연스럽게 그려준다.

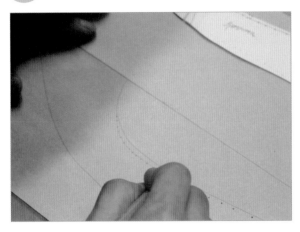
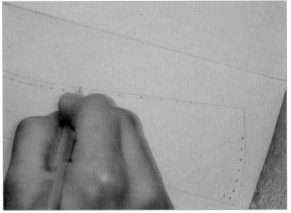

step 05 상단 2mm를 줄여서 표시한다.

step 06 뒤축 커브선 상단은 2mm 줄이고 하단은 그대로 두어 새로운 선을 완성한다.

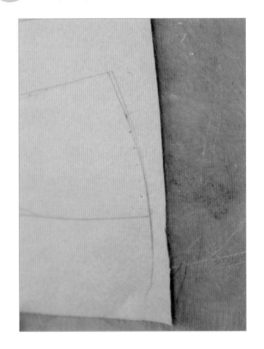

step 07 D점에서 안쪽 톱라인을 따라 칼질한다.

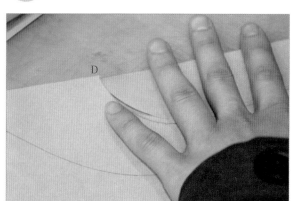

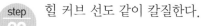 **step 08** 힐 커브 선도 같이 칼질한다.

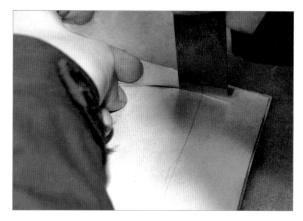

step 09 바깥쪽에 표시한 점선을 안쪽 패턴에 다시 표시한다.

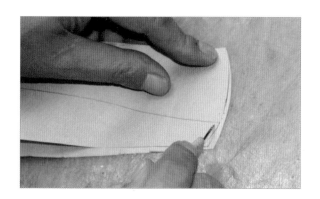

step 10 안쪽 점선 위에 바깥쪽 패턴을 대고 차이점을 확인한다.

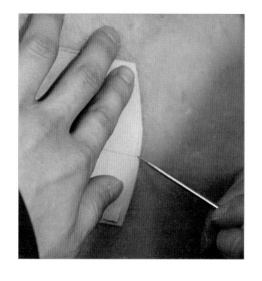

step 11 바깥쪽 패턴을 대고 안쪽 점선을 칼질한다 (바깥쪽은 길고 안쪽은 짧다).

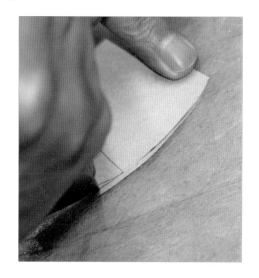

step
12 라스트 뒤에서 토 위치까지 골밥 15mm를 전체적으로 살려주고 칼질한다.

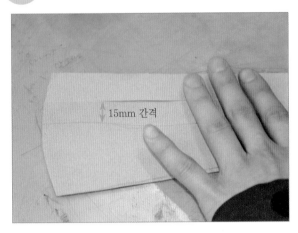

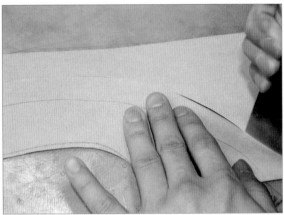

step
13 패턴을 핀 상태에서 바깥쪽 스케치 선을 칼로 제거해 준다.

step
14 패턴의 좌우가 다른 모습이다. 칼질이 매끈하게 잘 되었는지 확인한다.

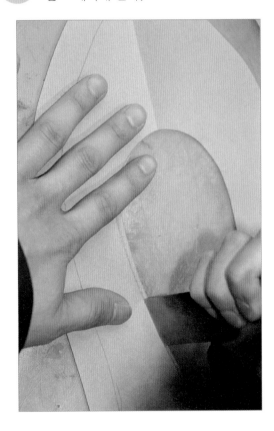

step 15 반씩 나누어 스카치테이프로 부착한다.

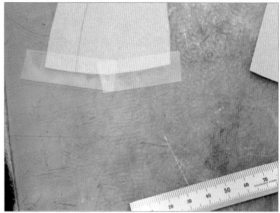

step 16 칼을 사진처럼 잡고 부착한 스카치테이프를 칼질한다.

step 17 5mm 간격으로 칼질된 스카치테이프 모습

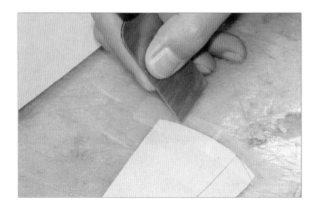
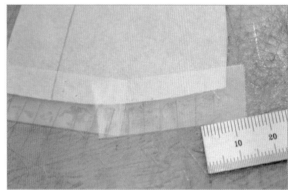

step 18 칼질된 테이프를 송곳으로 하단에서 상단쪽으로 붙여나간다.

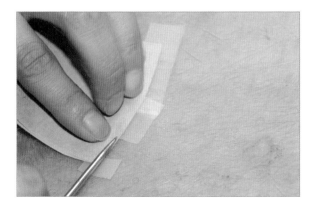

4 종이 제갑 골씌움하기

❶ 완성된 종이 제갑을 풀칠이 용이하도록 부드럽게 문질러 라스트에 올려본다. 뒤축 라인이 잘 맞는지 또는 톱라인(top line) 쪽이 뜨거나 남지는 않은지 등을 확인한 후 수정할 부분이 있으면 수정한다.

❷ 수정할 부분이 없으면 뒤축 힐 커브(heel curve) 라인에 패턴 뒤축선을 수직으로 맞춘 다음 스카치테이프로 상단만 고정시켜 골씌움할 때 움직임을 방지하도록 하고 골씌움 준비를 한다.

❸ 라스트를 뒤집어 골씌움 분량 너비만큼 바닥에 풀칠을 한다. 라스트 뒤축을 작업자의 배쪽으로 밀착시키고 라스트 중심선과 패턴의 중심선이 맞게 한 후 토 방향으로 당기면서 톱라인이 밀착되도록 부착한다.

❹ 바깥쪽 볼너비점인 A위치에서 2cm 간격으로 굽자리(굽이 달리는 위치)까지만 가위밥을 준다. 가위밥을 넣어 준 후 왼손으로 톱라인을 눌러 고정시키고 오른손으로 가위밥 넣은 부분을 당기면서 순서대로 부착시킨다.

❺ 굽자리 부분까지만 하고 골씌움을 하지 않는 이유는 힐 커브 선의 하단 부분이 여분이 있는지 확인하기 위함이다. 여분이 있다면 남는 여분을 라스트 힐 커브 쪽으로 몰아 남는 부분을 가위로 잘라낸 후 다시 스카치테이프를 붙이고 나머지 뒷부분을 골씌움한다.

❻ 골씌움이 완성되면 최종 수정을 한다. 패턴의 톱라인이 자연스러운지 둥근 라인이 매끄러운지 또는 구상했던 디자인과 맞는지 굴곡이나 각진 곳은 없는지 등을 확인한 후 연필로 수정하고, 수정한 부분은 칼질하여 제거한다.

❼ 패턴에 파이핑(piping)을 표현한 다음 파이핑 폭을 5mm로 정하여 종이 패턴에 그리고 연필로 스티치선을 그린다. 스티치선까지 표현된 실물 모양을 다시 한번 점검하면 종이 제갑 골씌움이 완성된다.

step 01 종이 제갑을 부드럽게 문질러준다.

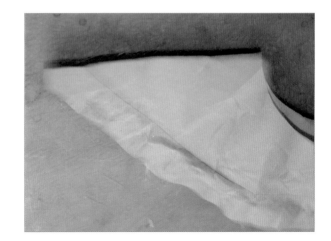

step 02 라스트 중심선과 패턴의 중심선이 맞게 한 후 토 쪽 방향으로 당기면서 골씌움한다.

step 03 힐 커브선에 패턴 뒤축선을 맞추고 스카치 테이프로 상단 부분만 고정시킨다.

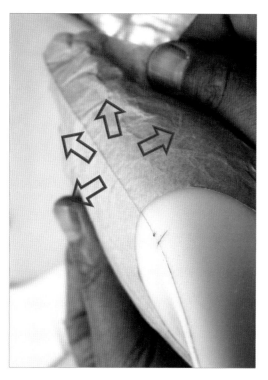

step 04 바깥쪽 A점과 안쪽 B점을 기준으로 2cm 간격으로 굽자리까지 가위밥을 준다. 안쪽 도 한 손으로 라스트 상단 톱라인을 고정시키고 다른 한 손으로 당기면서 골씌움한다.

step 05 수정하고 싶은 라인을 연필로 수정한다.

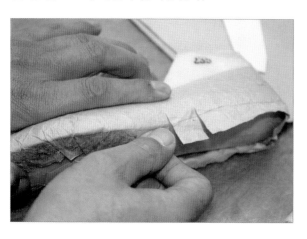

연필로 수정한 톱라인 모습

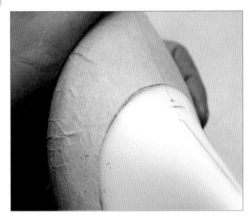

수정한 부분을 칼질하여 제거하는 모습

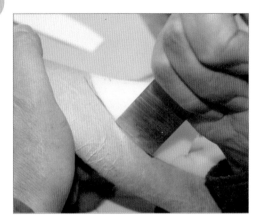

수정이 완료된 후 골씌움이 완성된 모습

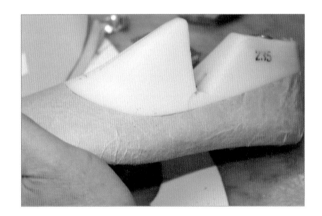

패턴에 파이핑을 사진과 같이 표현한 다음 파이핑 폭을 5mm로 정하여 종이 패턴에 그리고 연필로 스티치선을 그린다.

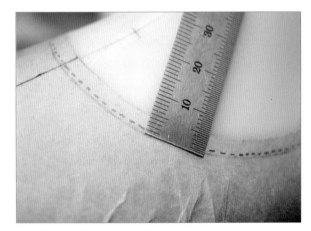

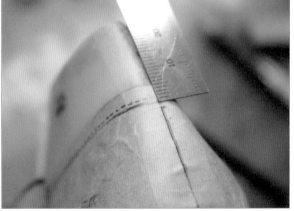

step 10 스티치선까지 표현된 실물 모양을 다시 한 번 점검하면 종이 제갑 골씌움이 완성된다.

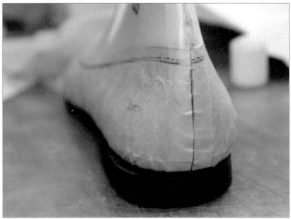

5 라스트 바닥 중창 모양 그리기

❶ 먼저 중창 모양을 그대로 떠낸 중창 패턴을 준비한 후 라스트 바닥면을 연필을 눕혀서 아치면을 제외한 나머지 외곽선을 그린다. 아치 부분(edge part)은 준비한 중창 모양 패턴을 대고 그린다.

❷ 송곳을 이용하여 골씌움한 바닥면을 분리한다. 이때 뒤축선을 칼질하여 분리한 후 뒤에서 앞쪽 방향으로 전개해 준다. 바깥 볼너비점(out joint point) A점과 안쪽 볼너비점(in joint point) B점을 떼어내면서 패턴에 표시한다.

❸ 분리시킨 패턴을 연필로 그린 부분만 제외하고 다른 골밥면은 칼로 제거한 후 제거된 종이 제갑 패턴을 새로운 패턴 종이에 부착한다.

 step 01 중창 모양을 그대로 떠낸 패턴을 준비한다.

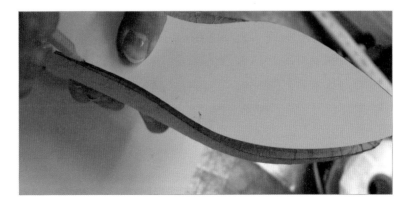

step 02 연필을 눕혀 라스트 바닥면에 그린다.

step 03 아치면에 준비한 중창 모양 패턴을 대고 그린다. 이때 안쪽 B점에 중창 패턴을 맞추고 뒤쪽은 굽자리 라스트 각진 외곽선에 맞추어 아치 부분을 그리면 된다.

step 04 골씌움했던 종이 제갑을 분리한다. 이때 뒤축선도 칼로 절개하고 분리한다.

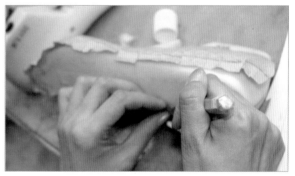

step 05 종이 제갑을 제외하고 남은 골밥 부분을 칼로 제거한 후 제거된 종이 제갑 패턴을 새로운 패턴 종이에 부착한다. 이때 완전히 펴진 상태에서 자연스럽게 부착해야 한다.

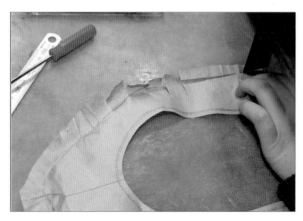

6 골밥 만들기

골밥은 골씌움할 때 라스트 바닥면에 부착되는 여유분을 말하며 부분별로 폭이 다르다.

❶ 중심선을 기준으로 라스트 토 부분의 골밥폭을 12mm로 표시한 후 12mm 표시점에서 중심선을 따라 50mm 위치에 점을 표시한다. 50mm 점에 철자를 이용하여 중심선과 십자가되게 한 후 라스트 끝자락 좌우의 위치점을 표시한다. 좌우 위치점을 기준으로 철자를 패턴 끝자락에 대고 골밥폭 15mm를 좌우로 표시한다.

❷ 바깥쪽 A점 위치에 골밥폭 2cm를 표시하고 라스트 굽자리 끝지점까지 2cm 너비로 점을 표시하여 진행한다. 안쪽 B점 위치에 2cm 표시하고 라스트 굽자리 끝지점까지 2cm 너비로 점을 표시 하여 진행한다. 전체적으로 표시가 끝나면 연필로 자연스럽게 점을 연결하여 그려주면 된다.

❸ 앞코(토)에서 12-13-14-15-17-19-20mm로 뒤축선 끝지점까지 좌우 같은 방법으로 연결한다. 다만, 아치 부분은 2mm 정도 더 살려준다. 그 이유는 중창이 들어가는 두꺼운 부분이기 때문이다.

❹ 패턴 뒤축선 하단은 월형(counter)이 삽입되는 공간이므로 1.5mm 너비를 살려준다.

> ★ 월형 두께 1.5mm, 선심(toe box) 두께 0.5mm 중창(mid sole) 두꺼운 부분 두께 5mm를 참고하여 골밥선을 만들어 주어야 한다.

| step 01 | 라스트 토에서 12mm 위치에 점을 표시한다. | step 02 | 12mm 점에서 중심선을 따라 50mm위치에 점을 표시한다. |

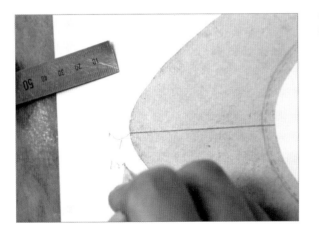

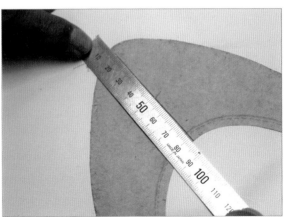

step 03   50mm 점에 철자를 이용하여 중심선과 십자(+)로 맞추어 라스트 끝부분 좌우에 위치점을 표시한다.

step 04   좌우로 표시된 점을 기준으로 철자를 사진처럼 대고 15mm 점을 좌우 똑같은 방법으로 표시한다.

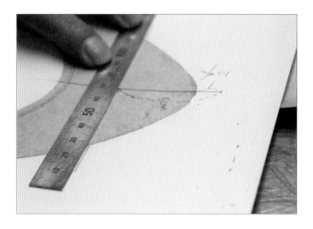

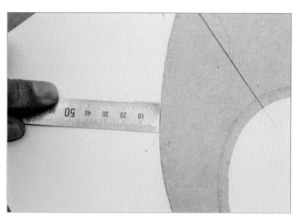

step 05   바깥쪽 A점에서 20mm 위치를 표시하고 라스트 굽자리 끝까지 20mm 너비로 점을 표시하면서 진행한다.

step 06   20mm 너비로 점을 표시한 모습

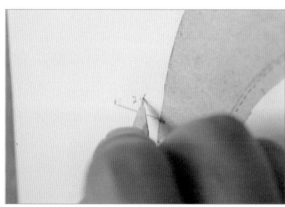

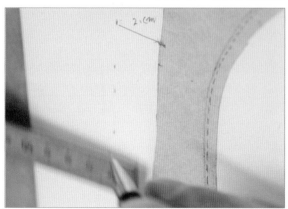

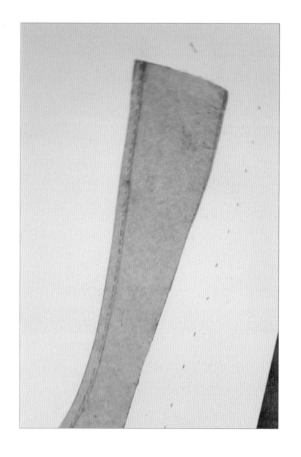

step 07 안쪽 B점 위치를 20mm 표시하고 라스트 굽자리 끝까지 20mm 너비로 점을 진행한다.

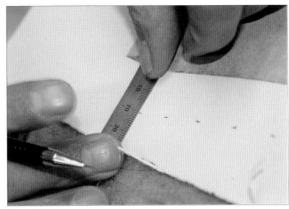

step 08 앞코(토)에서 12-13-14-15-17-19-20mm로 뒤축선 끝지점까지 좌우 같은 방법으로 연결한다.

step 09 아치 부분은 2mm 정도 더 살려준다.

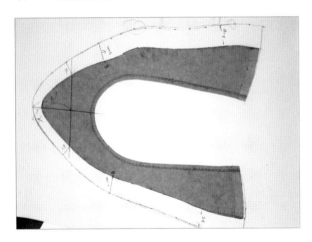
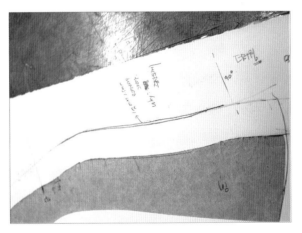

step 10 패턴 뒤축선 하단은 월형이 삽입되는 공간이므로 1.5mm 너비를 살려준다.

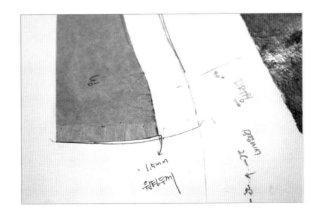

7 외피 패턴 완성하기

❶ 골밥 만들기가 끝난 패턴은 중심선을 기준으로 반으로 접었다 핀 후 바깥쪽 톱라인을 D점에서 뒤축높이점까지 칼질한다. 사진 같이 반대로 접어서 안쪽 라인과 비교하여 원하던 라인 모습인가 확인하고 이때 수정할 부분이 있으면 연필로 수정한 후 안쪽 톱라인을 칼질하여 분리한다.

❷ 분리된 패턴을 새로운 종이에 같은 방법으로 반으로 접어 중심선과 뒤축높이점 패턴 간격을 정확하게 맞추어 똑같이 그리고 칼질한 후 분리하면 외피 패턴이 완성된다. 완성된 패턴 안쪽 중심에 디자인 번호(design N), 라스트 번호(last N), 사이즈 번호(size N)를 기입하다.

 중심선을 기준으로 반을 접어 전체를 그린다.

 D점에서 바깥쪽 톱라인을 뒤축선까지 먼저 칼질하여 분리한다.

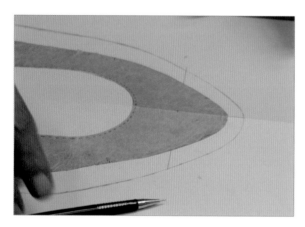

 한번에 칼질을 끝내야 매끄러운 패턴 선을 얻을 수 있다.

step 04 반대로 패턴을 접어 라인이 잘 맞는지 확인한다.

step 05 수정할 부분이 있으면 연필로 수정한다.

step 06 수정된 라인을 기준으로 안쪽 톱라인을 칼질한다. 오른쪽 사진은 전체 칼질이 끝난 패턴의 모습이다. 새로운 패턴 종이에 똑같이 그린 후 칼질하고 분리하면 패턴이 완성된다.

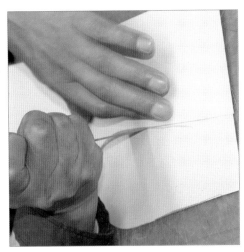
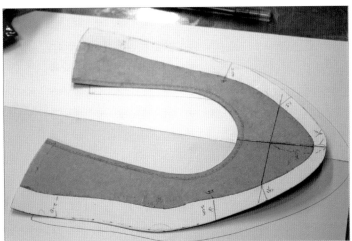

8 내피 패턴과 지활재 패턴 만들기

1 새로운 패턴 종이를 반으로 접은 후 제갑 패턴을 중심선을 맞추어 전체를 그린다. 이때 톱라인 전체를 5mm(홈 칼질할 때 손으로 잡을 수 있는 여유분) 살려서 그린다.

2 지활재 기장을 정하여 패턴 좌우에 표시한다. 2cm 차이가 가장 적당하다(상 : 5cm, 하 : 7cm).

3 뒤축선에서 4mm 전체적으로 줄인다. 줄이는 이유는 내피는 안쪽으로 들어가기 때문에 가죽 두께 1.2mm + 내피 두께 0.8mm + 땀수 1.5mm ≒ 4mm 줄여주면 잘 맞는다.

4 패턴 하단 7cm 위치에서 5mm 올려서 점을 표시한 후 패턴 뒤축까지 일직선으로 연결시키고 앞 내피선을 자연스럽게 연결시킨다.

5 안쪽 패턴용 지활재를 완성한 후 바깥쪽 패턴용 지활재를 칼질하여 분리시킨다.

6 패턴 종이를 반으로 접은 뒤 지활재 $\frac{1}{2}$ 지점과 뒤축 상단을 접은 선에 맞추어 그린다. 패턴 하단을 3mm 줄여서 점으로 표시한 후 지활재 패턴을 대고 $\frac{1}{2}$ 지점을 0으로 맞추고 하단 3mm 줄여서 표시한 점을 연결하여 3mm 줄여준 다음 칼로 3mm 줄인 선을 칼질한다.

7 시접을 7mm 살려주고, 시접 7mm 상단 5mm가 살려진 패턴 선을 선으로 연결한 후 각 코너를 칼질하여 내피 연결선으로 사용한다.

8 지활재와 패턴용 지활재를 칼질하여 떼어 내고 남은 패턴이 내피 패턴이 된다. 전체를 칼질한 후 안쪽 외곽 라인에 V자 홈을 파주어 표시한 후 라스트 번호와 사이즈를 표시한다.

 step 01 새로운 패턴 종이에 패턴을 대고 그린다.

 step 02 톱라인 전체를 5mm 살린다.

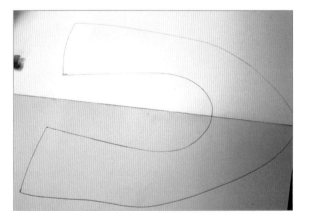

step 03 뒤축선 상단에서 라인을 따라 5cm 떨어진 지점을 표시한다.

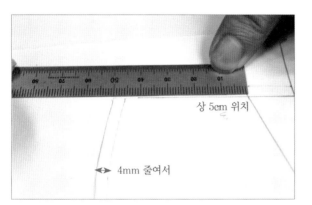

step 04 뒤축선 하단에서 라인을 따라 7cm 떨어진 지점을 표시한다.

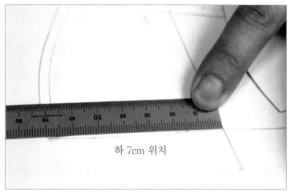

step 05 지활재 하단에서 5mm 올라온 지점과 뒤축선 하단을 직선으로 연결한다.

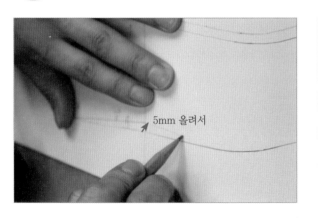

step 06 안쪽 지활재 완성된 모습

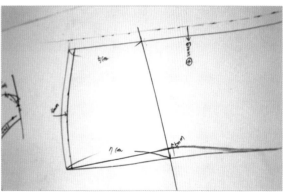

step 07 기장을 줄이지 않고 완성한 바깥쪽 지활재 패턴과 기장을 줄여 완성한 안쪽 지활재 패턴의 모습

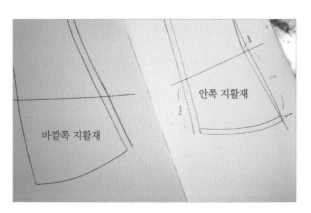

step 08 안쪽 패턴용 지활재를 완성한 후 바깥쪽 패턴용 지활재를 칼질하여 분리시킨다.

step 09 상과 하를 맞접어서 $\frac{1}{2}$ 지점을 점으로 표시한다.

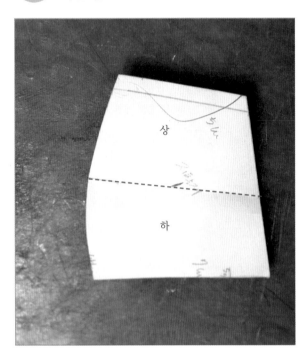

step 10 패턴 종이를 반으로 접은 뒤 지활재 $\frac{1}{2}$ 지점과 뒤축 상단을 접은 선에 맞추어 그린다.

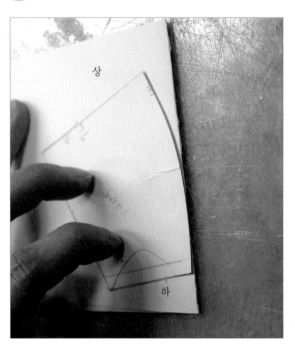

step 11 패턴 하단을 3mm 줄여 점을 표시한 후 지활재 패턴을 대고 절반 지점까지 줄여 그린다.

step 12 월형 공간 확보를 위해 3mm 줄인 선을 기준으로 칼질한다.

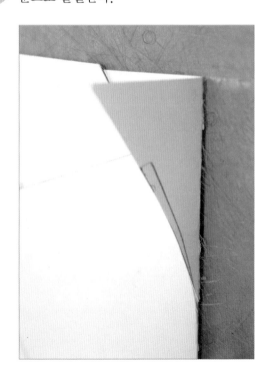

step 13 시접을 7mm 살려서 칼질한다.

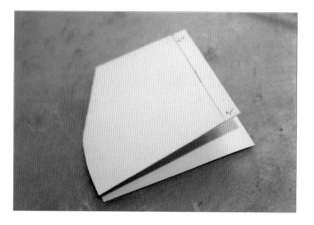

step 14 살려진 패턴 선을 사진처럼 선으로 연결한다.

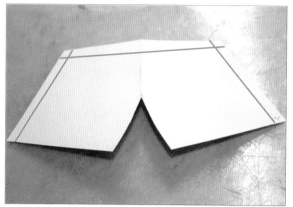

step 15 패턴용 지활재(바깥쪽 패턴) 완성

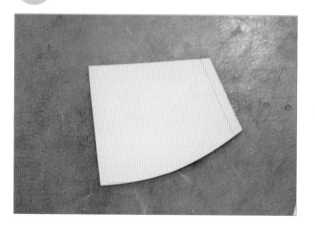

step 16 재단용 지활재(안쪽 패턴) 완성

step 17 패턴용 지활재를 떼어낸 후 남아 있는 패턴을 칼질하여 분리하면 내피 패턴이다.

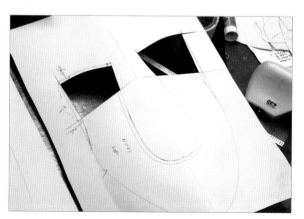

step 18 칼질하여 분리시킨 내피 패턴

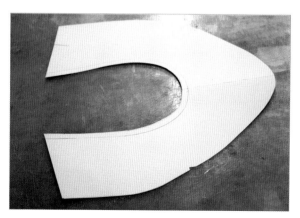

step
19
외피 패턴 완성 모습(라스트 번호, 사이즈 표시)

step
20
내피 패턴 완성 모습(라스트 번호, 사이즈 표시)

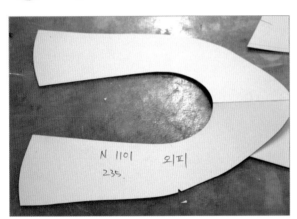

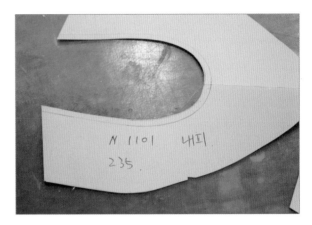

핀턱 펌프스
(pin tuck pumps)

1 1차 디자인 과정

❶ 데콜테 스타일 패턴 제작은 스탠더드 W를 데콜테 스타일로 변형시킨 데콜테 스탠더드를 사용한다. 패턴 종이에 데콜테 스탠더드를 똑같이 그리고 데콜테 스탠더드에 표시되어 있는 기준점들을 송곳으로 표시한다. (센터 포인트, 뒤축높이점, 바깥쪽 패턴과 안쪽 패턴을 구분하여 그려준다)

❷ ❶에서 표시한 센터 포인트와 라스트 상단선이 직각이 되게 선을 긋되 쇠자로 센터 포인트를 기준으로 위쪽에 대어 라스트 상단선과 센터 포인트가 직각이 되도록 한다. 그어진 센터 중심선의 기장의 $\frac{1}{2}$ 지점을 찾아 F라 표시한다. F점과 뒤축높이점 G까지 수직선을 볼펜으로 선을 긋는다. F점에서 G점 방향으로 4cm 위치에 점을 표시한다. 이것이 H점이다. F 상단에 3mm 사각형을 만든다. H점 위치에서 아래쪽 수직으로 1cm 내려 B점을 표시한다. S센터 포인트에서 라스트 토 방향으로 18mm 위치점을 표시한다. 이것이 D점이다. 여기까지가 설계도 완성이다. 펌프스는 항상 설계도를 기준으로 디자인한다.

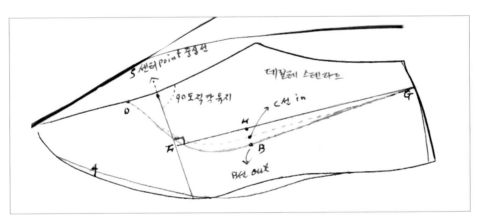

데콜테 스타일 설계도

❸ 기준점과 선이 표시됐으면 디자인 톱라인을 그려주는데 먼저 바깥쪽 라인부터 그려준다. D-F 3mm 꼭지점-B-G를 연결해 바깥쪽 톱라인을 완성시킨다. 이때 V자 라인이 자연스럽고 부드럽게 흐르도록 선을 연결시켜 주어야 한다.

❹ 먼저 바깥쪽 톱라인 선 위의 F점에서 D점 쪽으로 17mm 위치에 점을 표시한다. D점에서 바깥쪽 톱라인을 따라오다가 17mm 위치 표시점부터 자연스럽게 안쪽 라인으로 분리를 시키며 미리 지정해 둔 C점을 지나 뒤축높이점 G까지 자연스럽게 연결시킨다. 이것이 안쪽 톱라인이며 C선이다. 이때 바깥쪽 톱라인과 안쪽 톱라인의 차이는 B점과 C점 사이가 가장 넓게 나며 3~5mm 차이가 적당하다.

❺ 디자인 톱라인 전체가 완성되었으면 2차 스프링 작업을 하기 위해 D점과 토 부분의 가장 배부른 부분을 직선으로 연결하고 일직선과 안쪽 톱라인 C선을 칼로 절단해 분리시킨다.

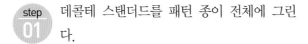

step 01 데콜테 스탠더드를 패턴 종이 전체에 그린다.

step 02 센터 포인트, 뒤축높이점, 바깥쪽 패턴과 안쪽 패턴을 구분하여 차이 나는 곳에 송곳으로 표시한다.

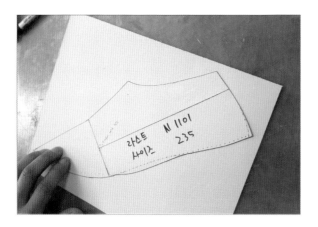

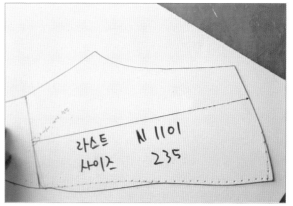

step 03 라스트 바깥과 안의 차이를 표시한다.

step 04 센터 포인트와 라스트 상단선이 직각이 되도록 라스트 상단에 쇠자를 대고 볼펜으로 선을 긋는다.

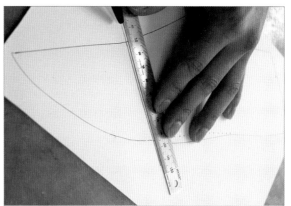

step 05 센터 중심선에서 전체 기장의 $\frac{1}{2}$ 위치인 F점을 찾는다.

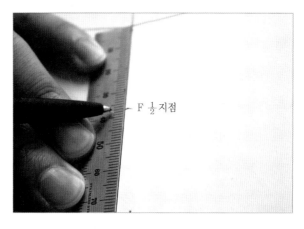

F $\frac{1}{2}$ 지점

step 06 표시한 F점과 뒤축높이점 G점을 직선으로 연결한다.

step 07 S에서 18mm 위치에 D점을 표시한 후 선을 연결하여 F점 상단 3mm 사각 꼭지점까지 연결한다.

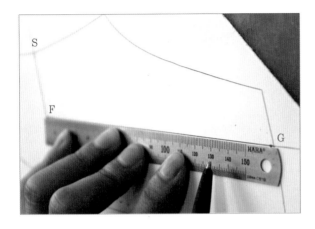

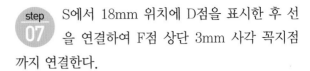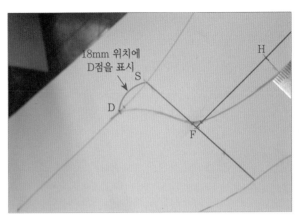

step 08 3mm 사각 꼭지점을 통과하여 B점을 지나 뒤축점 G점까지 연결한다.

step 09 D-F-B-G선을 자연스럽게 연결하여 바깥쪽 패턴을 디자인한다.

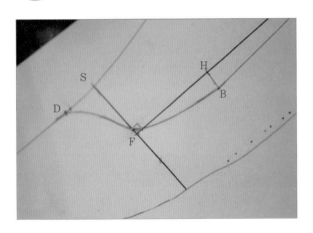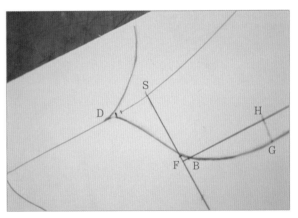

step 10 바깥쪽 패턴 라인 위에서 F점에서 D점 방향으로 17mm 떨어진 지점을 찾아 점을 표시한다.

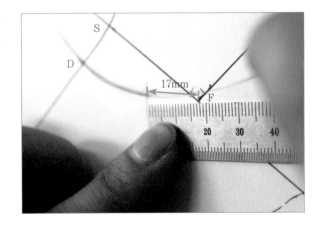

step
11
D점에서 같은 선을 따라오다가 17mm 위치 표시점부터 자연스럽게 안쪽 라인을 그린다.

step
12
B점 상단 3~5mm 위치를 통과하여 뒤축 높이점까지 연결한다. 이 선이 안쪽 C선이며 패턴의 안쪽 라인이다.

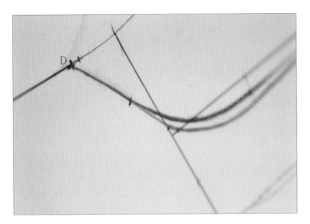

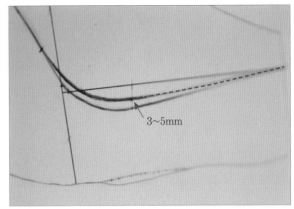

step
13
D점에 쇠자를 맞춘다.

step
14
토 부분 가장 배부른 부분과 일직선을 만들어준다.

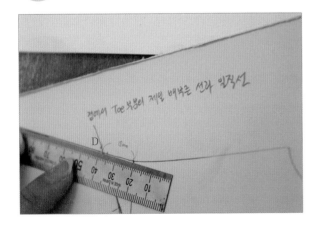

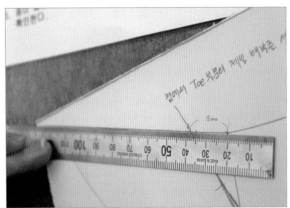

step
15
일직선을 만든 후의 모습

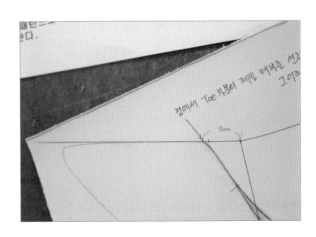

step 16 일직선과 안쪽 톱라인 C선을 칼로 절단하여 분리한다.

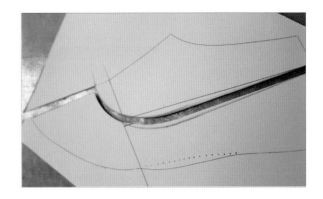

2 2차 스프링 작업

　2차 스프링은 종이 제갑 후 골씌움 과정에서 평면으로 제작된 패턴이 입체로 제작된 라스트에 좀 더 잘 맞게 안착되도록 필요 없는 여분을 패턴에서 미리 잡아주는 작업이라 할 수 있다. 좀 더 쉽게 표현하자면 패턴을 입체로 만들어 주는 과정이다.

① 우선 D점에서 톱라인 C선을 따라 직선으로 만나는 4~5cm 위치에 점을 표시한다.

② 4~5cm 위치점에서 C선에 직각으로 수직선을 내려 긋는다.

③ 수직선 전체의 기장 $\frac{1}{2}$ 위치에 점을 표시한다.

④ 상단은 선을 따라 $\frac{1}{2}$ 지점을 1mm 남기고 칼로 절단하고 하단은 옆으로 대각선이 되도록 임의로 칼질한다.

⑤ 상단과 하단의 칼질이 끝났으면 상단 뒤축이 위로 올라오게 한 후 하단을 1.5mm 너비로 벌려 스카치테이프로 고정시킨다.

⑥ 패턴 외곽선 전체를 칼질하여 분리시키면 2차 스프링의 작업이 끝난다.

step 01 D점에서 톱라인 C선을 따라 직선으로 만나는 4~5cm 위치에 점을 표시한다.

step 02 4~5cm 위치점에서 쇠자로 직각을 유지하면서 내려 긋는다.

step 03 수직선 전체 기장의 $\frac{1}{2}$ 위치에 점을 표시하고 상단을 연필선을 따라 $\frac{1}{2}$ 지점까지 칼로 절단한다.

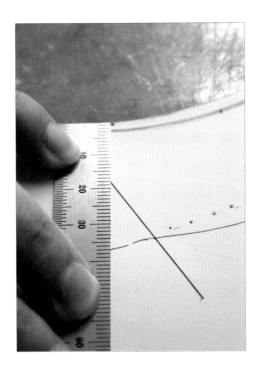

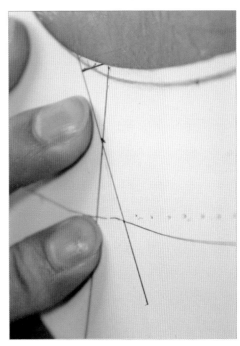

step 04 $\frac{1}{2}$ 지점 하단은 옆으로 대각선이 되도록 칼질한다.

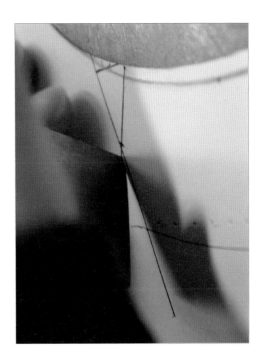

^{step}
05 상단은 뒤축이 위로 올라오게 한 후 하단을 1.5mm 너비로 벌려서 스카치테이프로 고정시킨다.

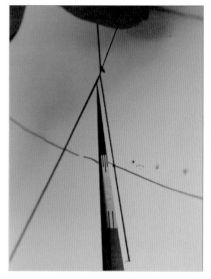
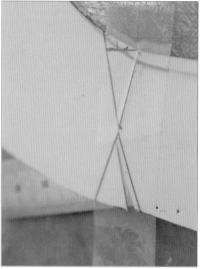

^{step}
06 패턴 선 전체를 칼로 절단하여 분리하면 2차 스프링이 완성된다.

3 종이 제갑 만들기

❶ 종이 제갑용 패턴 종이를 반으로 접은 다음 다시 펼쳐서 볼펜으로 중심선을 그어준 후 다시 접어서 중심선에 패턴의 D점, 수평선을 맞추고 전체를 그린다. 패턴의 밑부분을 그린 다음 다시 패턴 종이를 펼친다. 패턴 종이를 펼친 후 송곳이나 룰렛을 이용하여 패턴 선 B선(바깥 톱라인)을 표시하고 연필로 B선을 스케치한다.

❷ 스케치가 완료되었으면 뒤축높이점 위치를 상단만 2mm 줄여준다. 줄여줄 때 2mm점을 표시한 후 패턴을 대고 다시 그려준다. D점 위치부터 톱라인을 따라 C선 안쪽 선을 절단하고 힐 커브 뒤축 라인도 2mm 줄여준 선을 따라 칼질한다. 이때 골밥선 15mm 정도 살려서 칼질하여 분리한다. (골밥선은 골씌움할 때 필요한 여분으로 15mm 정도가 적당하다.)

❸ 전체를 칼질하여 분리한 패턴을 다시 펼친 후 바깥쪽 톱라인 B선을 칼로 절단하여 안쪽 톱라인과 바깥쪽 톱라인이 차이 나게 완성시켜 준다.

❹ 안쪽 C선과 바깥쪽 B선이 연결되어 패턴이 완성되면 칼질된 힐 커브 라인을 따라 스카치테이프를 잘라 두 번으로 나누어 부착하고 스카치테이프를 5~7mm 간격으로 칼금을 넣어서 반대쪽 패턴에 부착시킨다. 이때 송곳을 눕혀서 송곳 끝을 이용해 부착하면 작업이 용이하다.

 step 01 종이 제갑용 패턴 종이를 반으로 접는다.

step 02 접어서 자국을 낸 후 다시 펼친다.

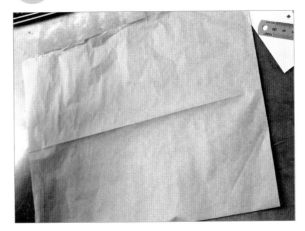

step 03 펼친 후 선을 따라 볼펜으로 선을 그어 준다.

step 04 제갑용 패턴 종이를 반으로 접어서 D점과 수평선을 맞추어 패턴 선을 그린다.

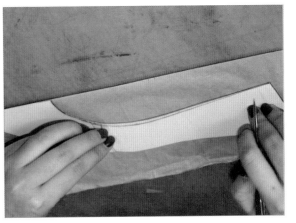

step 05 패턴의 밑부분을 그린 후 다시 패턴 종이를 펼친다.

step 06 송곳을 이용하여 패턴 선 B를 표시한다.

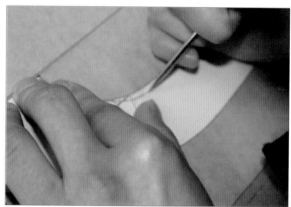

step 07 송곳으로 눌러 표시한 점을 따라 연필로 스케치한다.

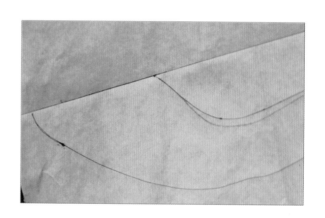

step 08 뒤축높이점 위치를 상단만 2mm 줄여주고 다시 패턴을 대고 다시 그려준다.

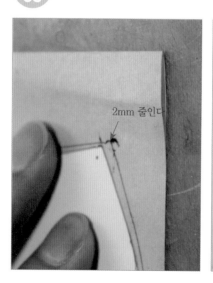

2mm 줄인다

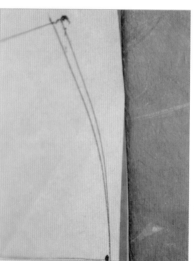

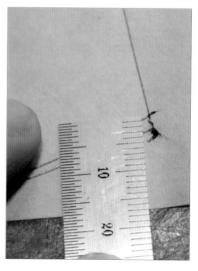

step
09
패턴 바닥선 밑으로 15mm 너비로 전체를 살려준다. (골밥선)

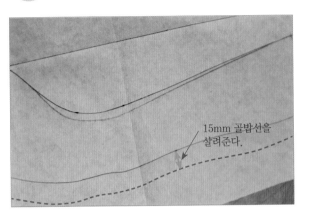

15mm 골밥선을 살려준다.

step
10
D점부터 안쪽 톱라인을 따라 칼질한다.

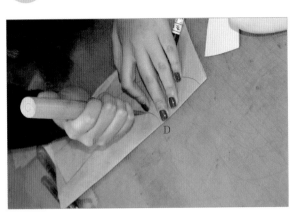

step
11
겹쳐진 패턴 외곽선을 따라 칼질하여 분리 시킨 모습

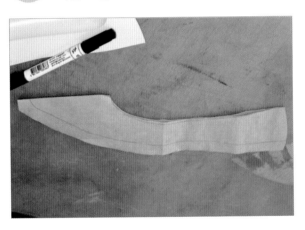

step
12
다시 펼친 후 스케치한 바깥쪽 톱라인을 칼질한다.

step
13
바깥쪽 패턴 B선을 칼로 절단하여 분리한 모습

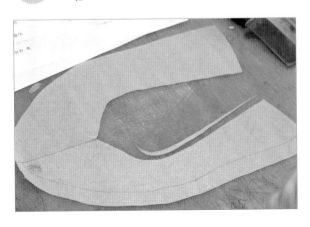

step
14
뒤축 라인을 따라 스카치테이프를 두 번으로 나누어 부착한다.

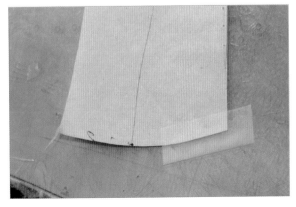

step **15** 안쪽 C선과 바깥쪽 B선이 연결되어 패턴이 완성되면 칼질된 힐 커브 라인을 따라 스카치테이프를 잘라 두 번으로 나누어 부착한다.

step **16** 스카치테이프를 5~7mm 간격으로 칼금을 넣어서 반대쪽 패턴에 부착시킨다. 이때 송곳을 눕혀서 송곳 끝을 이용해 부착하면 작업이 용이하다.

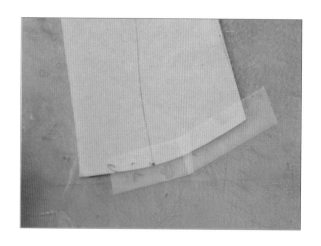

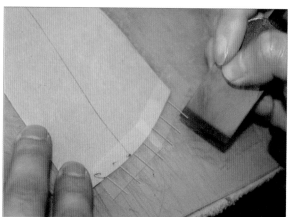

4 종이 제갑 골씌움하기

❶ 종이 제갑을 라스트에 올려 잘 맞는지 확인한다. 뒤축이 벗겨지지 않는지 또는 톱라인에 여분이 생겨 뜨지 않는지 등을 확인하여 이상이 없으면 뒤축높이점에 맞추어 스카치테이프로 뒤축을 고정시킨다.

❷ 라스트 바닥면 테두리를 따라 풀칠을 해 준다. 작업자의 배쪽에 대고 라스트를 눌러 고정시킨 후 라스트 토 부분을 당기면서 우선 골씌움한다.

❸ 라스트를 책상 위에 올려놓고 라스트 바깥쪽의 A점부터 굽자리까지 2cm 간격으로 가위밥을 4~5개 정도 넣고 오른손으로 패턴을 당겨 톱라인이 라스트에 밀착되게 당긴 후 왼손 검지로 눌러 움직이지 않게 하고 오른손으로 당기면서 굽자리까지만 골씌움한다.

❹ 안쪽 또한 B점을 기준으로 굽자리까지 2cm 간격으로 가위밥을 4~5개 정도 넣고 왼손으로 패턴을 당겨 톱라인이 라스트에 밀착되게 당긴 후 오른손 검지로 눌러 움직이지 않게 하고 당기면서 골씌움한다.

❺ 힐 커브선 하단에 여분이 있는지 확인한다. 여분이 있을 때에는 남는 만큼 줄여 패턴이 라스트에 밀착되게 수정하여 스카치테이프로 고정시킨다. 그리고 나머지 남은 부분을 골씌움한다. 가장 중요한 것은 종이 제갑이 라스트에 완전히 밀착되게 하는 것이다.

step 01 종이 제갑을 라스트에 올려서 잘 맞는지 확인한다.

step 02 라스트 토 부분 쪽으로 당기면서 토 부분부터 골씌움하는 모습

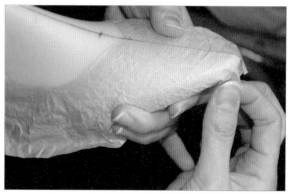

step 03 바깥쪽 안쪽 A점과 B점을 기준으로 2cm 간격으로 가위밥을 4~5개 정도 굽자리까지 넣어준다.

step 04 힐 커브 하단에 여분이 있는지 확인한다. 여분이 있으면 수정하여 라스트에 밀착시키고 스카치테이프로 고정시킨다.

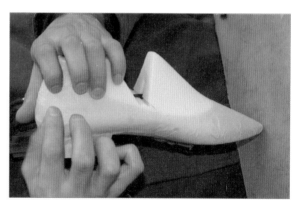

step 05 나머지 굽자리 위치를 골씌움한다.

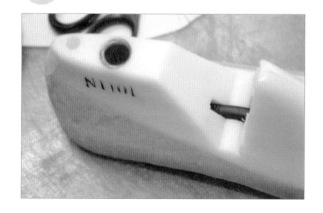

step 06 라스트에 완전히 밀착된 골씌움 모습

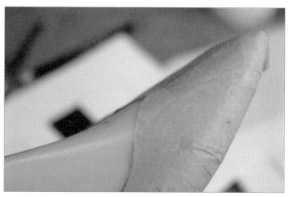

5 2차 디자인 과정

V 라인 패턴을 완성한 후 종이 제갑을 제작하는 것이 1차 디자인 과정이고 골씌움한 후 패턴 위에 핀턱 디자인을 하는 것이 2차 디자인 과정이다.

1. 톱라인과 같은 흐름으로 대각선 방향의 언밸런스 선을 그려준다. 이때 V라인에서 1cm 정도 띄어서 선을 그어주며 톱라인의 흐름과 조화를 이루는 완만한 곡선의 자연스러운 라인을 찾아야 한다.

2. D점에서 시작하여 먼저 그려 놓은 대각선과 같은 방향으로 수평 형태의 선을 그리되 하단 쪽으로 내려가면서 점차 넓어지게 스케치한다.

3. 주름 기준선을 그릴 때 안쪽 대각선 골밥 위치에 쇠자를 대고 직각을 유지한 후 라인을 확인한다. 직각인 상태에서 바깥쪽에 연필로 위치점을 표시한다. 표시된 바깥쪽 위치점에서 A점 쪽으로 1cm 뒤에 새로운 점을 표시한다. 1cm 뒤로 위치를 옮기는 이유는 바깥쪽이 안쪽보다 짧게 보이게 하려는 의도이다. 줄자를 D점에 맞추고 바깥쪽 표시점에 맞추어 연필로 주름선 첫 번째 주름선을 완성시킨다.

4. 첫 번째 주름선을 기준으로 상단에 1cm 간격으로 4개의 기준점을 표시한다. 언밸런스 대각선과 첫 번째 주름선 사이에 확보된 공간에 4개의 기준점을 시작으로 부채살 형태의 주름선을 스케치한다. 전체적인 선의 흐름이 균형 있게 분배되었는지 최종 확인한다.

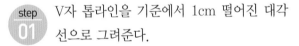

step 01 V자 톱라인을 기준에서 1cm 떨어진 대각선으로 그려준다.

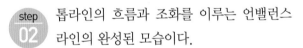

step 02 톱라인의 흐름과 조화를 이루는 언밸런스 라인의 완성된 모습이다.

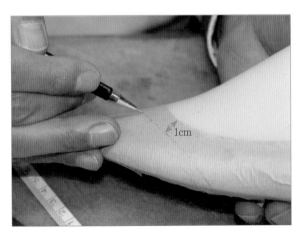

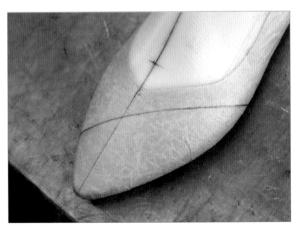

step 03 D점에서 대각선을 따라 수평 형태의 선을 그리되 하단 쪽으로 내려가면서 점차 넓어지도록 스케치한다.

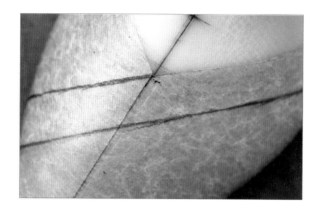

step 04 D점에서 시작한 선과 대각선의 완성된 모습이다.

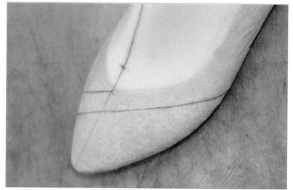

 step 05 안쪽 대각선에 쇠자를 대고 직각을 유지시켜 라인을 확인한다.

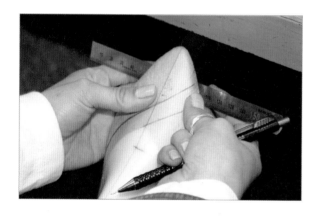

step 06 직각인 상태에서 바깥쪽에 연필로 위치점을 표시한다.

step 07 표시된 바깥쪽 위치점에서 A점 쪽으로 1cm 뒤에 새로운 점을 표시한다. 1cm 뒤로 위치를 옮기는 이유는 바깥쪽이 짧게 보이게 하려는 의도이다.

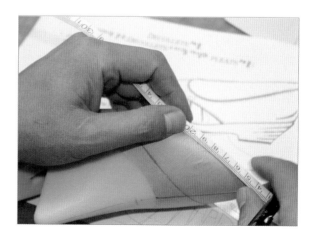

step 08 줄자를 D점에 맞추고 바깥쪽 표시점에 맞추어 연필로 첫 번째 주름선을 완성시킨다.

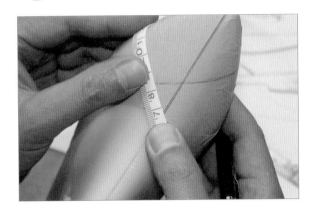

step 09 첫 번째 주름선이 완성된 모습이다.

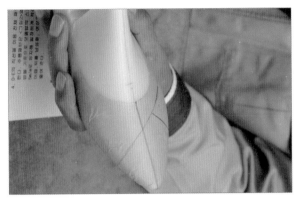

step 10 첫 번째 주름선을 기준으로 상단에 1cm 간격으로 4개의 기준점을 표시한다.

step 11 1cm 간격이 넓은지 좁은지 확인하여 가장 자연스러운 간격을 선택한다.

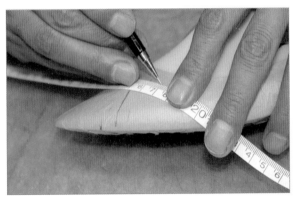

step 12 1cm 간격 기준점을 시작으로 부채살 모양으로 벌어지게 스케치한다.

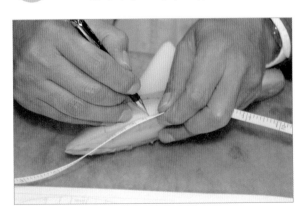

step 13 주름선이 전체적으로 균형이 있는지 확인한다.

6 골밥 만들기

① 골씌움이 완성된 패턴의 골밥 부분을 연필로 라스트 끝에 자국을 내어 외곽선 전체를 그린다. 안쪽 아치 부분은 중창 패턴을 대고 그린 다음 힐 커브 뒤축선을 칼로 절단하여 라스트와 패턴을 분리한다. 이때 바깥쪽 A점과 안쪽 B점을 패턴에 표시하고 전체를 떼어낸다.

② 떼어낸 패턴 전체를 칼로 절단하여 분리시킨 후 종이 패턴에 풀칠하여 새로운 종이에 지그재그로 밀면서 부착시킨다. 이때 패턴이 완전히 펴지게 부착해야 한다. 토 부분에 골밥 12mm를 표시하고 12mm 포함한 50mm 위치를 점으로 표시한다. 50mm 표시점을 기준으로 쇠자를 직각 형태로 두고 좌우에 위치점을 표시한다. 토에서부터 12-13-14-15-16-18-20mm 너비로 굽자리까지 그린다. 다만 좌우 아치 부분은 2mm 정도 더 살려준다.

③ 골밥선이 완성되었으면 힐 커브선, 뒤축높이점 상단은 그대로 두고 하단만 1.5mm로 살려준다. 이곳을 살려주는 이유는 월형이 들어갈 수 있는 공간을 확보해 주기 위함이다. 안쪽 또한 똑같은 방법으로 살려준다.

④ 골밥 만들기가 완성되었으면 D점 위치부터 바깥쪽 톱라인 B선을 우선 칼질하고 패턴을 반으로 접어 안쪽 C선에 맞대어 B선과 C선의 균형감을 확인한다. 이때 수정할 부분이 있으면 수정을 하고 안쪽 패턴 C선도 절단해 분리한다. 뒤축 라인은 바깥쪽 라인을 먼저 칼질하여 안쪽 패턴에 맞추어 본 후 선을 좌우가 같게 만들어주고 칼질하여 분리한다.

step 01 연필로 라스트 바닥 외곽선에 자국을 내어 표시한다.

step 02 라스트 외곽선 전체를 그린다.

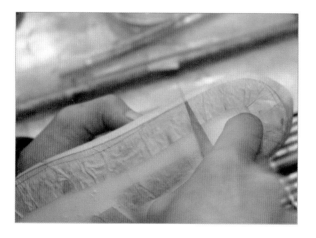

step **03**   안쪽 아치 부분에는 중창 패턴용을 대고 그린다.

step **04**   힐 커브 뒤축선을 칼로 절단하여 라스트와 패턴을 분리한다. 이때 바깥쪽은 A점, 안쪽은 B점을 표시하고 종이 제갑 전체를 떼어낸다.

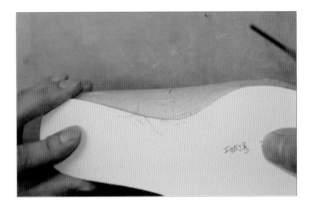

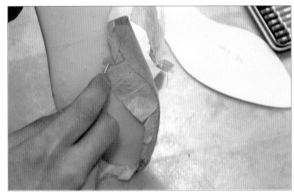

step **05**   분리한 패턴의 모습

step **06**   연필로 표시된 바닥 외곽선 전체를 칼로 분리시킨다.

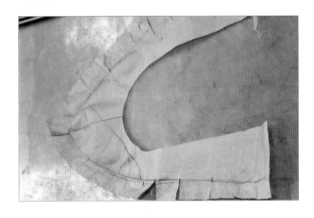

step **07**   패턴을 풀칠하여 새로운 패턴 종이에 지그재그방식으로 밀면서 부착시킨다.

step **08**   토 부분에 골밥 12mm를 표시하고 12mm 포함한 5cm 위치를 점으로 표시한다.

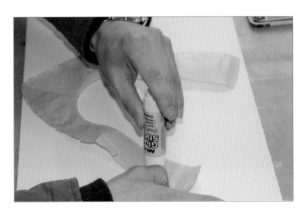

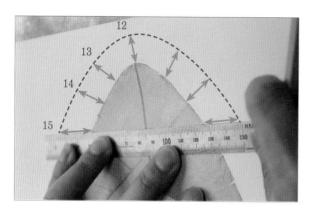

step 09 5cm 표시점을 기준으로 쇠자를 직각에 두고 좌우 위치점에 표시한다. 이때 좌우점도 15mm로 표시한다. 토 부분에서 12-13-14-15mm 너비로 그린다.

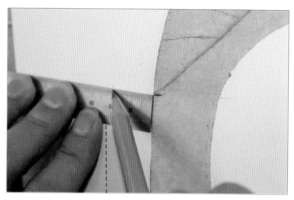

step 10 바깥쪽 A점과 안쪽 B점에서 각각 20mm 떨어진 위치를 표시하고 뒤축 끝까지 좌우 20mm를 표시한다. 20-18-16-15mm 너비 순이다.

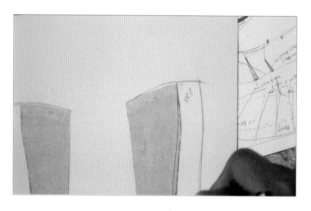

step 11 골밥선이 완성되면 월형 공간 확보를 위해 뒤축높이점 하단만 1.5mm 살려준다.

step 12 안쪽 또한 동일하게 하단만 1.5mm 살려준다.

step 13 골밥 만들기가 마무리되면 D점 위치부터 톱라인 바깥쪽 B선을 우선 칼질하고 패턴을 반으로 접어서 안쪽 C선에 맞대어 균형을 확인한다.

step 14 안쪽 패턴 C선도 절단하여 완전히 분리시킨 모습이다. 균형을 확인하여 수정할 부분이 있으면 수정한다.

step 15 뒤축 라인은 바깥쪽 패턴을 안쪽 패턴에 맞추어 선의 각도를 좌우에 맞게 만들어 준다.

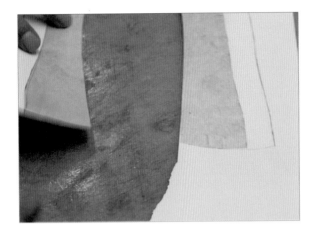

step 16 뒤축선의 좌우 패턴의 각도를 맞추어 그린 후 칼로 절단하여 분리시킨다. 골밥선 외곽선도 칼질하여 분리한다.

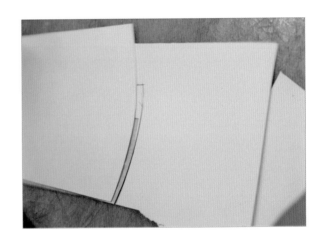

7 패턴 완성하기

❶ 분리시킨 패턴의 주름 부분을 똑같이 그려내기 위해 그릴 부분을 칼로 절단하여 연필로 그릴 수 있게 한다. 주름선을 그리기 위해서 연결되지 않는 부분은 송곳을 이용하여 점을 표시한다.

❷ 각 기준점을 표시한 패턴을 새로운 패턴 종이에 중심선을 맞추어 전체를 그리고, 주름선 등의 디자인 선을 그려 넣고 칼질해 패턴을 완성한다.

 **step 01** 칼로 각 위치를 절단하여 연필로 그릴 수 있게 해 준다.

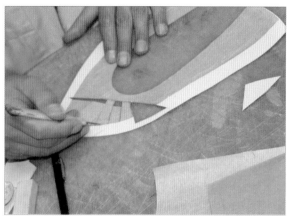 **step 02** 칼로 절개가 어려운 부분은 송곳으로 표시한다.

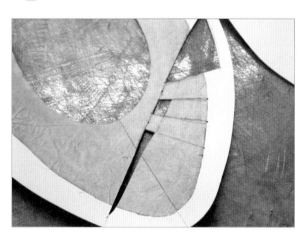 **step 03** 주름선을 그리기 위해서 연결되지 않는 부분은 송곳을 이용하여 점을 표시한다.

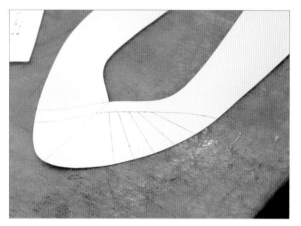 **step 04** 주름선 등의 디자인 선을 그려 넣고 패턴을 완성한다.

8 핀턱 패턴 만들기

❶ 종이 제갑용 패턴 종이에 첫 번째 주름선을 볼펜을 사용하여 그려준 후 송곳으로 주름선 상하를 눌러서 점을 표시한다. 송곳으로 표시한 점을 지나 직선으로 길게 연결한 후 대각선 쪽 삼각형 모서리에서 직각으로 5mm 위치점을 찍은 후 골밥선 쪽 모서리와 직선으로 길게 연결해 첫 번째 주름 분량을 완성한다. 주름의 간격은 5~6mm가 적당하다. 두 개의 볼펜선을 겉으로 접고 다시 안쪽으로 접어 1번 주름을 완성한다.

❷ 주름을 접으면 외곽선이 당겨져서 종이가 들리는 현상이 생기기 때문에 칼로 절단하여 펴 주어야 한다. 칼로 절단하여 당겨지는 부분을 핀 상태에서 패턴을 다시 대고 2번 선의 외 곽선을 위와 아래로 그려준 후 주름선을 송곳으로 표시한다. 표시된 점을 따라 길게 직선 을 그려준 후 대각선에서 위로 1cm 정도 남기고 주름 접은 여분을 칼질하여 펴 준다.

❸ 첫 번째 주름과 마찬가지로 대각선 쪽 모서리에서 직각으로 5mm 나가서 골밥선 쪽 모서 리와 직선으로 길게 연결해 2번 주름을 완성한다.

❹ 1과 2번 주름을 완성하는 방법과 동일하게 3~5번도 똑같이 완성한다. 이때 주름을 접은 후에 순차적으로 남은 여분을 칼질해서 없애 주어야 패턴이 편안하게 놓인다. 주름 접기가 완성되었으면 원 패턴을 대고 최종 확인한 후 나머지 패턴의 외곽선을 그려준다. 이때 중 심선을 표시하고 일직선으로 그려준다.

❺ 주름 접은 상태로 대각선 부분에 시접 7mm를 살려준 다음 표시한 시접 7mm 선을 따라 주름을 접은 상태로 칼질하여 분리한다. 전체가 분리되면 접혀 있는 주름을 모두 펴 새로 운 패턴 종이에 부착한다. 패턴 종이에 부착한 주름 패턴 외곽선을 칼질하여 분리시키면 주름 패턴이 완성된다.

❻ 완성된 패턴에 주름 패턴과 원 패턴을 기입하고 라스트 번호와 사이즈를 기입한다. 원 패턴 은 주름잡기가 끝난 후 주름이 정확한 모양으로 잡혔는지 다시 한 번 확인할 때 사용한다.

| step 01 | 종이 제갑용 패턴 종이에 패턴을 대고 1번 주름선을 그린다. |

| step 02 | 주름선을 그린 후 주름선 상하의 위치를 송곳으로 표시한다. |

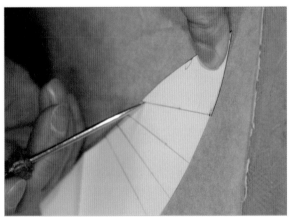

step 03 상하 송곳점을 수직선으로 길게 그린 후 대각선 쪽에 5mm 간격의 점을 표시한다.

step 04 골밥선 쪽은 그대로 두고 5mm 위치점을 지나 직선으로 길게 연결한다(주름 간격은 5~6mm).

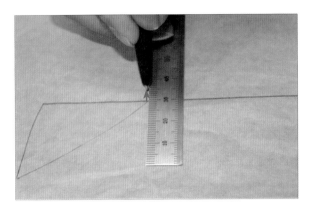

step 05 두 개의 볼펜선을 겉으로 접고 다시 안쪽으로 접어 1번의 주름을 완성한다.

step 06 주름을 접으면 외곽선이 당겨 종이가 들리기 때문에 칼로 절단하여 펴 준다.

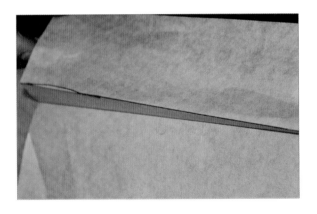

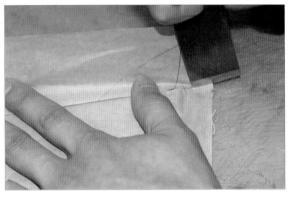

step 07 당기는 부분을 핀 상태에서 패턴을 다시 대고 2번선 외곽선의 상과 하를 그린 후 다시 점을 표시한다.

step 08 표시된 점을 따라 길게 직선을 그려준 후 대각선에 1cm 정도 남기고 주름 접은 여분을 칼질하여 다시 펴 준다.

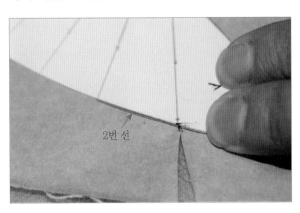

2번 선

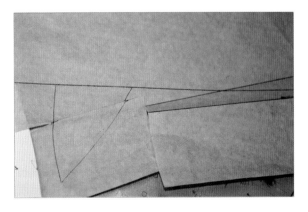

step 09 상단 대각선에서 직각으로 5mm 나가 점을 표시한다.

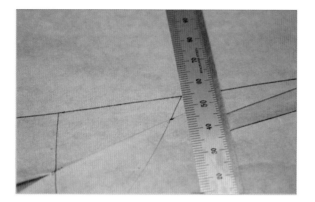

step 10 5mm 나간 점과 골밥선 쪽 모서리를 직선으로 길게 연결한다.

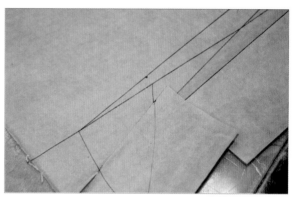

step 11 두 번째 주름선 완성이다. 같은 방법으로 3~5번까지 완성한다.

step 12 주름을 접을 때 사진처럼 골밥선과 상단 대각선의 주름잡고 남은 여분은 절단한다.

step 13 주름선 접기가 완성된 모습이다. 원 패턴을 대고 최종 확인한 후 나머지 패턴 외곽선을 그려준다.

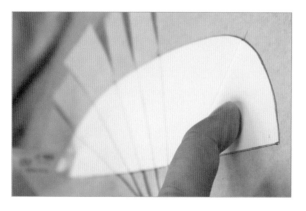

step 14 패턴에 중심선을 그린 후 대각선의 시접 7mm를 살려준다.

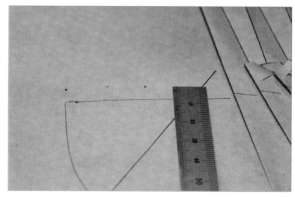

step 15 표시한 시접 7mm 선을 주름을 접은 상태로 칼질하여 분리한다.

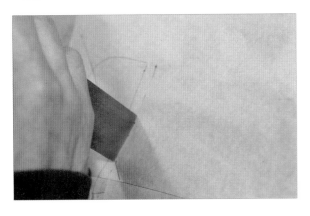

step 16 시접 7mm 부분을 칼질하고 패턴 외곽선 전체를 칼질한 모습

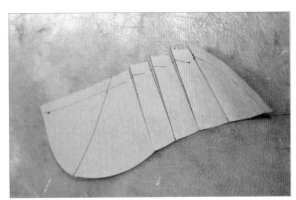

step 17 칼질한 주름 패턴을 풀칠하여 패턴 종이에 부착한다.

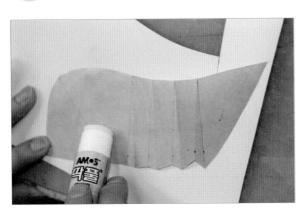

step 18 주름 패턴을 펼쳐 종이 패턴에 부착한 모습이다.

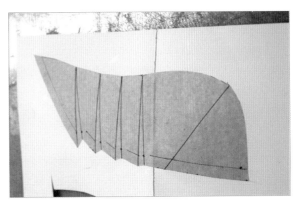

step 19 완성된 주름 패턴 전체를 칼질하여 분리시킨다.

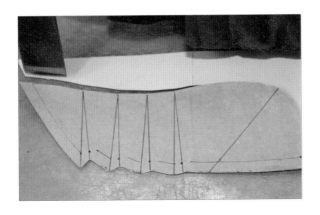

step 20 칼질하여 분리시킨 주름 패턴의 완성 모습이다.

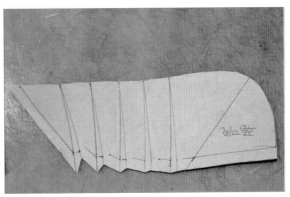

step 21 원 패턴은 주름잡기가 끝난 후 주름이 정확한 모양으로 잡혔는지 다시 한 번 확인할 때 사용한다.

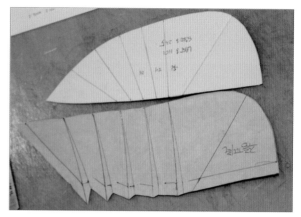

최종 완성된 주름 패턴 모습

9 내피 패턴 만들기

❶ 패턴 종이를 반으로 접은 후 제갑 패턴을 중심선에 맞추어 전체를 그려준다. 패턴의 톱라인에 홈칼질 할 수 있도록 5mm 여분을 살려준다.

❷ 힐 커브 뒤축선과 톱라인 5mm 살려준 선에 맞추어 패턴용 지활재 연결선을 그려준다. 같은 방법으로 바깥쪽과 안쪽의 연결선을 그려준다. 이때 골밥선 위치에 지활재 패턴과 내피 패턴을 연결한 후 나머지 선을 자연스럽게 연결한다.

❸ 지활재 연결선을 좌우로 우선 칼질하고 다음으로 패턴 외곽선과 톱라인 선을 칼질하여 분리하면 내피 패턴이 완성된다. 패턴 안쪽에 라스트 번호, 사이즈 번호, 그리고 내피라고 기입한다.

> **＊패턴용 지활재 사용 방법**
> 지활재는 패턴을 제작할 때마다 만드는 것이 아니고 힐(heel) 높이별로 제작하여 같은 범위 내의 높이면 동일하게 사용한다. 힐 높이가 1.5~3cm, 4~6cm, 7~10cm일 때 각각 동일한 지활재를 사용한다.

step 01 패턴 종이를 반으로 접은 뒤 제갑 패턴을 중심선에 맞추어 전체를 그린다.

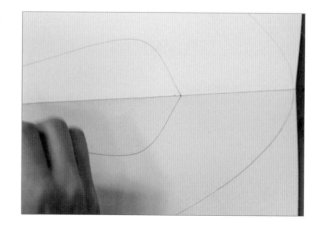

step 02 패턴의 톱라인에 홈칼질할 수 있도록 5mm 여분을 살려준다.

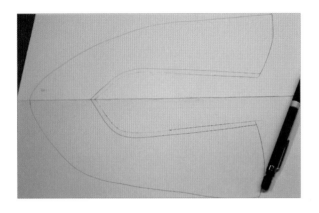

step 03 패턴용 지활재 연결선을 뒤축선과 톱라인 5mm 살려준 선에 맞추어 그려준다.

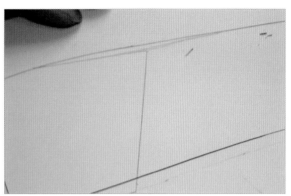

step 04 바깥쪽과 안쪽 모두 같은 방법으로 그려준다. 지활재 패턴과 내피 패턴을 연결한 후 나머지 선을 자연스럽게 연결한다.

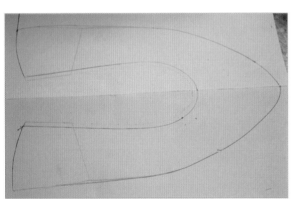

step 05 지활재 연결선을 우선 칼질하고 바깥쪽과 안쪽을 칼질한다.

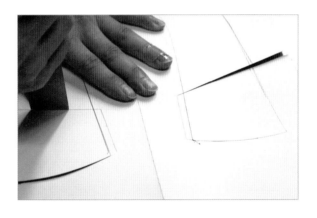

step 06 패턴 외곽선과 톱라인 선을 칼질하여 분리시킨다.

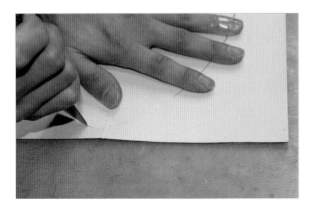

step 07 힐 높이 1.5~3cm일 때 사용하는 패턴용 지활재

<table>
<tr><td>step
08</td><td>패턴 안쪽에 라스트 번호, 사이즈 번호, 내 피를 기입하면 내피 패턴이 완성된다.</td></tr>
</table>

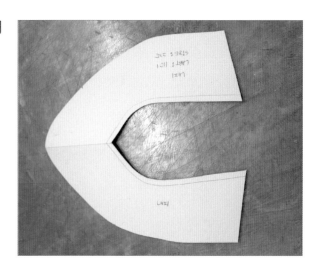

10 최종 패턴

제갑 패턴 1

제갑 패턴 2

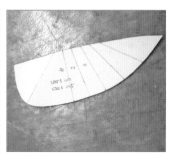

주름 원 패턴

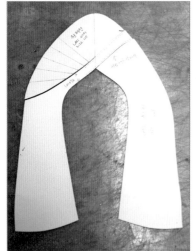

최종 제갑 패턴

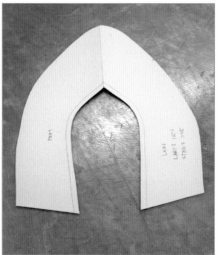

내피 패턴

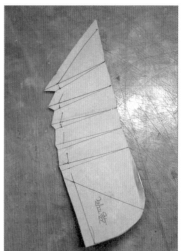

주름 패턴

Chapter 4

Shoes Pattern Process

사이드 V 라인 펌프스
(side V line pumps)

1 한국형 패턴 제작

앞부분은 유럽형 패턴 기법인 데콜테 스타일 제작을 기술하였다. 스탠더드 W 패턴을 만들고 다시 데콜테 스타일로 변형하여 완성된 데콜테 스탠더드 패턴 위에 디자인을 하는 과정이 유럽형 패턴 제작이다. 평면인 스탠더드 패턴 위에 디자인 선을 연출하기 위해서는 일정 정도의 숙련도가 필요하고 신발 전체의 밸런스가 맞는지, 앞 뱀프(vamp) 기장이 적당한지, 톱라인(top line)이 적당한지 등등 매우 정교하고 세심한 주의가 요구된다.

그래서 스탠더드 W를 이용하여 패턴을 제작하지 않고 라스트에 마스킹테이프를 부착한 후 라스트 위에 각 포인트마다 기준점을 표시하여 디자인을 완성시키는 방법이 한국형 패턴이다. 한국형 패턴 기법은 평면이 아닌 실제 구두 형태의 라스트 위에 디자인을 하기 때문에 입체적인 디자인을 할 수 있다. 또한 라스트에 직접 설계도를 그리기 때문에 패턴 제작 속도도 유럽형 패턴보다 빠르다.

■ 한국형 패턴 설계도

A : 라스트의 전체 둘레선

B : 바깥쪽 톱라인이며 가장 낮은 위치점(H점에서 수직 아래 1cm)

C : 안쪽 톱라인이며 B점에서 3~4mm 위의 점

D : 센터 포인트에서 일정 정도 떨어진 B, C선의 시작점(톱라인 시작점)

E : D점과 라스트 토 끝과의 일직선 라인

F : 센터 중심선에서 라스트 바닥까지 직각으로 내려 그은 선의 $\frac{1}{2}$ 지점

G : 뒤축높이점

H : F점에서 G점 직선 방향으로 4cm 위치점

   (H점에서 수직으로 6mm 내려 그은 점이 C점이고 10mm 내려 그은 점이 B점)

S : 센터 포인트점

□ : F점 위에 3mm 너비의 사각형

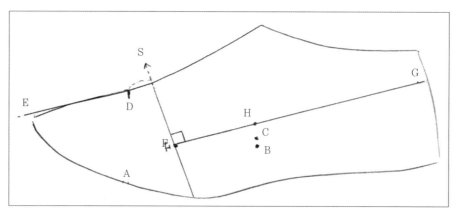

한국형 패턴 설계도

2　디자인하기

한국형 패턴 기법으로 사이드 라인 펌프스 패턴을 제작하여 보자. 앞서 설명한 방법으로 라스트에 마스킹테이프를 부착한다.

❶ 자를 센터 포인트 상단 중심점과 직각이 되게 한 후 라스트를 고정시키고 볼펜으로 센터 중심선을 그린다. 이때 주의할 점은 줄자를 센터 포인트 상단 쪽으로 놓고 하단 방향으로 그리는 것이다. 센터 중심선의 기장의 $\frac{1}{2}$ 지점을 찾아서 F점에서 G점까지 볼펜으로 연결한다. 볼펜을 사용한 이유는 디자인 연출 시 여러 번의 디자인 수정에도 지워지지 않게 하기 위함이다.

❷ 한국형 설계도에 설명한 각 지점에 점을 표시한 후 다음 순서로 선을 연결한다. D점 → F점 □ 사각형 → H점 수직으로 라스트 끝선까지 연결하면 앞부분 디자인이 완성된다. 다음은 쿼터(quarter)선을 연결하는 순서이다. G 뒤축높이점에서 B점까지 선을 연결해 완성한다. 쿼터선은 라스트 힐 높이가 높을수록 곡선을 많이 주고 높이가 낮을수록 곡선은 완만해진다. G 뒤축높이점에서 C점까지 선을 연결한 후 나머지 부분은 칼로 떼어낸다. 마지막으로 라스트의 바닥 외곽선을 연필로 표시한다.

❸ 테이프 분리 작업 시 먼저 라스트 바닥의 테이프를 송곳으로 분리한다. 라스트 뒤축 부분부터 떼어내며 이때 테이프가 늘어나지 않도록 짧게 잡고 토 부분까지 분리한다. 분리된 테이프 중에서 패턴만 사용하고 나머지는 버린다.

❹ 라스트 바닥 외곽선을 절단한 패턴을 패턴 종이에 올려놓고 패턴의 중심 부분부터 라스트 토 부분 방향으로 지그재그로 밀면서 주름 없이 부착하고 뒷부분도 역시 같은 방법으로 부착한다. D점에서 E점(D 톱라인과 라스트 토의 높은 부분)까지 수직선을 연필로 긋는다. 그다음 칼로 패턴의 외곽선 전체를 칼질하여 패턴만 분리한다.

---

step 01　S~D의 기장은 9~10mm가 적당하다. D점에서 □까지 자연스럽게 연결한다.

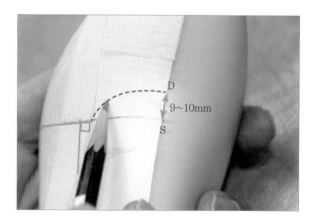

step 02　□사각형에서 H점 수직 하단의 라스트까지 연결하면 앞부분 디자인이 완성된다.

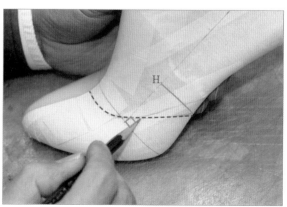

step
03
G점에서 B선까지 곡선으로 디자인한다.

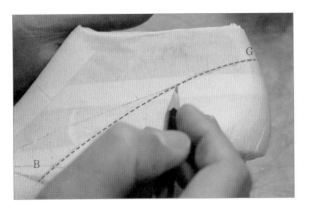

step
04
소비자가 가장 선호하는 라인을 찾아 디자인한다.

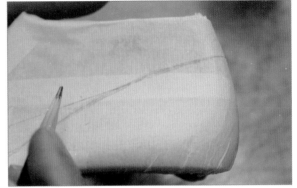

step
05
뱀프선과 쿼터선을 완성시킨 모습

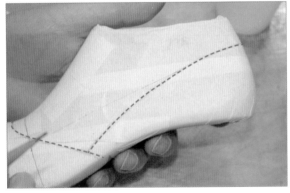

step
06
여러 형태로 디자인 선을 임의대로 그려본 모습

step
07
G 뒤축높이점에서 C점(안쪽 선)까지 선을 연결한다.

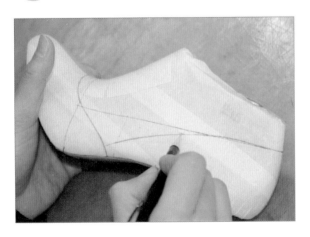

step
08
완성된 디자인 선을 따라 패턴이 아닌 부분을 떼어낸 모습

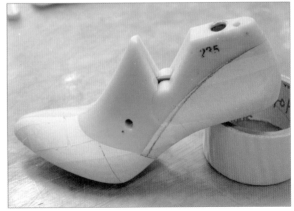

step 09 굽을 놓고 전체 라인의 밸런스를 최종 검토한다.

 step 10 라스트 바닥면의 테이프를 송곳을 사용하여 분리한다.

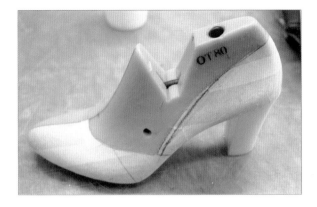
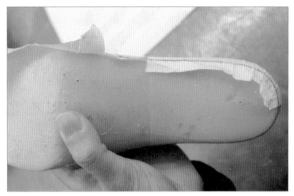

step 11 라스트에서 패턴을 떼어내고 필요 없는 부분을 칼로 정리하는 모습

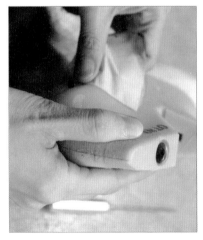

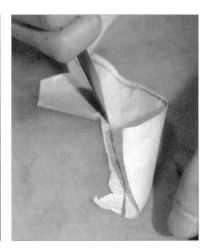

step 12 패턴 종이에 부착하는 모습

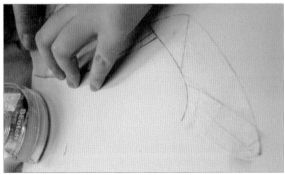

step **13** D점 톱라인(top line)에서 E점까지 직선을 긋는다.

step **14** 패턴 외곽선을 따라 절단하여 패턴만 분리된 모습

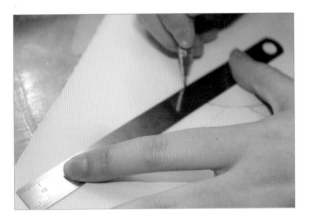

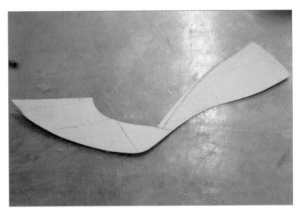

3 **2차 스프링 작업**

① D점에서 톱라인을 따라 5cm 위치에 연필로 점을 표시한다. 쇠자를 이용하여 패턴의 톱라인을 따라 직각을 이루어 5cm 지점에서 연필로 수직선을 내려 긋는다. 그어진 선의 전체 기장의 $\frac{1}{2}$ 지점을 표시한 후 선을 따라 $\frac{1}{2}$ 지점 상단을 칼질하고 하단은 $\frac{1}{2}$ 지점에서 1mm 남기고 임의의 대각선으로 칼질하여 벌린다.

② 칼질된 하단을 1.5mm 너비로 벌린 후 패턴의 뒤쪽 부분이 위로 올라오게 하여 스카치테이프로 앞,뒤를 붙여 고정시킨다. 부착된 테이프의 남는 부분은 칼질하여 분리시킨다.

step **01** D점에서 자를 대고 직선으로 4~5cm 위치에 점을 표시한다.

step **02** 4~5cm 위치에 점을 표시하는 모습

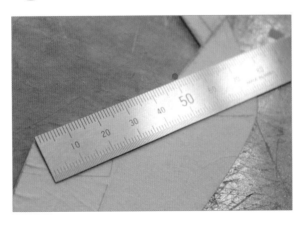

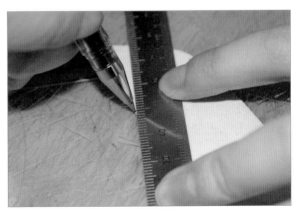

step 03 톱라인을 따라 직각으로 선을 내려 긋는다.

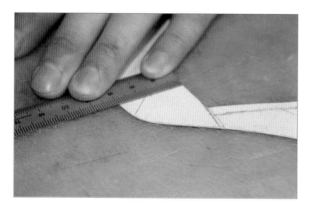

step 04 그어진 선의 전체 기장의 $\frac{1}{2}$ 지점을 점으로 표시한다.

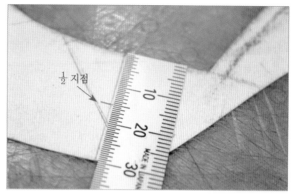

step 05 선을 따라 $\frac{1}{2}$ 지점 상단을 칼질하고 하단은 $\frac{1}{2}$ 지점에서 1mm 남기고 칼질한다.

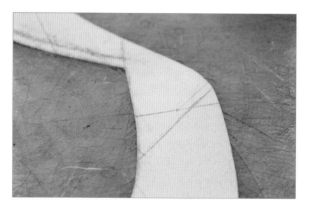

step 06 $\frac{1}{2}$ 지점을 1mm 정도 남기고 임의의 대각선으로 칼질하는 모습

step 07 칼질된 하단을 1.5mm 너비로 벌린 후 패턴의 뒤쪽 부분이 위로 올라오게 한다.

step 08 스카치테이프로 앞뒤를 고정시키면 2차 스프링이 완성된다.

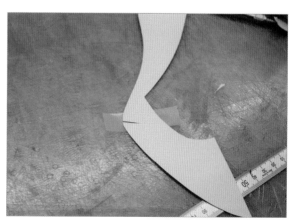

4　종이 제갑 만들기

❶ 종이 제갑용 패턴 종이를 반으로 접은 다음 다시 편 상태에서 쇠자를 이용하여 수직선을 긋는다.

❷ 종이를 다시 접어서 D점에서 E점까지 수직선을 맞추어 톱라인(D선)을 연필로 그리고 앞날개와 뒷날개의 연결선을 송곳을 눌러 표시한다. 이때 뒷날개 B선과 C선의 만나는 점을 뱀프 쪽에 표시한다. 송곳으로 표시한 부분을 스케치한 후 골씌움할 때 필요한 골밥 15mm 너비로 앞부분 전체를 살려준다.

❸ 뒷날개 패턴을 두 겹 겹쳐진 종이 제갑용 패턴지에 그대로 그리고 B선 점을 송곳으로 표시하여 스케치한 후 앞날개와 만나는 뒷날개 부분 시접 7mm를 살려준다. 이때 힐 커브 뒤축선의 상단 2mm를 줄여준다. 라스트 바닥선에 골밥 15mm를 살려서 톱라인 C선과 뒤축선 2mm 줄인 선을 따라 전체를 칼질하여 분리시킨 다음 분리한 두 장의 뒷날개 패턴 중 바깥쪽 패턴의 점으로 표시한 점선 B를 따라 칼질하여 분리한다.

step 01　종이 제갑용 패턴 종이를 반으로 접은 다음 다시 편 상태에서 쇠자를 이용하여 수직선을 긋는다.

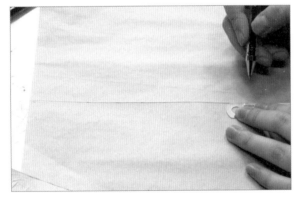

step 02
D점에서 E점까지 직선으로 맞추고 앞부분을 그린다.

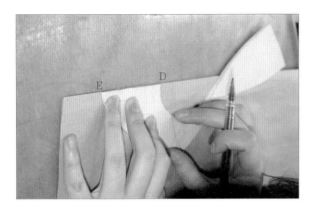

step 03
앞날개와 뒷날개가 만나는 지점을 송곳으로 표시하고 그린다.

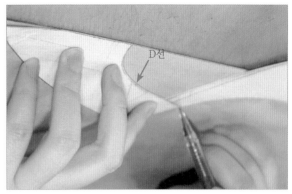

step 04
뒷날개 안쪽의 C선과 앞날개 D선이 만나는 점을 송곳으로 표시한다.

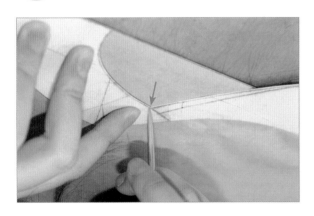

step 05
뒷날개 바깥쪽의 B선과 앞날개 D선이 만나는 점을 송곳으로 표시한다.

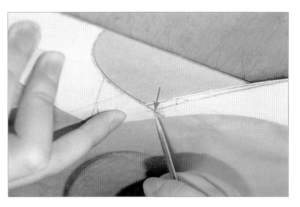

step 06
송곳을 사용하여 표시한 부분을 연필로 스케치한다.

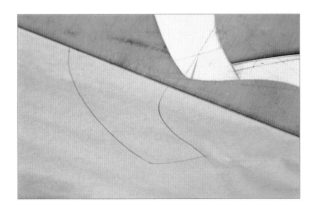

step 07
골씌움할 때 필요한 골밥 15mm를 살려준다.

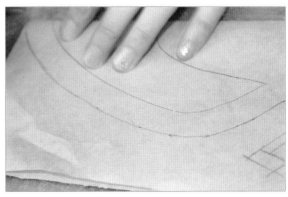

step 08 앞날개 전체를 칼질하여 떼어낸 모습

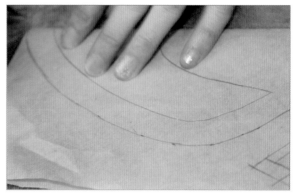 **step 09** 뒷날개를 그리고 B선 점을 표시하여 스케치한다.

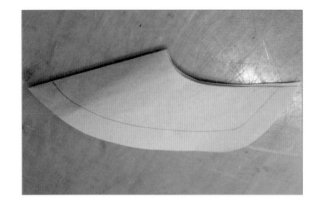

step 10 앞날개와 만나는 부분의 시접 7mm를 살려준다.

step 11 힐 커브 부분에서 뒤축선의 상단 2mm를 줄인다.

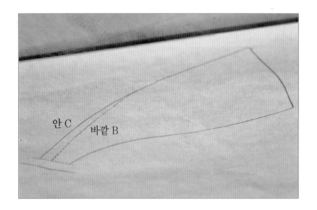

안 C 바깥 B

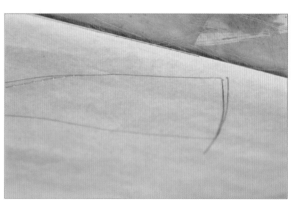

step 12 라스트 바닥선에 골밥 15mm를 살려서 톱라인 C선과 뒤축선 2mm 줄인 선을 따라 전체를 칼질하여 분리시킨다.

5 **종이 제갑 결합하기**

❶ 분리한 뒷날개 패턴 바깥쪽의 B선 패턴 이음선 부분 시접에 풀칠하여 앞날개 패턴 바깥쪽에 부착한다. 이때 표시점에 맞추어 부착한 다음 뒷날개 패턴의 C선 패턴 이음선 부분 시접에 풀칠하여 앞날개 패턴 안쪽에 표시점에 맞추어 부착한다.

❷ 뒤축 패턴의 바깥쪽과 안쪽을 스카치테이프로 연결하는데, 이때 패턴 바깥쪽에 스카치테 이프를 $\frac{1}{2}$씩 나누어 부착해 곡선을 유지시킨다.

❸ 칼을 세워서 스카치테이프를 5~6mm 간격으로 칼금을 넣어 송곳을 이용하여 안쪽 패턴 에 곡선으로 밀착시켜 부착한 후 위쪽과 아래쪽 남는 테이프를 떼어낸다. 이때 패턴의 좌 우 각진 부분을 스카치테이프로 보강해 준다.

 step 01 바깥쪽 B선의 이음선 시접에 풀칠을 한다.

 step 02 바깥쪽 뒷날개와 앞날개 패턴이 결합된 모습

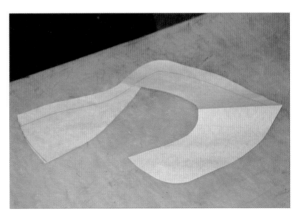

 step 03 안쪽 뒷날개의 시접 7mm를 그린다.

 step 04 안쪽 뒷날개와 앞날개 패턴을 연결한다.

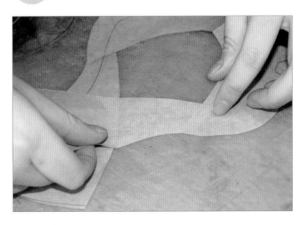

step 05 바깥쪽과 안쪽 패턴을 스카치테이프로 $\frac{1}{2}$씩 나누어 부착한다.

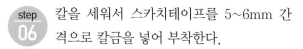

step 06 칼을 세워서 스카치테이프를 5~6mm 간격으로 칼금을 넣어 부착한다.

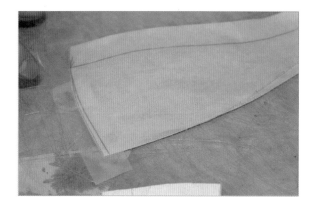

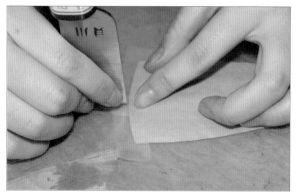

step 07 부착하고 남은 테이프를 칼질한다.

step 08 패턴 좌우 약한 부분을 스카치테이프로 보강해 준다.

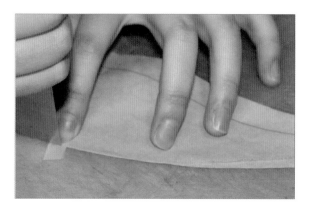

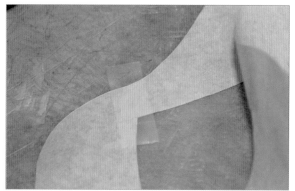

6 종이 제갑 골씌움하기

❶ 종이 제갑 두 겹을 최대한 많이 문질러 부드럽게 만들어준다. 특히 골밥 부분을 잘 문질러 준다. 라스트 뒤축높이점을 스카치테이프로 고정시키고 뒤집어서 라스트 바닥 외곽면을 풀칠하여 작업자의 배쪽에 밀착시킨 후 라스트 중심선을 기준으로 토 부분부터 당기면서 골씌움한다.

❷ 라스트를 책상에 올려놓고 라스트 바깥쪽 A점과 안쪽 B점에서 2cm 간격으로 힐 부착 위치까지 가위질한다. 톱라인을 당겨 라스트에 밀착시킨 후 바깥쪽과 안쪽의 곡선을 자연스럽게 당기면서 골씌움한다. 이때 패턴의 뒤축선 하단부에 여유가 있으면 맞게 수정하여 준다.

❸ 골씌움이 끝났으면 전체적인 밸런스를 검토하고 수정할 부분이 있다면 수정해 칼로 절단하여 완성한다. 수정 후 선을 따라 실물처럼 굵은 연필로 스티치를 그려 넣는다. 이때 최종 디자인 점검을 하고 수정할 부분이 있으면 수정해 준다.

❹ 라스트 바닥면 외곽선을 연필로 표시한 후 안쪽 아치 부분은 중창 패턴을 대고 그린다.

step 01 종이 제갑을 자연스럽게 문질러준다. 특히 골밥 부분을 좀 더 많이 비벼준다.

step 02 라스트 바닥 외곽에 풀칠하여 라스트 중심선을 기준으로 토 부분부터 당기면서 골씌움한다.

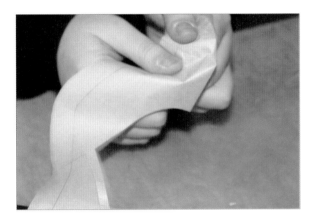

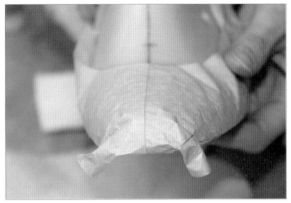

step 03 토와 옆부분을 당겨 패턴이 라스트에 밀착되도록 골씌움한다.

step 04 라스트 A점과 B점에서 2cm 간격으로 힐 위치까지 가위질한다.

step 05 바깥쪽부터 톱라인을 당겨서 골씌움한다.

step 06 수정할 부분이 있으면 연필로 수정하고 수정된 부분을 칼질하여 떼어낸다.

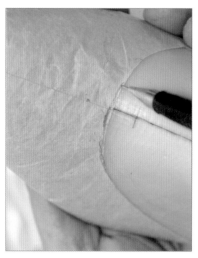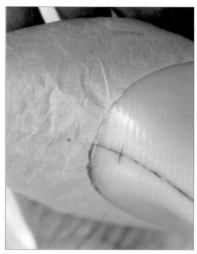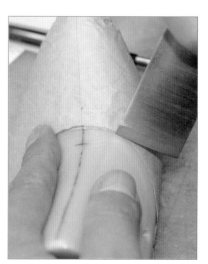

step 07 수정한 라인에 굵은 연필로 스티치를 표시한다.

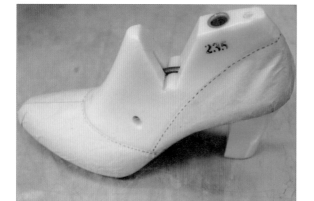

step 08 스티치를 그려 넣은 후 최종 디자인 점검을 하고 수정할 부분이 더 있는지 확인한다.

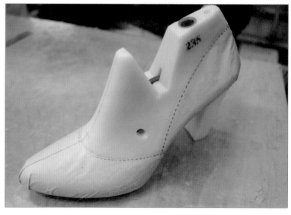

step 09 라스트 바닥면 외곽선을 연필로 표시한다.

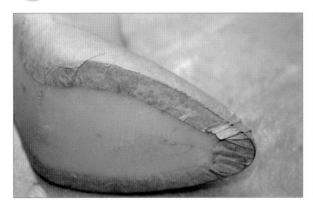
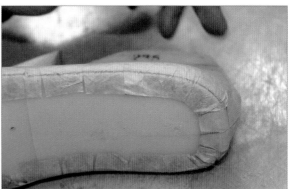

step 10 안쪽 아치 부분은 중창 패턴을 대고 그린다.

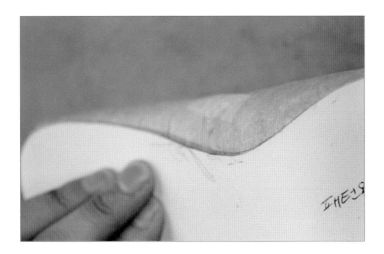

7 종이 제갑 분리하기

❶ 뒤축선을 칼로 절단하여 골밥 부분을 송곳으로 떼어내고 뒤쪽부터 분리한다. 이때 라스트
에 표시된 바깥쪽의 A점과 안쪽의 B점을 패턴에 표시한다.

❷ 라스트 토 부분도 분리하며 전체 분리된 패턴의 골밥선을 따라 칼로 칼질하여 패턴과 골밥
여유분을 분리시킨다. 패턴이 겹치게 되므로 안쪽 앞날개와 뒷날개 부착 부분을 절단하여
분리시킨다.

❸ 분리한 종이 제갑 패턴을 새로운 패턴 종이에 풀칠하여 부착시킨다.

step 01 뒤축선을 칼로 절단하여 뒷부분부터 라스트에서 분리한다.

step 02 골밥 부분도 송곳을 이용하여 떼어준 후 분리한다.

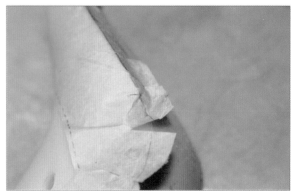

step 03 바깥쪽 A점을 패턴에 표시하는 모습

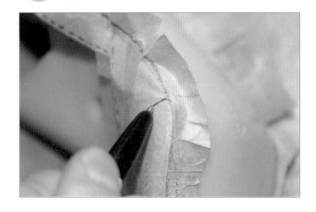

step 04 안쪽 B점을 패턴에 표시하는 모습

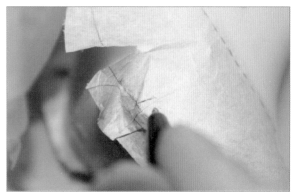

step 05 토 부분을 분리하는 모습

step 06 라스트에서 완전히 분리한 종이 제갑 모습

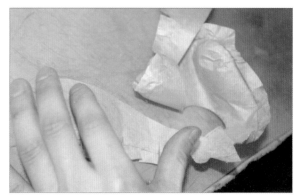

step 07 골밥선을 따라 칼질하여 패턴과 골밥을 분리한다.

 step 08 패턴이 겹치게 되므로 안쪽 앞날개와 뒷날개 부착 부분을 분리시킨다.

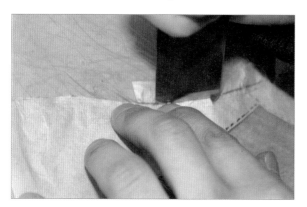

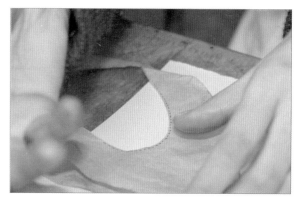

step 09 분리한 패턴을 새로운 패턴 종이에 부착하기 위해 준비 중인 모습

step 10 분리한 패턴을 풀칠하는 모습

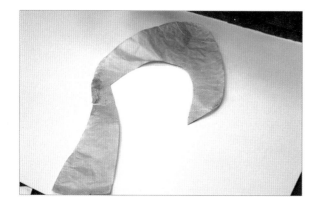

 step 11 풀칠한 패턴을 새로운 패턴 종이에 부착 완료한 모습

8 패턴 완성하기

① 패턴이 완성되었으면 골밥을 만들어 주어야 한다. 골밥 만드는 과정의 설계는 아래 그림으로 표시하였다. 라스트 토 12mm를 포함한 50mm 위치는 선심(top box)이 들어가는 부분이다. 그 지점에서 직각을 유지하여 좌우 골밥 끝에 점을 표시하여 15mm 골밥을 만든 후에 바깥쪽에는 A점과 안쪽에는 B점을 기점으로 라스트 뒤축선 부분까지 20mm 너비로 살려준다. 다만 곡선이 심한 부분은 2mm 정도 더 살려준다. A점과 B점을 기준으로 라스트 토 부분까지는 20mm에서 12mm까지 점점 줄어들게 골밥을 살려주면 된다.

② 뒤축 중심선 아래는 월형이 삽입되는 위치이므로 1.5mm 너비를 살려 패턴을 대고 그려주면 골밥 전체가 완성된다.

③ 패턴 앞날개를 칼질하여 뒷날개 시접 위에 올려서 선을 그린 후 골밥선을 맞추어 수정해준다. 골밥선을 수정하고 가장 곡선이 심한 부분은 2mm 정도 시접을 더 살려주어 절단한다. (바깥쪽, 안쪽 동일하게) 패턴 외곽선을 기준으로 전체 칼질하여 패턴을 떼어낸 후 뒷날개 연결 부분 시접을 7mm 살려서 칼질한다.

④ 패턴이 완성되었으면 새로운 패턴 종이 위에 전체를 그린 후 시접 7mm의 위치를 송곳으로 표시한다. 앞날개 패턴 1개와 뒷날개 패턴 2개가 완성된다. 이때 안쪽 패턴에는 V자 홈을 파주고, 라스트 번호와 사이즈를 표시해 준다.

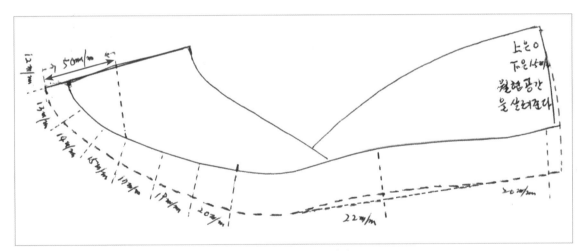

사이드 V 라인 펌프스 설계도

step 01 라스트 토 부분에서 바깥쪽 A점까지 골밥을 표시한다.

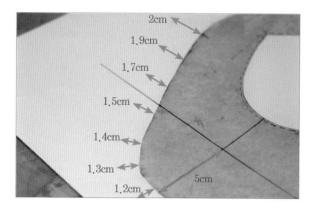

step 02 라스트 토 부분에서 안쪽 B점까지 골밥을 표시한다.

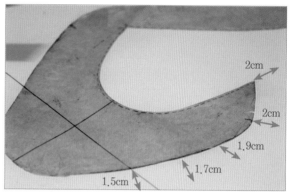

step 03 골밥선 너비점에 쇠자를 대고 점을 표시한다.

step 04 뒷날개 골밥선을 전체적으로 2cm 너비로 표시한다.

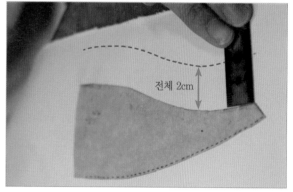

step 05 바깥쪽 A점에서 뒤축선까지 골밥 2cm를 살려준다.

step 06 패턴 골밥선을 스케치한다.

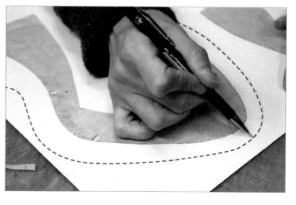

step 07 뒤축선 하단에 월형이 들어가는 공간 1.5mm 점을 표시한다.

step 08 1.5mm를 살려주기 위해 그리는 모습

step 09 월형 삽입 공간을 1.5mm 살려서 그린다.

step 10 골밥선을 완성한 패턴의 모습

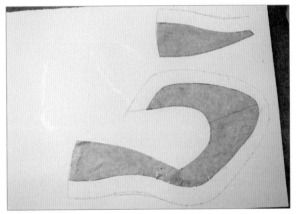

step 11 앞날개를 뒷날개 결합 부분에 올려놓고 골밥선을 자연스럽게 맞춘다.

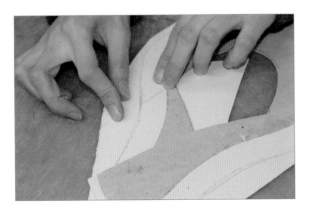

step 12 너무 들어가는 부분을 2mm 정도 더 살려주어 골밥선을 완성하고 칼질한다.

step 13 완성된 패턴 라인을 따라 전체적으로 칼질하는 모습

 step 14 앞날개와 결합하는 뒷날개 연결 부분 시접 7mm를 살려서 칼질한다.

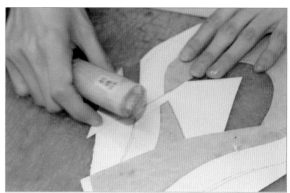

step 15 완성된 패턴의 모습

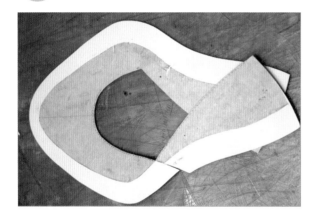

9 내피 패턴 만들기

① 패턴 종이를 반으로 접어서 패턴 중심선과 일직선이 되도록 만들고 난 후 앞날개 패턴을 그린다.

② 앞부분 패턴에 뒷날개 패턴 좌우 패턴을 연결하여 그린다. 새롭게 그린 패턴 선의 톱라인 부분 전체를 5mm 살려서 그려준다.

③ 5mm 살려준 톱라인에 패턴용 지활재 패턴을 힐 커브 곡선에 맞추어 그려준다. 이때 안쪽 패턴에도 같은 방법으로 지활재 패턴을 대고 그려준다. 지활재 패턴 옆기장을 맞추어 내피 쪽 선을 자연스럽게 연결한다. 연결한 패턴 전체를 칼질하면 내피 패턴이 완성된다.

④ 완성된 내피 패턴 안쪽에는 V자 홈, 라스트 번호, 사이즈를 표시해 준다.

Shoes Pattern Process

핀턱 하이힐
(pin tuck high heels)

1 한국형 패턴 방식(테이프 작업)

왼쪽 라스트에 중심선과 센터 포인트, 라스트 바깥쪽의 A점과 안쪽의 B점, 힐 커브(heel curve) 뒤축선과 뒤축높이점의 표시가 정확하게 되어 있는지 확인 후 마스킹테이프를 사용해 부착하도록 한다.

❶ 먼저 라스트 상단 발목 부분에 라스트의 앞쪽 중심선에서 뒤축선까지 길이 정도로 테이프를 잘라 중간 부분을 먼저 부착한 후 앞뒤로 지그재그로 밀면서 테이프를 부착한다. 두 번째 테이프는 라스트 토에서 뒤축선까지 길이 정도로 테이프를 잘라 첫 번째 테이프에 1cm 정도 겹치게 부착한 후 중간에서 앞쪽으로 밀면서 부착한다. 이때 센터 포인트 부분의 테이프가 당겨지면서 뜨게 되는데 중간 지점에 가위밥을 먼저 넣고 앞뒤로 가위밥을 더 넣어 테이프가 라스트에 밀착되도록 부착시킨다.

❷ 테이프 중간 부분에서 뒤축선까지를 지그재그로 밀면서 주름 없이 부착한다. 굽자리 부분은 하단이 접히게 되는데 접히는 분량을 고르게 나누어 주름이 최대한 없도록 부착한다. 세 번째 테이프는 라스트 하단에 테이프가 부착되지 않는 부분만큼 길이를 잘라 앞뒤로 밀면서 부착한다.

❸ 라스트 바깥쪽 A점에서 라스트 토 부분까지는 가위로 라스트 끝선을 잘라주고 라스트 아치 부분과 굽자리 부분은 라스트 바닥에 부착시킨다. 라스트 중심선과 뒤축선을 칼로 절단하여 선을 벗어난 테이프를 제거해 준다. 테이프를 7cm 정도 잘라 라스트 중심선에 테이프 중심을 맞추어 가운데 선을 먼저 부착하고 당겨지는 부분은 가위밥을 넣어 부착시킨다. 이때 중심선을 칼질하여 안쪽 테이프를 분리시킨다. 테이프 작업이 완료되었으면 센터 포인트와 뒤축높이점을 볼펜으로 표시한다.

step 01 라스트 상단 발목 부분에 마스킹테이프를 부착한다. 첫 번째 테이프와 1cm 겹치게 두 번째 테이프를 부착한다.

step 02 중심에서 앞쪽으로 밀면서 테이프를 부착하고 센터 포인트 당기는 부분에 3개 정도의 가위밥을 넣어준다.

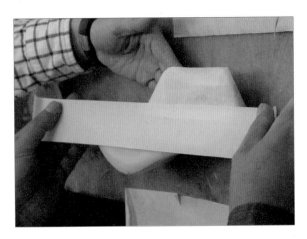

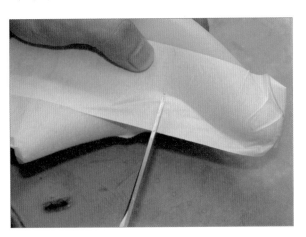

step 03 중간에 먼저 가위밥을 넣은 후 앞뒤로 가위밥을 더 넣어준다.

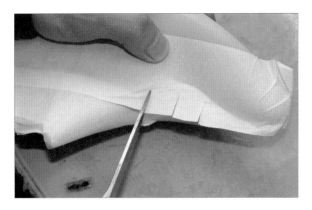

step 04 중간 부분에서 뒤축선까지 지그재그로 밀면서 주름 없이 부착한다.

step 05 굽자리 접혀지는 부분의 테이프를 고르게 나누어 최대한 주름이 없게 부착한다.

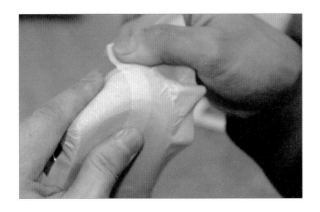

step 06 두 번째 테이프와 1cm 겹치게 세 번째 테이프를 부착한다.

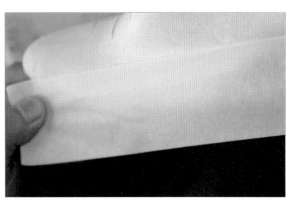

step 07 동일한 방법으로 뒤축선까지 지그재그로 밀면서 주름 없이 부착한다.

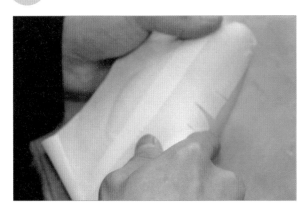

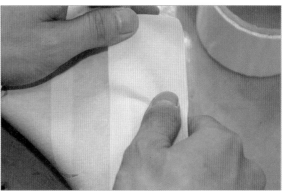

step 08 라스트 바깥쪽 A점에서 토까지 남아 있는 테이프를 가위로 잘라준다.

step 09 라스트 아치 부분과 굽자리 부분은 라스트 바닥에 부착시킨다.

 step 10 라스트 중심선과 뒤축선을 칼로 절단하여 선을 벗어난 테이프를 제거해 준다.

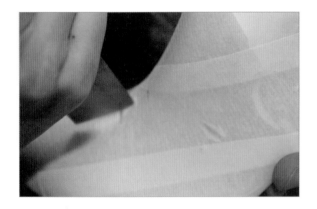

step 11 테이프를 7cm 정도로 잘라 라스트 중심선에 맞추어 부착한다.

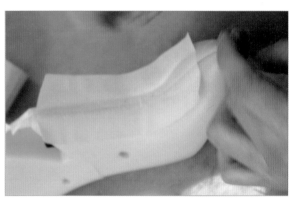

 step 12 주름이 생기지 않도록 바깥쪽만 가위밥을 넣어주어 부착한다.

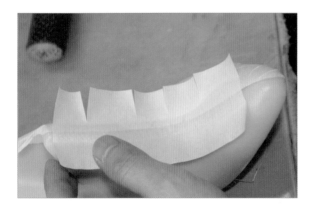

step 13 중심선을 칼질하여 안쪽 테이프는 제거해 준다.

중심선을 칼질하여 분리한 모습이다. 센터
포인트는 볼펜으로 표시해 준다.

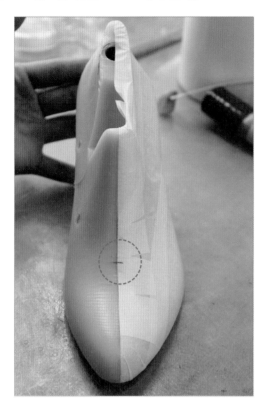

step 15 뒤축선 높이점도 볼펜으로 표시해 준다.

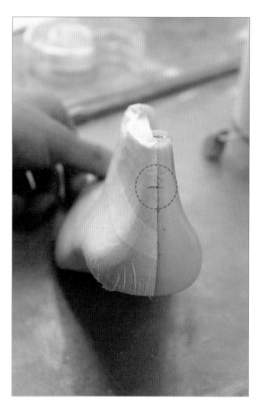

step 16 테이프 작업이 완성된 모습

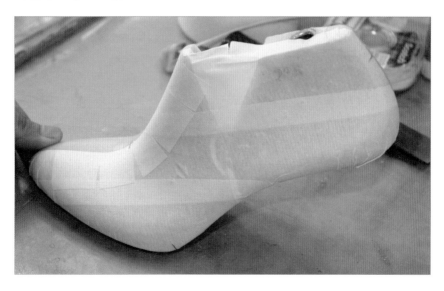

2 한국형 패턴 방식 기본 설계

① 센터 포인트 상단에 줄자를 대고 직각을 유지시키고 줄자를 따라 센터 중심선을 긋는다. 그림처럼 S선 센터 중심선 길이의 $\frac{1}{2}$ 지점을 표시하고 표시한 점과 뒤축높이점을 수직으로 연결한다. F점(S선 $\frac{1}{2}$ 지점)에서 G점(뒤축높이점)으로 연결하고 F점 상단에 3mm 사각형을 만들어준다.

② F점에서 G점 방향으로 4cm 위치에 H점을 표시한다. H점에서 수직 아래로 1cm 내려간 지점에 B점을 표시한다.

③ S선 센터 포인트에서 라스트 토 쪽으로 18mm 위치에 D점을 표시한다.

④ 한국형 패턴 방식 기본 설계도는 라스트에 직접 디자인 선을 스케치하는 것이 특징이며 디자인 선 연결 시 필요한 각 부분의 기준점을 라스트에 표시한다.

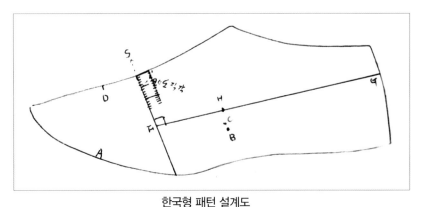

한국형 패턴 설계도

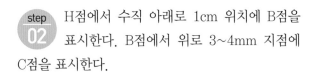

step 01 센터 포인트 상단에 줄자를 대고 직각을 유지시키고 줄자 하단을 따라 센터 중심선을 긋는다.

step 02 H점에서 수직 아래로 1cm 위치에 B점을 표시한다. B점에서 위로 3~4mm 지점에 C점을 표시한다.

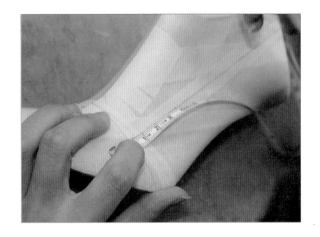

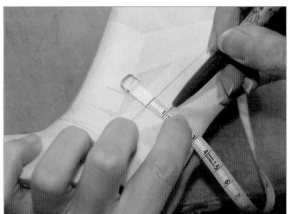

S 센터 포인트에서 라스트 토 쪽으로 18 mm 내려간 지점에 D점을 표시한다.

 한국형 패턴 설계도 완성 모습

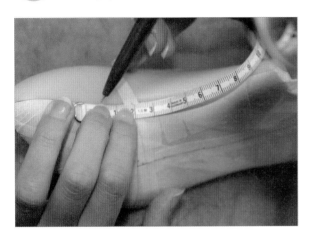

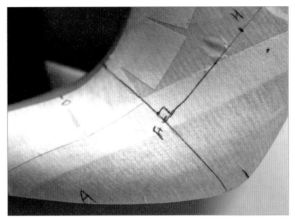

3 디자인 연출

라스트에 기준점이 표시된 한국형 패턴 기본 설계도를 토대로 디자인 선을 스케치한다.

❶ 우선 D점에서 시작하여 살짝 배부른 V자 라인을 그려준다. D점에서 시작된 톱라인을 F점 상단 꼭지점에 통과시켜 자연스럽게 B점까지 연결한다. 다음은 뒤축높이점 G점에서 시작 하며 직선에 가까운 부드러운 곡선으로 B점까지 연결한다. 라스트의 입체적인 아치 곡선 느낌이 나도록 바깥쪽 B선을 완성한다. 이때 각 기준점에서 각이 져서는 안 되며 전체적으로 매끄럽게 선이 흐르도록 표현하는 것이 중요하다.

❷ F점에서 D점 방향으로 17~18mm 위치에 점을 표시한 후 D점에서 B선을 따라오다가 18mm 지점부터 자연스럽게 벌어지게 그려준다. B점 위치 상단 3~4mm 위치를 통과하여 B선 가장 배부른 지점까지 그려주어 C선 안쪽 톱라인을 완성시킨다. 다시 한 번 최종 확인하여 B, C선의 수정 부분이 있으면 수정하여 부드러운 선을 표현한다. 토 부분에서 주름이 잘 뻗어 나갔는지 간격은 잘 유지되어 있는지 확인하면서 그린 다음 주름선은 D점 에서 1cm 간격을 주어 A점 방향으로 그려준 뒤 두 번째도 벌어지는 느낌으로 그린다.

❸ 라스트 바닥 외곽선의 각진 부분을 연필로 그려준다. D 지점을 기준으로 톱라인 C선을 칼로 절단하고 나머지 부분은 분리시킨다. 라스트 바닥면에 붙어 있는 테이프를 송곳으로 떼어 낸 후 라스트 뒷부분부터 토 방향으로 패턴을 분리한다. 연필로 표시한 라스트 바닥 외곽선만 남기고 나머지는 칼로 제거해 준다.

❹ 패턴 종이에 떼어낸 패턴 중간 부분을 먼저 부착한 후 패턴을 한 손으로 들고 나머지 손으로 밀면서 부착시킨다. 패턴 종이에 부착한 패턴을 칼질하여 분리시킨다.

step 01 우선 D점에서 F점까지 디자인에 맞게 그려준다.

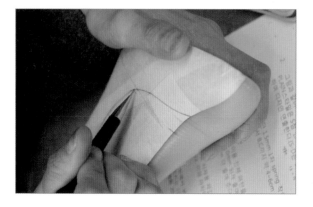

step 02 D점에서 시작된 톱라인은 F점 상단 사각 꼭지점에 통과시켜 B점까지 연결한다.

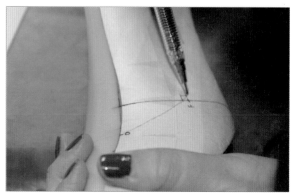

step 03 뒤축높이점 G점에서 시작하여 직선에 가까운 부드러운 곡선으로 B점까지 연결한다.

step 04 라스트의 입체적인 아치 곡선 느낌이 나도록 바깥쪽 B선을 완성시킨다.

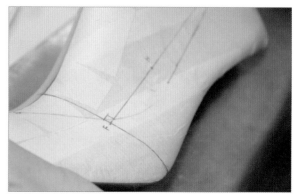

step 05 F점에서 17~18mm 위치에 점을 표시한 후 D점부터 B선 라인을 따라오다가 18mm 지점부터 자연스럽게 벌어지게 그려준다.

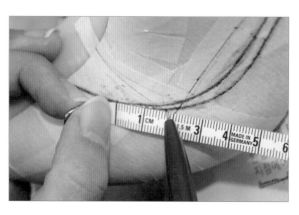

step 06 B점 위치 상단 3~4mm 위치를 통과하여 B선의 가장 배부른 지점까지 그려주면 C선 안쪽 톱라인이 완성된다.

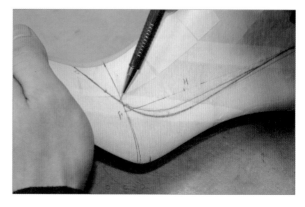

step 07 토 부분에서 주름이 잘 뻗어 나갔는지 간격은 잘 유지되어 있는지 확인하면서 그린다.

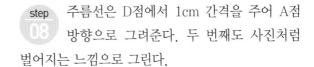 **step 08** 주름선은 D점에서 1cm 간격을 주어 A점 방향으로 그려준다. 두 번째도 사진처럼 벌어지는 느낌으로 그린다.

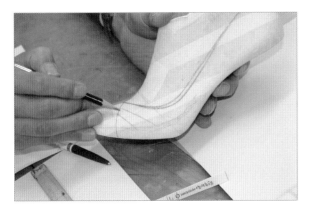

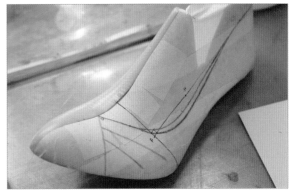

 step 09 연필로 라스트 바닥 외곽선을 그려준다.

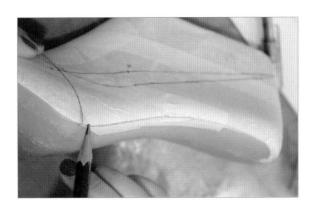

step 10 D 지점을 기준으로 톱라인 C선을 칼로 절단하고 나머지 부분은 분리시킨다. 라스트 바닥면에 붙어 있는 테이프를 송곳으로 떼어낸 후 라스트 뒷부분부터 토 방향으로 패턴을 분리한다.

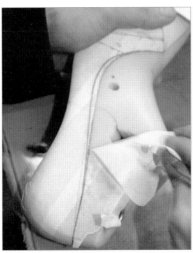

step 11 연필로 표시한 라스트 바닥 외곽선만 남기고 나머지는 칼로 제거해 준다.

step 12 패턴 종이에 떼어낸 패턴 중간 부분을 먼저 부착한 후 패턴을 한 손으로 들고 나머지 손으로 밀면서 부착시킨다.

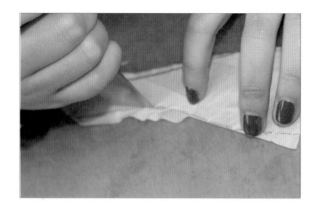

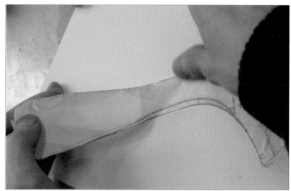

step 13 패턴 종이에 부착한 패턴을 칼질하여 분리시킨다.

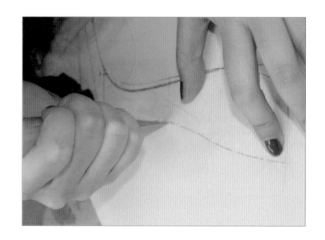

4 스프링 작업

① D점에 톱라인 C선 방향으로 4~5cm 위치에 점을 표시한다. 표시된 5cm 지점 앞쪽에 톱라인과 직각이 되도록 쇠자를 맞추고 선을 그려준다. 그 선의 $\frac{1}{2}$ 지점을 점으로 표시한다.

② 칼로 $\frac{1}{2}$ 지점 상단의 선을 칼질하고, 하단은 $\frac{1}{2}$ 지점에서 1mm 남기고 임의로 대각 방향으로 칼질하여 $\frac{1}{2}$ 지점만 붙어 있게 한다. 이때 주름선도 그릴 수 있도록 선을 칼로 파준다.

③ 칼질된 하단을 1.5mm 간격으로 벌리고 상단은 뒷날개가 위로 올라오게 겹치도록 올려놓고 스프링 작업을 위해 칼질된 부분 전체를 스카치테이프로 붙인 후 패턴 선에 맞추어 칼질하여 분리한다.

D점에서 톱라인 C선 방향으로 4~5cm 위치에 점을 표시한다.

표시된 5cm 지점 앞쪽에 톱라인과 직각이 되도록 맞추어 선을 그리고 그 선의 $\frac{1}{2}$ 지점을 점으로 표시한다.

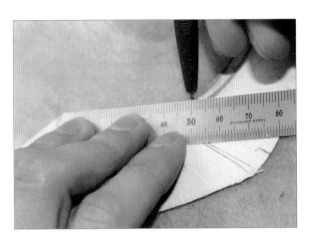

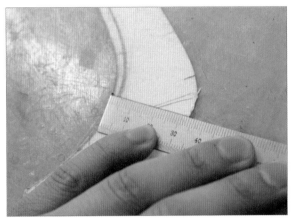

칼로 $\frac{1}{2}$ 지점 상단을 칼질하고 하단은 $\frac{1}{2}$ 지점에서 1mm 남기고 임의로 대각선으로 칼질하여 $\frac{1}{2}$ 지점만 붙어 있게 한다. 이때 주름선도 연필로 그리기 용이하게 칼로 홈을 파준다.

칼질된 하단을 1.5mm 간격으로 벌린 후 상단은 뒷날개가 위로 올라오게 겹치게 올려놓고 스카치테이프로 칼질 부분 전체를 부착한다.

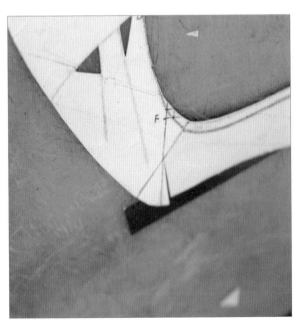

5 종이 제갑 만들기

스프링 작업이 끝난 패턴을 사용해 종이 제갑을 만드는 과정이다.

❶ 종이 제갑용 패턴 종이에 바깥쪽 패턴 전체를 그린다. 이때 B선을 송곳으로 표시하고 주름선을 그린 후 주름 끝지점을 송곳으로 표시한다. 표시된 주름선과 B선을 자연스럽게 스케치한다. 주름 연결선에 덧붙임 시접 7mm를 살려준다.

❷ 패턴의 안쪽도 전체를 그려주는데 이때 안쪽은 패턴을 뒤집어서 그려준다. D점과 라스트 토 부분의 가장 배부른 부분을 직선으로 연결한다. 그려진 일직선에 바깥쪽 패턴을 대고 바깥쪽 주름 연결선을 그린다. 안쪽 톱라인이 바깥쪽 주름 연결선과 부드럽게 이어지도록 스케치한다.

❸ 뒤축높이점 하단 부분은 그대로 두고 상단만 2mm 줄여준다. 안쪽 패턴 골밥 15mm 정도 살려 전체를 칼질하여 분리한다. 골밥이 너무 많아도 골씌움이 용이하지 못하다. 대체적으로 골밥은 10~15mm가 적당하다. 바깥쪽 패턴도 골밥 15mm를 살려 전체를 칼질하여 분리한다. 이때 뒤축높이를 2mm 정도 줄여 칼질한다.

❹ 좌우 패턴 그리기가 완성되었으면 바깥쪽 패턴은 덧붙임 시접 7mm 살린 B선의 스케치선을 따라 칼질한다. 바깥쪽 7mm 덧붙임 시접에 풀칠하여 D점과 골밥선이 맞도록 안쪽 패턴을 붙여 양쪽 패턴을 하나로 연결시킨다. 힐 커브 뒤축선에 스카치테이프를 상하 둘로 나누어 반만 부착한다.

❺ 칼로 나머지 스카치테이프를 5~6mm 간격으로 칼금을 넣은 후 안쪽 패턴과 바깥쪽 패턴을 맞추어서 칼금한 스카치테이프를 부착한다. 이때 송곳을 이용하여 밑에서 위로 부착해 나간다. 완성된 종이 제갑을 두 손으로 가볍게 비벼서 라스트에 골씌움하기 쉽게 만든다.

step 01
종이 제갑용 패턴 종이에 바깥쪽 패턴 전체를 그린다. 이때 B선을 송곳으로 표시하고 주름선도 그린 후 끝지점을 송곳으로 표시한다.

step 02
표시된 주름선과 B선을 자연스럽게 스케치한다. 이때 주름 연결선에 덧붙임 시접 7mm를 살려준다.

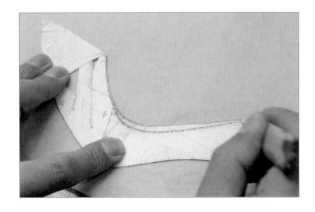

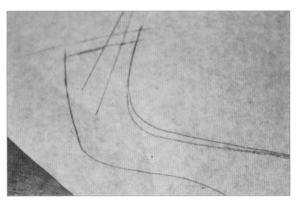

step 03 패턴의 안쪽도 전체를 그린다. D점과 라스트 토 부분 가장 배부른 위치를 직선으로 연결한다. (바깥쪽 패턴을 뒤집어서 그리는 방법도 있다.)

step 04 그려진 일직선에 바깥쪽 패턴을 대고 바깥쪽 주름 연결선을 그린다.

step 05 그린 패턴 선을 자연스럽게 스케치한다. 안쪽 패턴과 바깥쪽 패턴의 모습이다.

step 06 뒤축높이점 상단만 2mm 줄여준다.

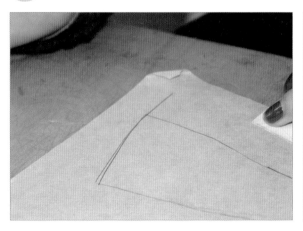

step 07 안쪽 패턴 골밥 15mm 정도 살려 전체를 칼질하여 분리한다.

step 08 바깥쪽 패턴도 골밥 15mm 정도 살려 전체를 칼질하여 분리한다. 이때 2mm 줄인 뒤축높이점도 칼질한다.

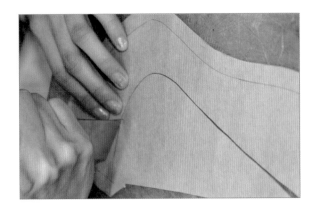

step 09 바깥쪽 패턴의 시접 7mm를 살린 B선의 스케치 선을 따라 칼질한다.

step 10 종이 제갑 좌우 패턴의 모습이다.

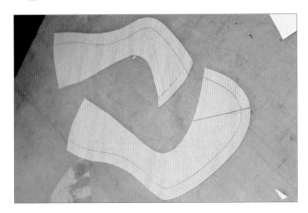

step 11 결합하기 전 바깥쪽 시접 부분에 풀칠한 후 부착한다.

step 12 풀칠한 시접 위에 D점과 골밥선을 맞추어 붙여 하나의 패턴으로 연결시킨 모습

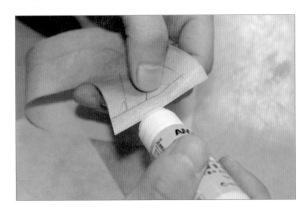

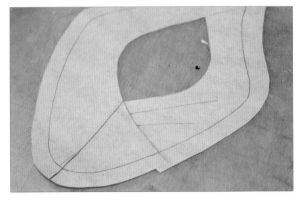

step 13 힐 커브 뒤축선에 스카치테이프를 둘로 나누어 붙이고 5~6mm 간격으로 칼금을 넣는다.

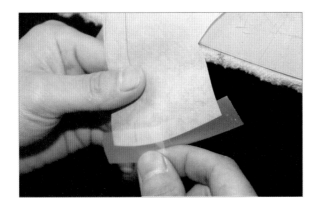

step 14 안쪽 패턴과 바깥쪽 패턴을 맞추어 칼금한 스카치테이프를 부착한다.

 step 15 이때 송곳을 이용하여 밑에서 위로 부착해 나간다.

step 16 완성된 종이 제갑을 두 손으로 문질러 부드럽게 해준다.

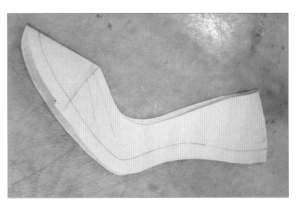

6 골씌움하기

완성된 종이 제갑을 라스트에 올려 패턴이 잘 맞는지 확인한다. 뒷부분이 남거나 톱라인이 여유가 있으면 수정한다.

❶ 뒤축높이점에 패턴을 맞추어 스카치테이프를 고정시킨 후 라스트를 뒤집어서 골씌움 할 바닥 외곽을 1cm 너비로 풀칠한다. 작업자의 배쪽에 라스트를 밀착시킨 후 패턴을 앞쪽으로 당기면서 좌우 선심 부분까지 우선 골씌움하고 다음 토 부분을 골씌움한다.

❷ 바깥쪽 A지점에서 굽자리 위치까지 2cm 간격으로 가위밥(질)을 넣어 뒤축 라인이 라스트에 밀착되도록 왼손 검지로 누른 후 당겨가면서 자연스럽게 부착한다. 안쪽도 마찬가지로 B점에서 굽자리 위치까지 2cm 간격으로 가위밥을 넣고 동일하게 당겨서 오른손 검지를 누른 후 자연스럽게 부착한다.

❸ 굽자리 부분은 골씌움하기 전 뒤축 라인의 패턴에 여분이 있는지를 확인하여 여분이 있으면 수정한 후 골씌움을 한다. 골씌움이 완성되었으면 톱라인에 실물과 같이 연필로 스티치 선을 표시한다. 스티치선을 표시한 후 전체 밸런스를 검토해 디자인한 선의 수정 여부를 판단하여 자연스럽게 수정한다. 스티치를 표시해서 보면 디자인 라인을 좀 더 정확하게 파악할 수 있다.

❹ 라스트 아치 부분에 패턴용 중창을 대고 아치 부분을 그려준 후 나머지 라스트 외곽선을 연필로 그린다. 뒤축선을 칼질한 후 송곳을 이용하여 천천히 패턴을 분리한다. 패턴을 떼어낼 때 바깥쪽 A점과 안쪽 B점을 패턴에 표시한다. 골씌움했던 패턴 전체를 떼어낸 후 골밥선을 칼질하여 떼어내고 안쪽 패턴과 바깥쪽 패턴을 칼질하여 각각 분리한다.

❺ 각각 분리한 패턴을 새로운 패턴 종이에 부착한 후 골밥선을 만들어준다. 토 부분은 12mm, 선심 위치는 15mm, A, B 지점은 20mm, 아치 부분은 22mm, 뒤축선 끝지점은 20mm로 자연스럽게 골밥선을 살려준다.

step 01 뒤축높이점에 패턴을 맞추어 스카치테이프를 고정시킨 후 패턴이 잘 맞는지 확인한다.

step 02 라스트 바닥면에 1cm 정도를 풀칠한다.

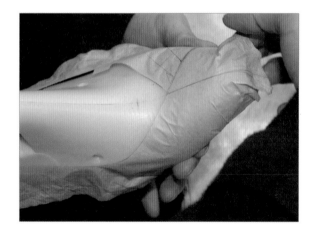

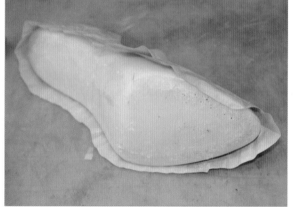

step 03 작업자의 배쪽에 라스트를 밀착시킨 후 패턴을 앞쪽으로 당기면서 골씌움한다.

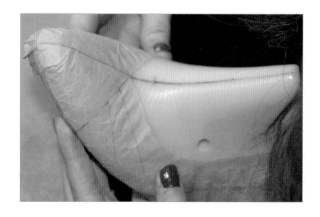

step 04 바깥쪽 A 지점에서 굽 부착 위치까지 2cm 간격으로 가위밥을 넣어 자연스럽게 부착한다.

step 05 안쪽도 바깥쪽과 동일한 방법으로 골씌움한다.

step 06 골씌움이 완성된 모습

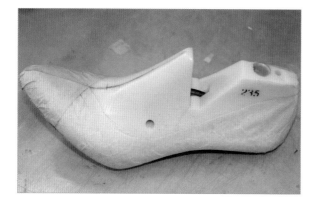

step 07 골씌움이 완성되었으면 톱라인에 실물과 같이 연필로 스티치선을 표시해 준다.

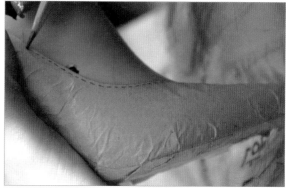

step 08 최종 골씌움이 완성된 패턴의 모습

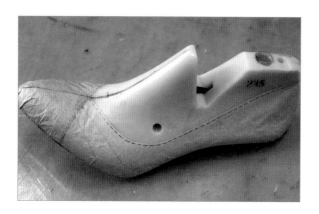

step 09 라스트 아치 부분에 패턴용 중창을 대고 그린다(안쪽 B점과 굽자리 돌출 부분 일치).

step 10 연필로 라스트 외곽선 전체를 그린다.

step 11 뒤축선을 칼질한 후 송곳을 이용하여 천천히 패턴을 분리한다. 패턴을 떼어낼 때 바깥쪽 A점과 안쪽 B점을 패턴에 표시한다.

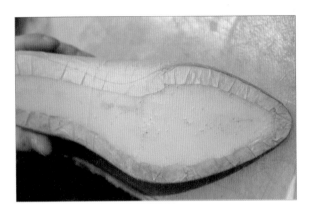

step 12 골씌움했던 패턴 전체를 떼어낸 모습이다.

step 13 골밥선을 칼질하여 떼어내고 안쪽 패턴과 바깥쪽 패턴을 칼질하여 각각 분리한다.

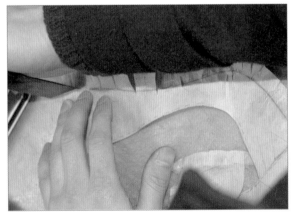

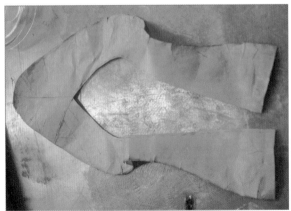

step **14** 각각 분리한 패턴을 새로운 패턴 종이에 부착한 후 골밥선을 만들어준다. 토 부분은 12mm, 선심 위치는 15mm, A, B 지점은 20mm, 아치 부분은 22mm, 뒤축선 끝지점은 20mm로 자연스럽게 골밥선을 살려준다. 오른쪽은 좌우 패턴이 완성된 모습이다.

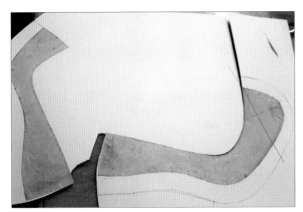 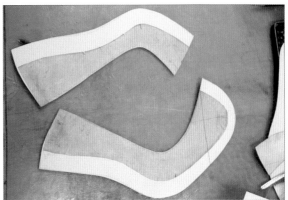

7 외피 패턴(주름 패턴) 만들기

칼질하여 분리한 바깥쪽 패턴에 주름 패턴을 만들어 외피 패턴을 완성한다.

❶ 종이 제갑용 패턴 종이에 처음 주름 패턴을 대고 주름 부분 외곽선을 그린 후 첫 번째 주름 선을 송곳으로 표시한다. 표시한 주름선을 볼펜을 이용하여 직선으로 그린다. 일직선에서 주름 연결선 부분 쪽으로 주름 간격 5mm를 주어 점으로 표시하고 주름 끝선과 직선으로 연결해 패턴에서 주름 분량을 만들어준다. 첫 번째 그린 선은 위로 접고 두 번째 선은 밑으로 접어서 첫 번째 주름을 완성한다.

❷ 첫 번째 주름을 완성하면 종이 제갑용 패턴 종이가 당겨지게 된다. 이때 당기는 부분을 절개하여 자연스럽게 펴 준다. 첫 번째 주름선에 맞추어 두 번째 주름 위치를 송곳으로 표시한다. 표시한 후 두 번째 주름선을 볼펜으로 그리고 주름 간격 5mm 나간 점과 주름선 끝점을 연결하여 두 번째 주름을 완성한다.

❸ 두 줄 주름을 완전히 접은 상태에서 처음 패턴을 대고 주름 위치가 정확히 맞는지 확인해야 한다. 안쪽 패턴 연결 부분에 덧붙임 시접 7mm를 살려준다. 주름을 접은 채로 당겨지는 부분을 절개해 편안하게 놓이게 한 후 처음 패턴을 주름선에 맞추어 놓고 전체 외곽선을 그려준다. 살려준 시접을 포함해 전체 외곽을 그린 후 칼질하여 분리시킨다.

❹ 완성된 주름 패턴을 패턴 종이에 풀칠하여 부착해 주는데 중앙을 먼저 부착하고 앞뒤로 밀면서 전체가 펴지도록 부착한다. 패턴 종이에 부착한 패턴의 외곽선을 칼질하여 분리시킨 후 패턴 1, 2, 3을 새로운 패턴 종이에 그대로 그리고 칼질하여 떼어낸 다음 완성한 패턴에 라스트 번호와 사이즈를 기입한다.

종이 제갑용 패턴 종이에 처음 패턴을 대고 주름 부분 외곽선을 그린 후 첫 번째 주름선을 송곳으로 표시한다.

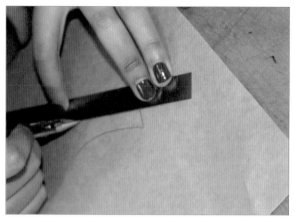 볼펜으로 표시한 주름선을 직선으로 그린다.

 일직선에서 주름 연결선 부분 쪽으로 주름 분량 5mm를 주어 점으로 표시한다.

주름 끝점과 주름 간격 5mm를 직선으로 연결해 첫 번째 주름을 완성한다.

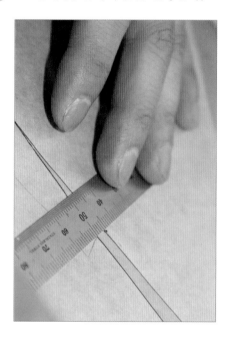

step 05 첫 번째 주름을 완성한 후 당겨지는 부분을 절개해 자연스럽게 펴준다.

step 06 첫 번째 주름선에 맞추어 두 번째 주름 위치를 송곳으로 표시한다.

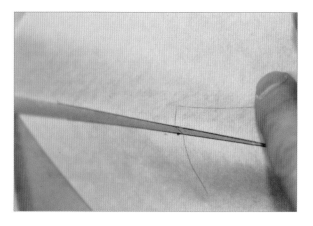

step 07 표시된 두 번째 주름선을 볼펜으로 그리고 주름 간격 5mm 나간 점과 주름선 끝점을 연결해 두 번째 주름을 완성한다.

step 08 먼저 그린 선을 위로 접고 나중에 그린 선을 밑으로 접어서 주름을 완성한다.

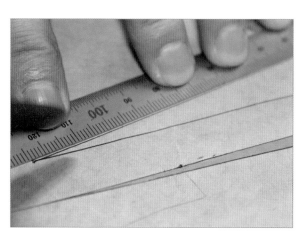

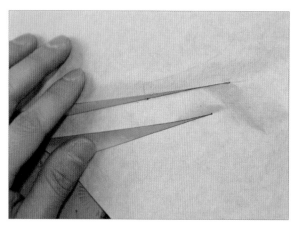

step 09 두 줄 주름을 완전히 접은 상태에서 원 패턴을 대고 주름 위치가 맞는지 확인한 후 덧붙일 시접 7mm를 살려준다.

step 10 주름을 접은 채로 당겨지는 부분을 절개해 편안하게 놓이게 한 후 원 패턴을 주름선에 맞추어 놓고 전체 외곽선을 그린다.

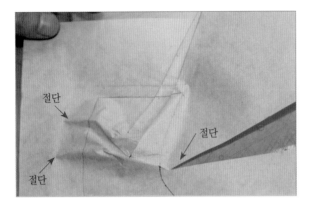

step 11 살려준 시접을 포함해 전체 외곽선을 그린 후 칼질해 분리한다.

step 12 주름 패턴 완성 모습이다.

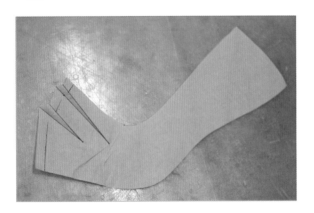

step 13 완성된 주름 패턴을 패턴 종이에 풀칠하여 부착한다.

step 14 패턴 종이에 부착한 패턴의 외곽선을 칼질하여 분리시킨다.

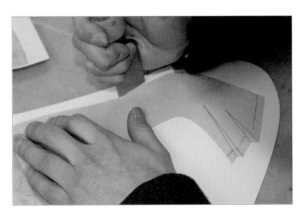

step 15 패턴 1, 2, 3을 새로운 패턴 종이에 그대로 그린 후 패턴 전체를 칼질하여 분리시킨다.

step 16 패턴 제작 순서대로 놓은 패턴의 모습

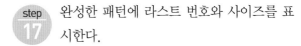

step 17 완성한 패턴에 라스트 번호와 사이즈를 표시한다.

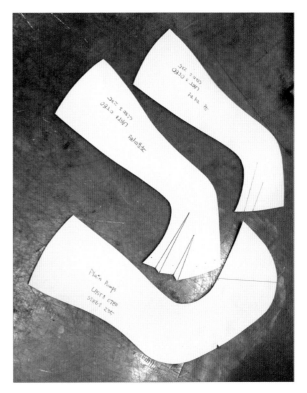

8 내피 패턴 만들기

❶ 패턴 종이를 반으로 접었다 편 후 안쪽 패턴의 중심선을 맞추고 나서 패턴 전체를 그린다. 안쪽 패턴 주름 연결선에 바깥쪽 패턴을 붙여 전체를 그린다. 이때 패턴 뒷부분이 서로 겹쳐지게 되는데 그대로 그려준다. 안쪽과 바깥쪽의 톱라인에 홈 칼질밥 5mm를 살려서 그린다.

❷ 안쪽 뒤축높이점에서 톱라인을 따라 5cm 부분에 점을 표시하고 뒤축선 하단 끝지점에서 골밥선을 따라 7cm 부분에 점을 표시한 후 서로 연결하여 지활재 부분을 만든다. 상단 5cm 지점과 하단 7cm 지점을 수직으로 연결한 후 골밥선에서 5mm 올려 점을 표시한다. 골밥선 5mm 지점과 뒤축선 하단 끝지점을 직선으로 연결한다.

❸ 뒤축선을 4mm를 줄인 후 점을 표시한다. 4mm 줄인 점에 패턴을 대고 그려준다. 이것이 지활재 모형이다. 모형의 전체 외곽선을 칼질하여 분리시킨다.

❹ 칼질하여 떼어낸 지활재 뒤축선을 반으로 접어 $\frac{1}{2}$ 지점을 표시한다. 새로운 패턴 종이를 반으로 접어서 지활재 $\frac{1}{2}$ 표시 지점과 뒤축 상단을 접은 선에 맞추어 그린다. 내피와 결합되는 부분의 시접 7mm를 살려서 점으로 표시하여 직선으로 연결한다. 뒤축선 하단 부분을 3mm 줄여 월형(counter) 삽입 공간을 만들어준다.

❺ 7mm 시접을 살린 지활재 패턴 외곽선을 먼저 칼질해 분리한 다음 3mm를 줄인 뒤축 하단선을 칼질해 분리한다. 지활재 패턴을 반으로 접어서 5mm 홈칼질밥 선과 내피 결합선 7mm 부분을 송곳으로 눌러 표시한 후 접혀 있는 반대편에도 동일하게 선을 만들어준다. 지활재 패턴의 결합 위치를 표시하기 위해 끝부분을 각지게 칼질하여 지활재라고 표시해준다.

❻ 패턴이 겹치기 때문에 바깥쪽은 새로운 패턴 종이에 다시 그려준 후 톱라인에 5mm 홈칼질 밥을 살려준다. 안쪽에서 지활재 패턴 모형과 같이 바깥쪽 내피 패턴에도 같은 방법으로 표시한 후 위쪽 톱라인 5cm, 아래쪽 골밥선 7cm를 표시하고 수직선을 그린다.

❼ 골밥선에서 5mm 위로 점을 표시하고 5mm 상단점과 뒤축선 끝지점을 수직으로 연결한 후 지활재 부분을 칼질하여 분리한다. 이것이 패턴용 지활재이다.

❽ 내피 패턴 좌우를 연결해서 그리면 패턴이 겹쳐져 그려지게 된다. 그래서 한쪽 패턴을 두 개로 분리하여 독립된 각각의 패턴을 만들어 주어야 한다. 이때 두 개로 분리하는 쪽은 내피 바깥쪽이다.

❾ 뒤축높이점에서 앞쪽으로 13cm 위치에 점을 표시하여 톱라인에 직각을 유지하여 수직선을 내려 긋는다. 지활재 연결 부분도 지활재 너비와 맞도록 자연스럽게 스케치한 후 외곽선 전체를 칼질하여 분리하고 앞쪽 내피 패턴의 연결 부분 덧붙임 시접 7mm를 살려서 완성한다. 라스트 번호, 사이즈를 기입하고 내피 패턴이라 표시한다.

> ＊내피 패턴을 하나가 아닌 두 개로 분리한 이유는 안쪽과 바깥쪽 패턴이 겹치기 때문이며 안쪽이 아닌 바깥쪽을 분리한 이유는 구두를 완성한 후 신발을 벗었을 때 내피 안쪽보다 바깥쪽을 분리하여 연결한 것이 잘 보이지 않기 때문이다.

| step 01 | 패턴 종이를 반으로 접었다 편 후 패턴의 중심선을 접은 선에 맞추어 안쪽 패턴 전체를 그린다. |

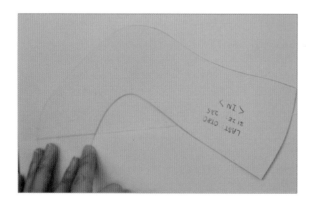

| step 02 | 안쪽 패턴 주름 연결선 위치에 바깥쪽 패턴을 붙여 전체를 그려준다. 이때 안쪽과 바깥쪽 패턴이 겹쳐지게 되는데 그대로 그려준다. |

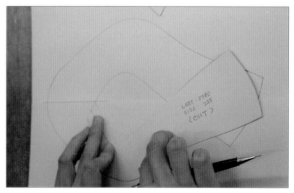

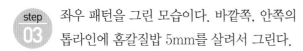

step 03 좌우 패턴을 그린 모습이다. 바깥쪽, 안쪽의 톱라인에 홈칼질밥 5mm를 살려서 그린다.

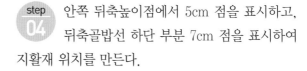

step 04 안쪽 뒤축높이점에서 5cm 점을 표시하고, 뒤축골밥선 하단 부분 7cm 점을 표시하여 지활재 위치를 만든다.

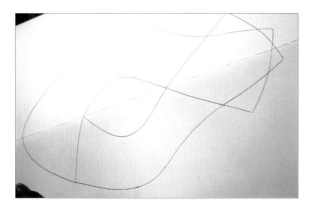

step 05 상단 5cm 점과 하단 7cm 점을 수직으로 연결한다.

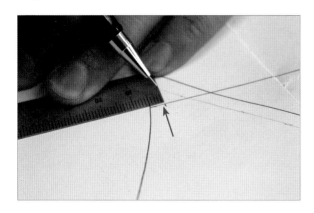

step 06 골밥선 상단 5mm 위치점과 뒤축선 하단 끝지점을 직선으로 연결한다.

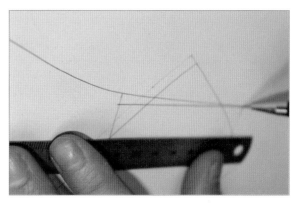

step 07 뒤축선에서 4mm 줄여 점을 표시한다.

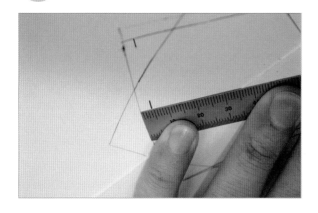

step 08 4mm 줄인 점에 패턴을 대고 그려준다.

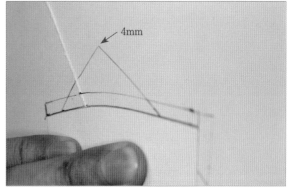

4mm

지활재 모형이 완성된 모습

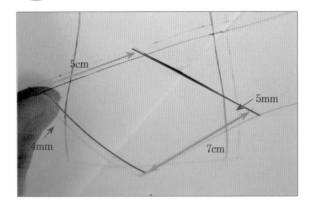

지활재 모형을 전체 칼질하여 분리시킨다.

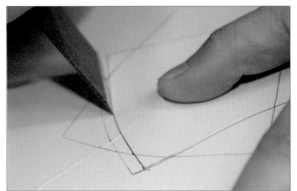

칼질하여 분리시킨 모습

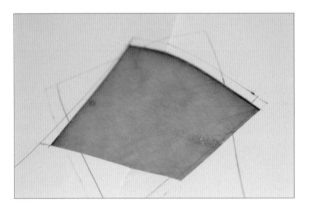

칼질하여 떼어낸 지활재 패턴의 뒤축선을 $\frac{1}{2}$로 접는다.

패턴 종이를 반으로 접어 지활재 $\frac{1}{2}$ 지점 과 뒤축 상단을 접은 선에 맞추어 전체를 그린다.

내피와 결합되는 부분의 시접 7mm를 살 려서 점으로 표시한다.

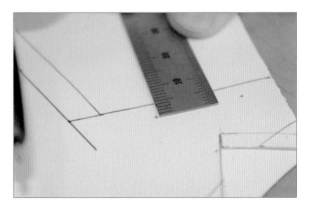

step 15 표시한 7mm 시접을 직선으로 연결한다.

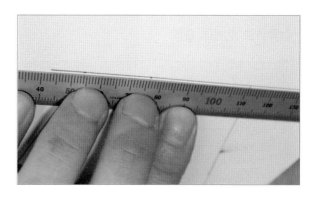

 step 16 뒤축선 하단 부분을 3mm 줄여 월형 삽입 공간을 만들어준다.(3mm 줄여 그린 모습)

 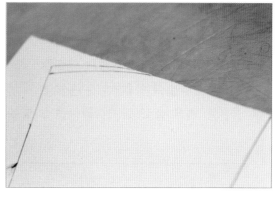

step 17 7mm 시접을 살린 지활재 패턴 외곽선을 칼질해 분리한다.

step
18

3mm를 줄인 뒤축 하단선을 칼질해 분리시킨다.

step
19

지활재 패턴을 반으로 접어서 5mm 홈칼질밥 선과 내피 결합선 시접 7mm 위치를 송곳으로 표시한 후 접혀 있는 반대편에도 동일하게 선을 만들어준다.

step
20

완성된 지활재 패턴의 모습

 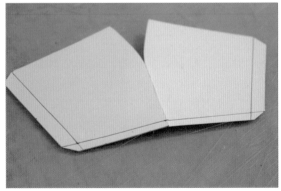

step 21 패턴이 겹쳐지기 때문에 바깥쪽은 다른 패턴 종이에 새롭게 그려준다.

 step 22 톱라인에 5mm 홈칼질 밥을 살려준다.

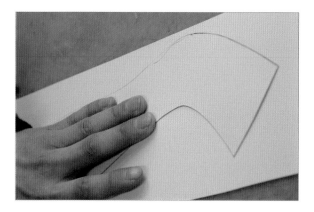

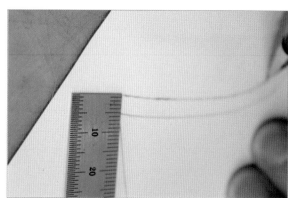

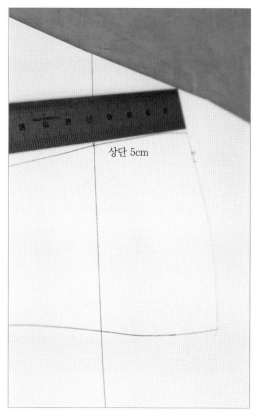 step 23 안쪽 지활재 패턴 모형과 같이 바깥쪽 내피 패턴에도 같은 방법으로 표시한다.

상단 5cm

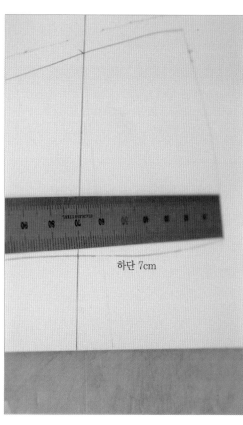

하단 7cm

step 24
골밥선에서 5mm 위로 점을 표시하고 5mm 상단점과 뒤축선 끝지점을 직선으로 연결한 후 칼로 지활재 부분을 절단하여 분리한다.

step 25
뒤축높이점에서 앞쪽으로 13cm 위치에 점을 표시한 후 톱라인에 직각을 유지하여 수직선을 내려 긋는다.

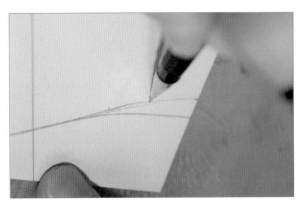

step 26
지활재 연결 부분도 지활재 너비와 맞도록 자연스럽게 스케치하여 외곽선 전체를 칼질하여 분리하고 앞쪽 내피 패턴의 연결 부분 덧붙임 시접 7mm를 살려서 완성한다.

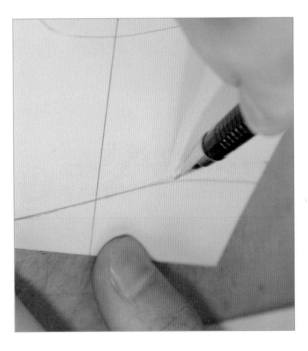

step 27
앞쪽 내피의 결합 부분 7mm를 살려서 완성한 내피 패턴 모습

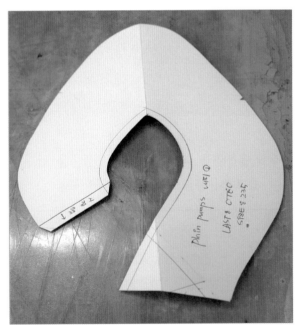

step
28
내피는 하나로 연결하여 만들지 않고 바깥쪽 부분을 두 개로 분리하여 완성한다. 완성된 내피 패턴에 라스트 번호, 사이즈를 표시한다. 오른쪽은 내피 패턴 전체의 완성 모습이다.

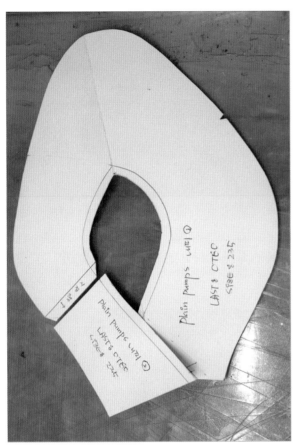
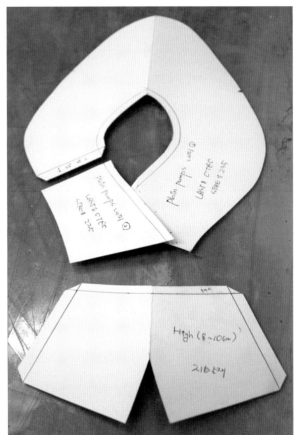

Chapter 6

Shoes Pattern Process

토 오픈 구두
(toe open shoes)

1 디자인 과정

❶ 라스트에 마스킹테이프 작업을 완성시킨 다음 센터 포인트 하단에 줄자를 중심선과 직각이 되게 맞추고 펜으로 센터 중심선을 그린다. 이때 센터 중심선 기장을 측정하여 $\frac{1}{2}$ 지점에 F점을 표시한다. 그리고 뒤축높이점 G점과 직선으로 연결한다. F~G점 다음은 F에서 G선을 따라 4cm 지점에 H점을 표시하고 수직으로 1cm 내려 B선 기준점을 표시한다.

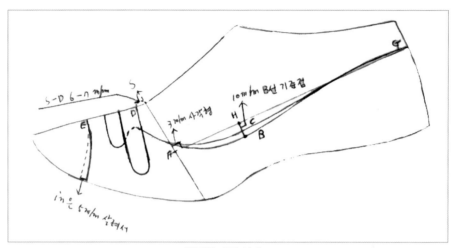

한국형 패턴 설계도

❷ 센터 중심선에서 6~7mm 하단에 밴드선 시작 S–D=6~7mm 밴드 너비는 장식의 안지름을 측정하여 정한다. 밴드 너비는 1cm로 그린 후 공간을 1cm 간격으로 그린다. 발등선 E도 1cm 간격으로 그린다. E선에서 5mm 살려 안쪽 선을 그려준다.

❸ 센터 중심선 $\frac{1}{2}$ 지점 F점 상단 3mm 사각형 꼭지점을 통과시키고 B선 기준점을 지나 G까지 선을 연결한다. B선 기준점에서 3~4mm 올려서 C선을 자연스럽게 연결하고 안쪽 패턴 선을 완성시킨다. 장식 위치를 정한 후 장식 끝에서 15mm 밴드 기장 여유분을 준 다음 C선을 따라 디자인 외곽선을 칼질한다.

❹ 칼질한 디자인 선 상단의 테이프를 떼어내어 제거한 후 토에서 발등 라인 E선을 칼질하고, 칼질한 E선의 발등 부분과 토 부분 테이프를 떼어낸다. 라스트 바닥면 외곽선을 연필로 그린 다음 라스트 바닥면의 테이프를 송곳을 이용하여 라스트에서 떼어준다.

❺ 바닥면 패턴 전체를 라스트에서 완전 분리시킨다. 이때 테이프가 늘어나지 않도록 주의해야 한다. 라스트 바닥면 연필선을 칼질하여 떼어낸다. 패턴 종이에 테이프 중간 부분을 먼저 부착하는데, 중간에서 토 쪽으로 밀면서 부착하고 다시 중간에서 뒤쪽으로 패턴을 밀면서 부착한다.

step 01 라스트에 디자인 선을 그려준 모습

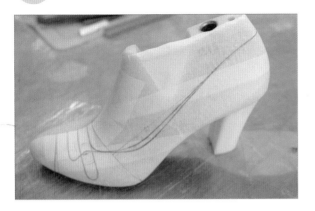

step 02 바깥쪽 B선과 안쪽 B선을 그려준다.

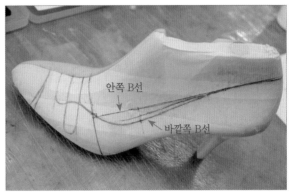

step 03 장식 위치를 정한 후 장식 끝에서 15mm 밴드 기장 여분을 준다.

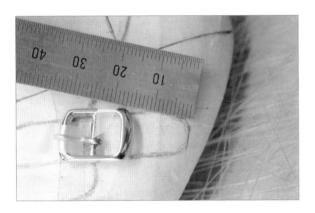

step 04 C선을 따라 디자인 외곽선을 칼질한다.

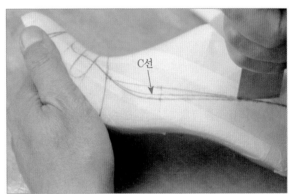

step 05 칼질한 디자인 선 상단의 테이프를 떼어낸다.

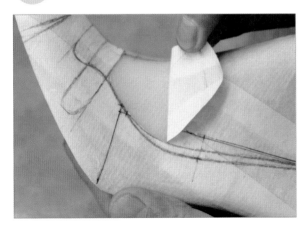

step 06 발등 부분 E선을 떼어낸 모습

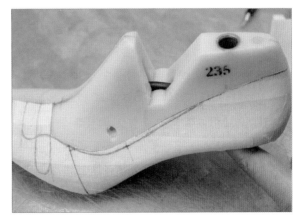

step 07 칼질한 E선의 토 부분 테이프를 분리한다.

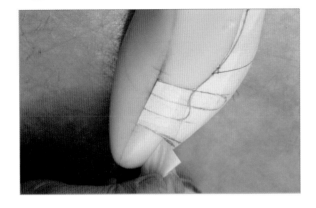

step 08 테이프를 떼어낸 모습

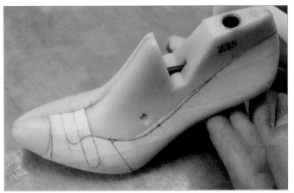

step 09 연필로 라스트 바닥면 외곽선을 그린다.

step 10 라스트 바닥면의 테이프를 송곳으로 떼어 준다.

step 11 바닥면 테이프를 떼어낸 후 패턴 전체를 라스트에서 분리시킨다. 떼어낼 때 테이프 가 늘어나지 않도록 주의한다.

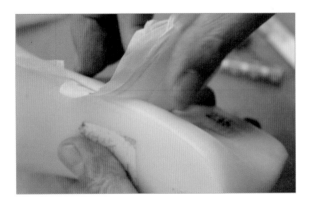

step 12 라스트 바닥면 연필선을 칼질하여 떼어 낸다.

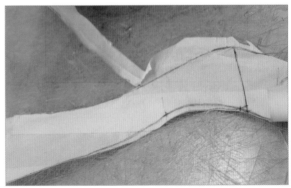

step **13** 패턴 종이에 테이프 중간 부분을 먼저 부착한다.

step **14** 토 쪽으로 밀면서 부착한다.

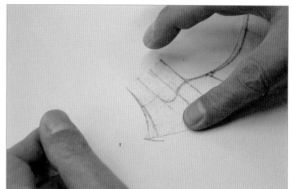

step **15** 뒤쪽으로 밀면서 부착한다.

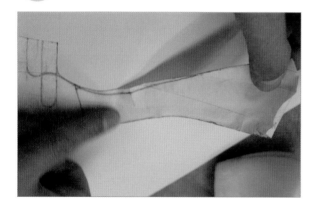

2 2차 스프링 작업

❶ 패턴 종이에 부착한 패턴 외곽선 전체를 칼질하여 분리한 후 D점에서 패턴 선을 따라 5cm 위치에 스프링 위치점을 표시한 후 5cm 지점에서 쇠자를 직각으로 맞추어 직선을 내려 긋는다.

❷ 내려 그은 직선의 $\frac{1}{2}$ 지점을 점으로 표시한 다음 상단은 연필선을 따라 $\frac{1}{2}$ 지점까지 칼질하고 하단은 1mm 남기고 임의 대각선으로 칼질한다. 대각선으로 칼질한 부분을 1.5mm 벌리고 스카치테이프를 붙여 고정시킨다.

❸ 패턴 선을 따라 스카치테이프를 칼질하여 분리한 후 디자인 선을 따라 그릴 수 있도록 칼질하여 떼어낸다.

step 01 패턴 종이에 부착한 테이프 모습이다.

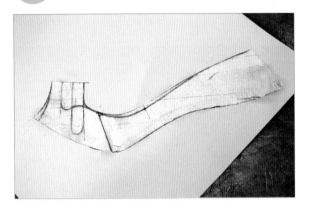

step 02 패턴 외곽선 전체를 칼질하여 분리한다.

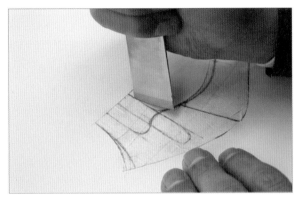

step 03 D점에서 패턴 선을 따라 5cm 위치에 스프링 위치점을 표시한다.

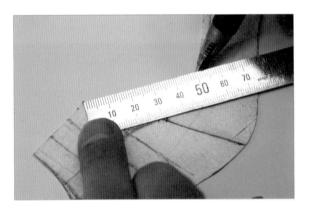

step 04 5cm 지점에서 쇠자를 직각으로 맞추어 직선을 내려 긋는다.

step 05 내려 그은 직선의 $\frac{1}{2}$지점을 표시한 후 상단은 $\frac{1}{2}$지점까지 칼질하고 하단은 1mm 남기고 임의 대각선으로 칼질한다.

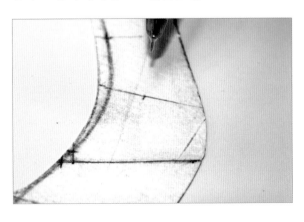

step 06 대각선으로 칼질한 부분을 1.5mm 벌리고 스카치테이프를 붙여 고정시킨다.

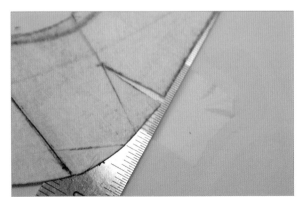

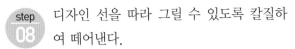

| step 07 | 패턴 선을 따라 스카치테이프를 칼질하여 분리한다. | step 08 | 디자인 선을 따라 그릴 수 있도록 칼질하여 떼어낸다. |

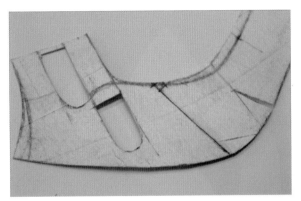

3 종이 제갑 만들기

① 종이 제갑용 패턴 종이에 중심선을 그린 후 바깥쪽 패턴을 중심선에 맞추어 전체를 그린다. 이때 안쪽 E선과 B, C를 송곳으로 표시한 후 스케치하고, 안쪽 패턴 연결 부분의 시접 7mm를 살려서 전체 칼질하여 떼어낸다.

② 안쪽 패턴을 그린 후 장식 고정점을 송곳으로 눌러 표시하고 전체 칼질하여 분리한다. 그 다음 바깥쪽 패턴 시접 부분을 풀칠하여 안쪽 패턴과 연결하여 붙인다.

③ 뒤축선에 스카치테이프를 부착한 후 5~6mm 간격으로 칼금을 넣어주고 송곳을 이용하여 안쪽 패턴과 맞추어 스카치테이프를 부착해 연결한다.

④ 스카치테이프로 바깥쪽과 안쪽을 연결한 후 상단 패턴 안쪽 3mm 너비로 테이프를 보강해 준 다음 종이 제갑을 문질러 골씌움 준비를 한다.

⑤ 고리 장식의 안지름을 측정하여 패턴 종이에 장식 너비를 그린 후 스카치테이프를 전체 부착하고 칼질하여 분리한다. 장식을 끼울 수 있도록 구멍을 만들고 나서 장식 고정 밴드를 끼운 다음 속시접을 풀칠하여 고정시킨다. 장식 고정 밴드에 풀칠하여 장식 위치에 부착한다.

⑥ 장식 위치점에 장식을 올려놓고 장식 고리 위치를 표시한 후 안쪽 밴드 패턴에 첫 번째 구멍을 송곳으로 눌러 표시한다. 펀칭을 사용하여 구멍을 뚫어 장식을 끼운다.

step 01 종이 제갑용 패턴 종이에 중심선을 그리고 바깥쪽 패턴을 중심선에 맞추어 전체를 그린다. 이때 안쪽 선과 E를 송곳으로 표시한 후 스케치한다. 안쪽 패턴 연결 부분의 시접 7mm를 살려 전체 칼질 후 분리한다.

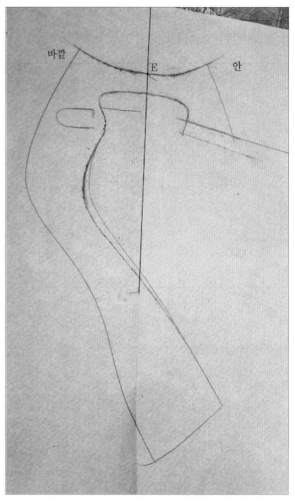

step 02 안쪽 패턴을 그린 다음 장식 고정점을 송곳으로 표시한 후 전체 칼질하여 분리한다.

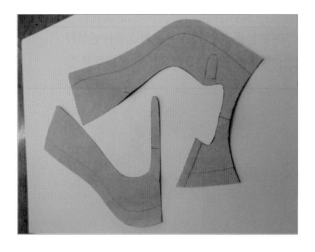

step 03 바깥쪽 패턴 시접 부분을 풀칠하여 안쪽 패턴에 연결하여 부착한다.

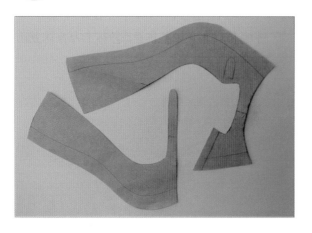

step 04 바깥쪽 패턴과 안쪽 패턴을 연결한 모습

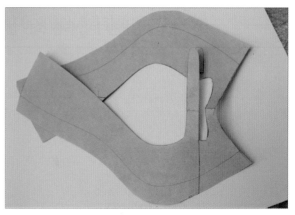

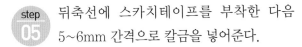

step 05 뒤축선에 스카치테이프를 부착한 다음 5~6mm 간격으로 칼금을 넣어준다.

step 06 송곳을 이용하여 안쪽 패턴과 맞추어 스카치테이프를 부착한다.

step 07 스카치테이프로 바깥쪽 패턴과 안쪽 패턴을 연결한 후 상단 패턴 안쪽에 3mm 너비로 테이프를 보강해 준다.

step 08 종이 제갑을 문질러 골씌움 준비를 한다.

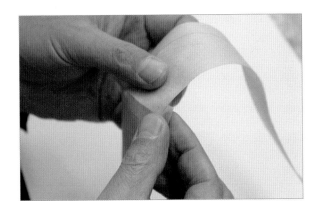

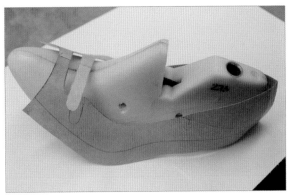

step 09 고리 장식의 안지름을 측정하여 패턴 종이에 그린 후 스카치테이프를 전체 부착하고 칼질하여 분리한다.

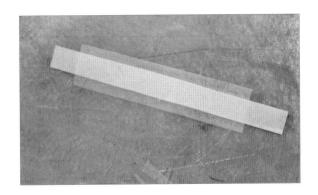

step 10 장식을 끼울 수 있도록 구멍을 만든다.

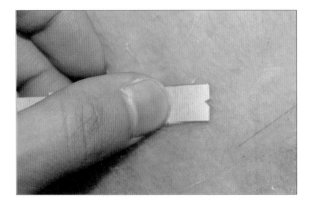

step 11 장식 고정 밴드를 끼우고 풀칠한 후 고정시킨다.

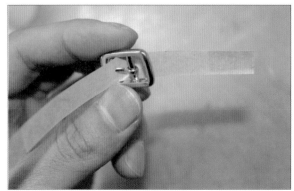

step 12 장식 고정 밴드에 풀칠하여 장식 위치에 부착한다.

step 13 장식 위치점에 장식을 올려놓고 장식 고리 위치를 표시한다.

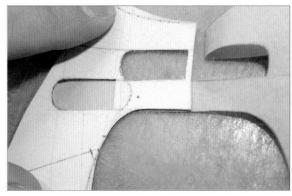

 step 14 안쪽 밴드 패턴에 첫 번째 구멍을 송곳으로 눌러서 표시한다.

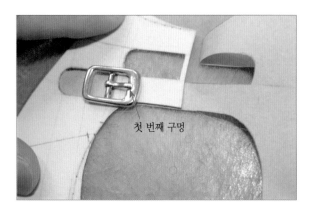

첫 번째 구멍

step 15 펀칭을 사용하여 구멍을 뚫어 장식을 끼운다.

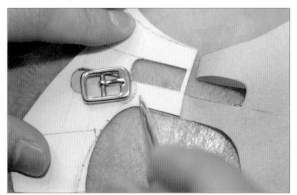

4 골씌움하기

➊ 라스트 바닥면 외곽선에 풀칠한 다음 작업자의 배쪽에 라스트를 밀착시키고 앞으로 당기면서 골씌움한다.

➋ 라스트 A점과 B점을 2cm 간격으로 가위질하여 바깥쪽부터 당기면서 골씌움한 후 안쪽도 가위질된 부분을 당기면서 골씌움한다. 골씌움을 완성하였으면 톱라인선을 따라 연필로 스티치선을 그려준다.

➌ 전체 밸런스를 점검하여 수정할 부분이 있으면 수정한 다음 골씌움한 바닥 외곽선을 연필로 그려준다. 안쪽 아치 부분은 패턴용 중창 패턴을 사용해 대고 그린 후 힐 커브 뒤축선을 따라 칼질하여 뒤쪽부터 라스트에서 골씌움한 패턴을 떼어낸다. 분리하면서 바깥쪽의 A점과 안쪽의 B점을 패턴에 표시한다.

➍ 떼어낸 패턴의 연필선을 따라 외곽선을 칼질하여 분리한다. 새로운 패턴 종이에 패턴을 풀칠하여 부착한다. 이때 중간부터 부착해 놓고 중간에서 앞쪽으로, 중간에서 뒤쪽으로 밀면서 부착한다. 안쪽 패턴도 마찬가지로 중간을 먼저 부착한 후 앞쪽과 뒤쪽으로 밀면서 부착한다.

step 01 라스트 바닥면 외곽에 풀칠한 후 작업자의 배쪽에 라스트를 밀착시키고 앞으로 당기면서 골씌움한다.

step 02 라스트의 A점, B점을 2cm 간격으로 가위질하고 바깥쪽부터 당기면서 골씌움한다.

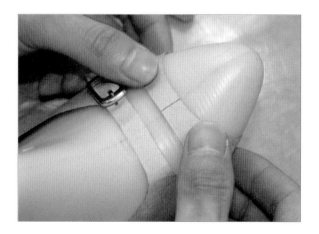

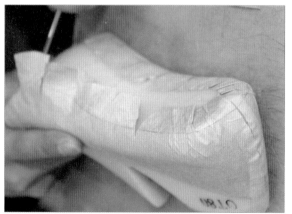

step 03 안쪽도 패턴을 당기면서 골씌움한다.

step 04 골씌움한 다음 톱라인 선을 따라 연필로 스티치선을 그려준다.

step 05 전체 밸런스를 점검하여 수정할 부분이 있으면 수정한다.

step 06 연필로 골씌움한 바닥 외곽선을 그린다.

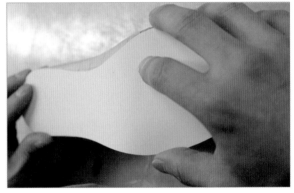

step 07 안쪽 아치 부분은 패턴용 중창 패턴을 사용해 그린다.

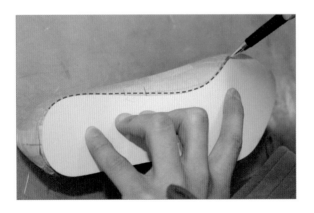

step 08 힐 커브 뒤축선을 따라 칼질하며 뒤쪽부터 라스트에서 골씌움한 패턴을 떼어낸다.

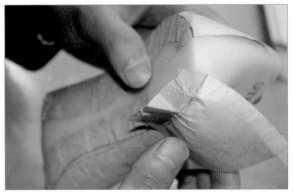

step 09
바깥쪽과 안쪽을 같이 떼어낸다.

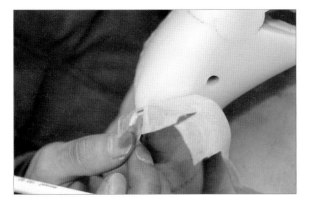

step 10
떼어내면서 바깥쪽의 A점을 패턴에 표시한다.

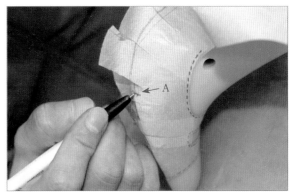

step 11
안쪽의 B점을 패턴에 표시한다.

step 12
떼어낸 패턴의 연필선을 따라 외곽선을 칼질하여 분리한다.

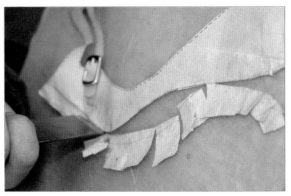

step 13
새로운 패턴 종이에 패턴을 풀칠하여 부착한다.

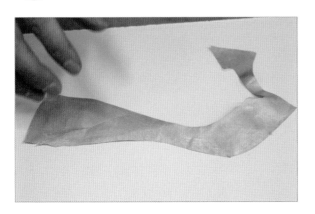

step 14
중간부터 부착해 놓고 앞뒤 방향으로 밀면서 부착한다.

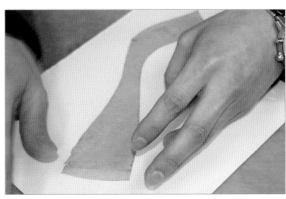

step 15 안쪽 패턴도 중간을 먼저 부착한 후 앞쪽 과 뒤쪽으로 밀면서 부착한다.

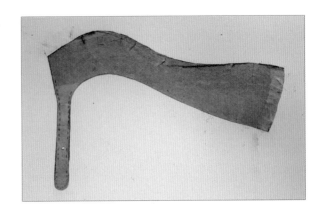

5 패턴 완성하기

❶ 패턴 종이에 부착한 패턴을 뒤축선 하단 부분만 1.5mm 살려준다. 그 이유는 월형 공간을 확보하기 위해서이다. 안쪽 패턴의 톱라인을 먼저 칼질하여 분리한 다음 분리한 안쪽 패턴을 바깥쪽 패턴의 이음선 부분과 연결하여 연필로 그린다. 살려준 1.5mm 월형 공간을 바깥쪽과 안쪽의 뒤축선을 칼질하여 분리한다.

❷ 패턴에 골밥선을 만들어 준 다음 안쪽과 바깥쪽 패턴에 골밥선을 따라서 골밥을 만들어준다. 토-22 / A, B점-20 / 아치 부분-22 / 뒤축선-20mm로 골밥선 너비를 표시한 후 자연스럽게 연결한다. 토 부분을 기존 16mm에서 22mm로 6mm 더 주는 이유는 토 오픈 구두 스타일은 중창에 스펀지가 부착되어 다시 피혁으로 중창싸기를 하기 때문이다. 자연스럽게 선을 연결하여 골밥선을 완성시킨 후 패턴 전체를 칼질하여 분리한다.

❸ 새로운 패턴 종이에 안쪽 패턴과 바깥쪽 패턴 전체를 그린다. 뒤축선을 2mm 너비로 위, 아래 살려준다. 그 이유는 토 오픈 구두 특성상 라스트 토에서 당겨 골씌움을 할 수 없기에 2mm 여유분을 주기 위해서이다.

❹ 바깥쪽 패턴과 안쪽 패턴의 연결선 시접 7mm를 살려준 후 패턴 전체를 칼질하여 떼어낸다.

step 01 패턴 종이에 부착한 패턴의 뒤축선 하단에 월형 공간 1.5mm를 살려준다.

안쪽 패턴의 톱라인을 칼질하여 분리한다.

step 03 칼질하여 분리한 안쪽 패턴을 바깥쪽 패턴의 이음선과 연결하여 연필로 그린다.

step 04 월형 공간 1.5mm를 살려준 바깥쪽과 안쪽의 뒤축선을 칼질하여 분리한다.

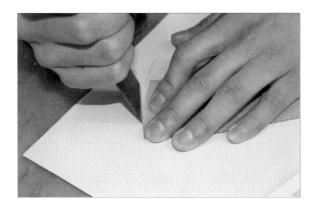

step 05 패턴에 골밥선을 만들어준다.

step 06 안쪽과 바깥쪽 패턴에 골밥선을 만들어준다.

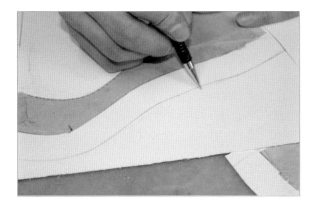

step 07 자연스럽게 선을 연결하여 골밥선을 완성시킨다.

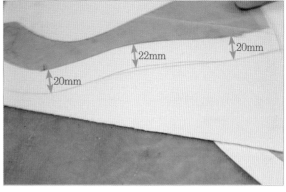

step 08 패턴 전체를 칼질하여 분리한다.

step 09 새로운 패턴 종이에 안쪽 패턴과 바깥쪽 패턴 전체를 그린다.

step 10 뒤축선을 2mm 너비로 위, 아래 전체를 살려준다.

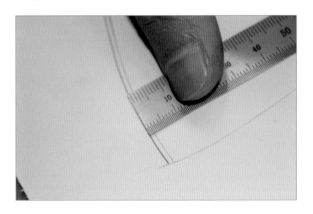

step 11 토 오픈은 라스트 토에서 당겨 골씌움을 할 수 없기 때문에 2mm 여유분을 준다.

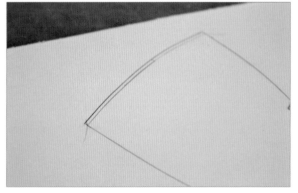

step 12 바깥쪽 패턴과 안쪽 패턴의 연결선 시접 7mm를 살려준다.

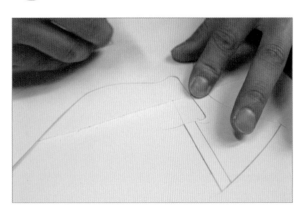

step 13 패턴 전체를 칼질하여 분리한다.

step 14 패턴의 완성 모습

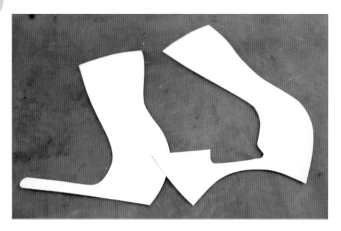

6 내피 패턴 만들기

① 패턴 종이에 외피 패턴 전체를 그리고 톱라인을 따라 홈칼질밥 5mm를 살려서 표시한 후 그려준다. 안쪽 패턴의 톱라인에도 동일하게 홈칼질밥 5mm를 살려준 다음 뒤축선에 패턴용 지활재를 맞춘 뒤 5mm 홈칼질밥에 맞추어 그린다.

② 지활재 패턴 하단 부분과 내피를 자연스럽게 연결한 후 안쪽과 바깥쪽을 같이 연결한다. 바깥쪽 패턴 지활재 선에서 8cm 떨어진 지점에 내피 분리선을 그린다. 내피 패턴 전체를 칼질한 후 떼어내고 바깥쪽 내피 분리선에 시접 7mm를 살려서 칼질한다. 패턴이 겹쳐서 부족한 바깥쪽 패턴은 다른 종이에 똑같이 그려 칼질하여 분리한다.

③ 내피 패턴을 전체 칼질하여 분리하고 결합 부분의 시접 7mm 위, 아래를 각지게 칼질하고 표시한다. 밴드 패턴을 그리고 홈칼질밥 5mm를 주어 칼질하면 밴드 패턴이 완성된다.

step 01 외피 패턴을 그린 후 톱라인을 따라 홈칼질밥 5mm를 살려 표시한다.

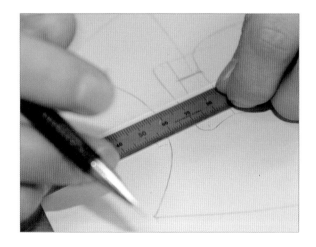

step 02 홈칼질밥 5mm를 그려준다.

step 03 안쪽 톱라인에 홈칼질밥 5mm를 살려준다.

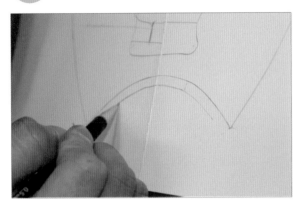

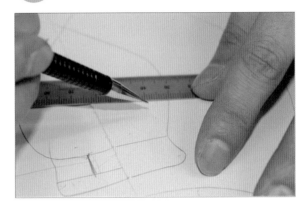

step 04 뒤축선에 패턴용 지활재를 맞춘 후 5mm 홈칼질밥에 맞추어 그린다.

step 05 지활재 하단과 내피를 자연스럽게 연결한다.

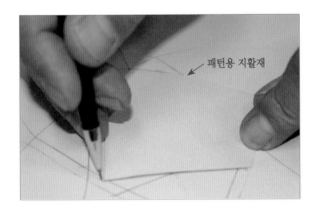

패턴용 지활재

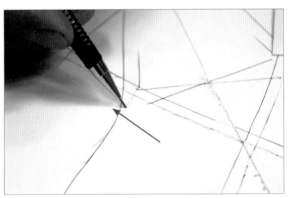

step 06 바깥쪽 패턴 지활재 선에서 8cm 떨어진 지점에 내피 분리선을 그린다.

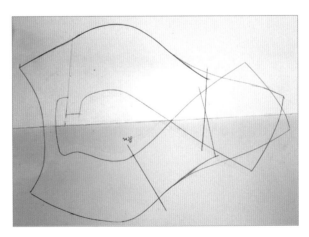

<table>
</table>

step 07 내피 패턴 전체를 칼질한 후 떼어내고 바깥쪽 내피 분리선에 시접 7mm를 살려서 칼질한다. 패턴이 겹쳐서 부족한 바깥쪽 패턴은 다른 종이에 똑같이 그려 칼질하여 분리한다.

step 08 내피 패턴을 전체 칼질하여 분리하고 결합 부분의 시접 7mm 끝 위, 아래를 각지게 칼질하고 표시한다.

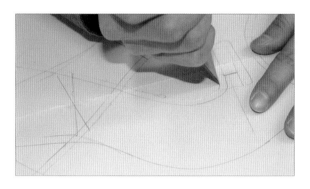

step 09 내피 패턴을 칼질한 모습

step 10 내피 뒷날개 패턴이 완성된 모습

step 11 밴드 부분 패턴을 그리고 홈칼질밥 5mm를 살려서 칼질한다.

step **12** 내피 패턴 밴드, 바깥쪽 패턴, 안쪽 패턴이 결합한 모습이다.

step **13** 최종 내피 패턴 완성 모습

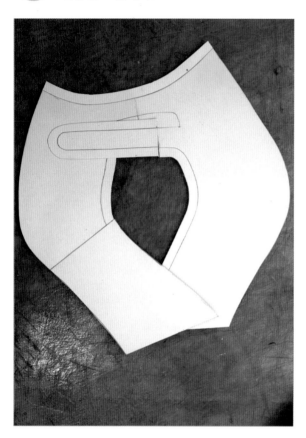

Chapter 7

Shoes Pattern Process

백 오픈 구두
(back open shoes)

1 디자인 연출하기

❶ 선정된 라스트에 테이프를 부착하여 센터 포인트를 기준으로 한국형 패턴 기법의 설계도를 만든다. 센터 포인트 S−D까지 17~18mm 위치에 D점을 표시하고 3mm 사각형까지 직선에 가까운 완만한 곡선을 그려준다. 사각형 꼭지점을 통과하여 라스트 골밥선까지 직선에 가까운 완만한 곡선을 그려 첫 번째 선을 완성시킨다.

❷ H점의 수직 아래점 C와 B를 뒤축높이점 G까지 연결시킨다. 줄자를 이용하여 센터 중심선까지 선을 연결한다. C선은 안쪽 라인이고 B선은 바깥쪽 라인이 된다.

❸ D점에서 토 부분 방향으로 13mm 위치에 점을 표시하고 1번 선을 병행하게 따라오나가 점차적으로 넓어지는 느낌으로 2번 선을 완성시킨다. 3번 선은 완성시킨 1, 2번 선을 안쪽 라인에도 그려주어 라스트 중심선에 교차되는 형태로 바깥쪽에 위, 아래 선을 그려준다. 4번 선은 라인이 교차되는 지점에서 13mm 떨어진 점을 표시해 톱라인 전체를 자연스럽게 그려준다. 이때 공간이 2개 생기는데, 토 부분 공간은 작게 하고 옆 공간은 크게 하여 자연스럽게 디자인한다.

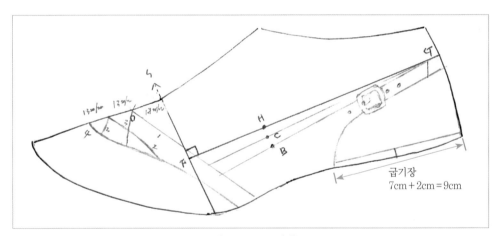

백 오픈 구두 설계도

step 01 백 오픈 구두 설계도를 라스트에 표시한다. 방법은 4장 사이드 V 라인 펌프스(side V line pumps)를 참조한다.

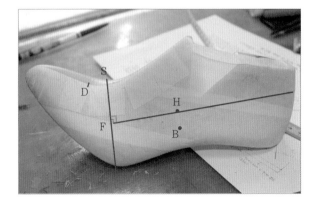

step 02 센터 포인트에서 S-D 까지 18mm 위치에 D 점을 표시하고 3mm 사각형까지 직선에 가까운 완만한 곡선을 그려준다.

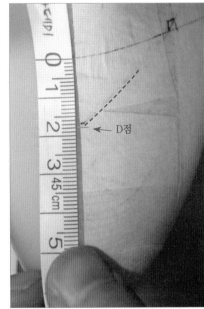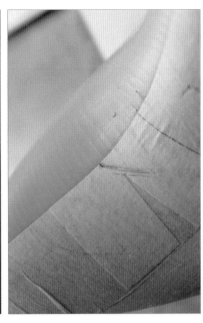

step 03 사각형 꼭지점을 통과하여 라스트 바닥선까지 직선에 가까운 완만한 곡선을 그어 첫 번째 선을 완성시킨다. 곡선이 완만해야 좀 더 모던한 느낌을 살릴 수 있다.

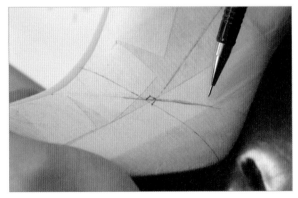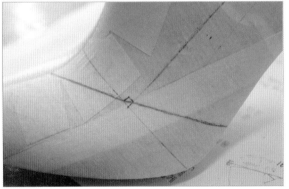

step 04 H점의 수직 아래점 C와 B를 라스트 뒤축 높이점 G까지 연결시킨다.

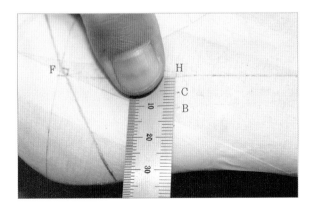

step 05 이때 센터 중심선까지 줄자를 이용하여 선을 연결한다. C선은 안쪽 라인이고 B선은 바깥쪽 라인이 된다.

step 06 D점에서 토 부분 방향으로 13mm 위치에 점을 표시하고 1번 선을 평행하게 따라오다 점차적으로 넓어지는 느낌으로 2번 선을 완성시킨다.

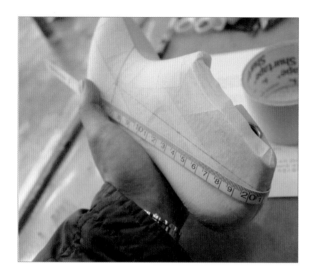

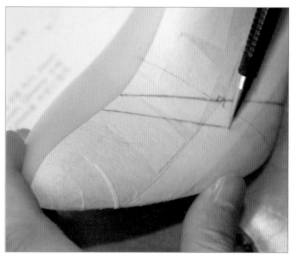

step 07 3번 선은 지금까지 그린 1번 선과 2번 선을 안쪽에도 점선으로 그려주고 라스트 중심선에 교차하는 형태로 바깥쪽에 위, 아래 선을 그려준다.

step 08 4번 선은 라인이 교차되는 지점에서 13mm 떨어진 점을 표시해 톱라인 전체를 자연스럽게 그려준다. 이때 공간이 2개가 생기는데 토 부분 공간은 작게 옆 공간을 크게 하여 디자인하는 것이 일반적이다.

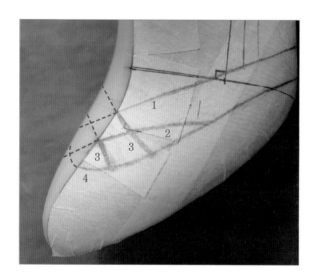

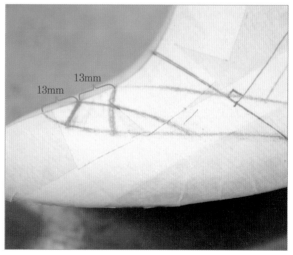

2 백 오픈(뒷날개) 디자인하기

① 전체적으로 균형감을 살려서 수정할 부분은 수정하여 가장 자연스럽고 완성도 있는 선을 찾아내야 한다. 사용할 비조 장식의 안쪽 너비를 측정하여 바깥쪽 B선을 기준으로 장식 안쪽 1cm 너비의 밴드를 그린다. (예 : 장식 안지름 1cm)

② 밴드 그리기가 완성되었으면 뒤축선에서부터 앞쪽으로 5cm 위치에 장식 중심선을 표시한 다음 중심선에 장식을 올려놓고 장식고리 끝지점에 고리구멍을 표시하고 1cm 간격으로 앞쪽에 1개, 뒤쪽에 2개 구멍점을 표시한다. 총 4개의 구멍점을 표시하고, 비조 장식 외곽 끝지점에서 3cm 위치에 점을 표시한 후 밴드의 끝단을 대각선으로 그려준다.

③ 줄자를 사용하여 뒤축선 하단에서 라스트 바닥면 끝선을 따라 9cm 위치를 표시하여 밴드와 굽자리까지 선을 자연스러운 곡선으로 연결한다.

> ✱ 굽기장(7cm + 2cm=9cm)이 뒷날개 끝자락 기준선 위치가 된다.

④ 전체적인 연출선의 균형감과 미적 감각을 살펴서 수정 여부를 결정해야 한다. 이때 라스트를 굽에 올려놓고 전체적인 느낌을 살핀다. 디자인 연출이 완성된 후 비조 장식도 스카치테이프로 부착해 본다. 디자인한 외곽선을 D점부터 G점까지 칼질하여 테이프를 분리시킨다.

⑤ 라스트 바닥면의 끝선을 따라 연필로 바닥선을 그린 후 밴드 하단 부분을 칼로 절단하여 테이프를 없앤다. 송곳을 이용하여 라스트 바닥면에 부착된 테이프를 먼저 떼어낸 다음 라스트에서 패턴 전체를 떼어낸다.

⑥ 떼어낸 패턴에 연필로 그린 골밥 외곽선을 칼로 절단한 다음 새로운 패턴 종이에 라스트에서 떼어낸 패턴의 중간을 먼저 부착한 후 앞뒤로 지그재그 방식으로 밀면서 붙이고 패턴 종이에 부착한 패턴의 외곽선을 칼질하여 패턴을 떼어낸다.

⑦ 칼질하여 떼어낸 패턴은 2차 스프링 작업을 한 후 V자 라인에서 수직으로 선을 내려 긋고 그 선의 $\frac{1}{2}$ 지점을 표시한 다음 상단선은 칼질하고 하단은 $\frac{1}{2}$ 지점을 1mm 남기고 임의로 대각선으로 칼질한다.

⑧ 하단 끝부분을 15mm 너비로 벌려 스카치테이프로 고정시키고 2차 스프링을 완성한 후 패턴의 각 부분을 새롭게 그릴 수 있도록 디자인 선을 칼질하여 떼어낸다.

step 01 전체적인 균형감을 살펴서 수정할 부분은 수정하여 가장 자연스럽고 완성도 있는 선을 찾아내기 위한 과정이다. 사용할 비조 장식의 안쪽 너비를 측정하여 바깥쪽 B선을 기준으로 장식 안쪽 1cm 너비의 밴드를 그린다.

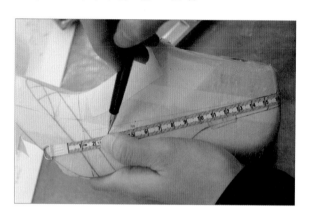

step 02 밴드 그리기 완성 후 뒤축선에서부터 앞쪽 5cm 위치에 장식 중심선을 표시하고 중심선에 장식을 올려놓는다. 장식 고리 끝지점에 구멍을 표시하고 1cm 간격으로 앞으로 1개, 뒤로 2개 구멍을 표시하는데, 총 4개의 구멍을 표시한다.

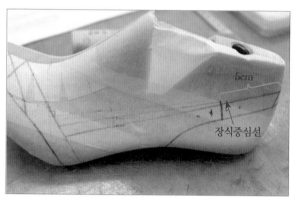

step 03 장식 외곽 끝지점에서 3cm 위치에 점을 표시한 다음 밴드의 끝단을 대각선으로 그려준다.

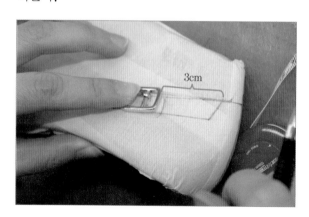

step 04 줄자를 사용하여 뒤축선 하단에서 라스트 바닥선을 따라 9cm 위치를 표시하여 밴드와 굽자리까지 자연스런 곡선으로 연결한다.

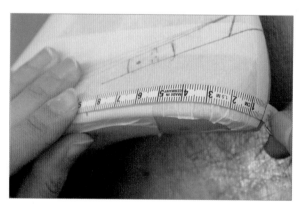

step 05 9cm 위치와 밴드선을 자연스런 곡선으로 연결한다.

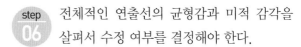 **step 06** 전체적인 연출선의 균형감과 미적 감각을 살펴서 수정 여부를 결정해야 한다.

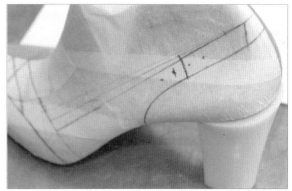

 step 07 디자인 연출이 완성되면 비조 장식도 스카치테이프로 부착해 본 후 균형감을 살핀다.

step 08 디자인한 외곽선을 D점부터 G점까지 칼질하여 필요 없는 부분의 테이프를 분리시킨다.

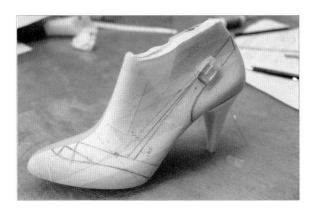

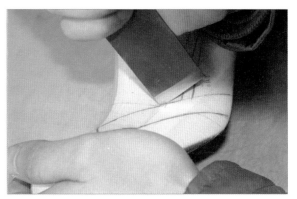

 step 09 라스트 바닥면의 끝선을 따라 연필로 바닥선을 그린다.

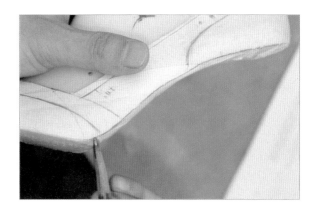

step 10 밴드 하단 부분을 칼로 절단하여 테이프를 없앤다.

step 11 송곳을 이용하여 라스트 바닥면에 부착된 테이프를 먼저 떼어낸 후 라스트에서 패턴 전체를 떼어낸다.

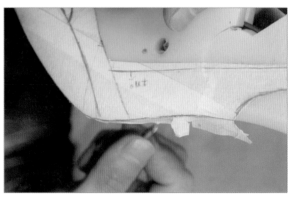

step 12 떼어낸 패턴을 분리한 후 패턴 종이에 잘 부착시킨다.

step 13 패턴 종이에 부착한 패턴을 칼질하여 떼어낸다.

step 14 떼어낸 패턴을 2차 스프링을 해 주어야 한다. 사진과 같이 V자 라인에서 수직으로 선을 내려 긋고 그 선의 $\frac{1}{2}$지점을 표시한 후 상단 선은 칼질하고 하단은 $\frac{1}{2}$지점을 1mm 남기고 대각선으로 칼질하여 하단 끝부분을 1.5mm 너비로 벌려 스카치테이프로 고정시킨다.

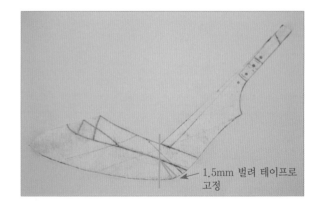

1.5mm 벌려 테이프로 고정

step 15 2차 스프링을 완성한 후 패턴의 각 부분을 연필로 그릴 수 있도록 칼질하여 떼어낸다.

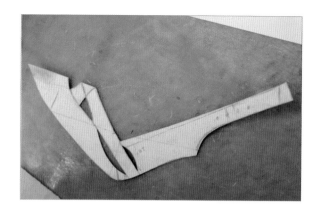

3   종이 제갑 만들기

❶ 종이 제갑용 패턴 종이를 반으로 접어서 중심선을 볼펜으로 그린 후 중심선에 패턴을 맞추어 1번 패턴을 우선 그려준다. 그릴 수 없는 부분은 송곳으로 표시한다. 다시 패턴 종이를 반으로 접어서 선을 스케치하고 선을 칼질하여 패턴의 1번을 완성한다.

❷ 패턴 종이를 반으로 접은 후 2번 패턴을 중심선에 맞추어 그리고, 교차되는 지점과 시접 부분은 송곳으로 눌러서 표시한다. 패턴 종이를 다시 펼쳐서 바깥쪽만 그려진 패턴 선에 패턴을 뒤집어서 안쪽을 대고 그려준 다음 그릴 수 없는 부분은 다시 송곳으로 표시한다. 송곳으로 표시된 점들을 연필로 자연스럽게 스케치한 다음 2번 패턴을 정리하여 이음선 부분의 시접 7mm를 살려 전체를 칼질하여 분리한 후 분리한 패턴의 시접 부분을 송곳으로 표시한다.

❸ 종이 제갑용 패턴 종이에 바깥쪽 B선을 기준으로 뒷날개 패턴을 그린 후 송곳으로 점을 표시하고, 안쪽 C선을 기준으로 뒷날개 패턴을 그린 후 패턴의 밴드 끝을 뒤집어 뒤축선을 그리고 밴드에 비조 장식 중심점을 표시한다. 장식 중심점에 장식을 끼우고 접을 수 있는 여분 15mm를 더 살려서 밴드 가장자리를 좁게 스케치한다. 패턴이 결합되는 부분의 시접 7mm를 살려 준 다음 골씌움할 부분의 골밥 15mm를 살려 패턴 외곽선 전체를 칼질하여 분리한다.

❹ 바깥쪽 날개 패턴의 밴드 구멍 뒷면에 스카치테이프를 붙이고 펀치로 구멍을 뚫어준 후 골씌움할 골밥 15mm를 살려 패턴의 외곽선 전체를 칼질하여 분리한다.

❺ 우선 바깥쪽 뒷날개 패턴 3번 위에 2번을 풀칠하여 붙이고 2번 위에 1번을 풀칠하여 붙인 다음 안쪽 뒷날개 3번 위에 2번을 풀칠하여 붙이고 2번 위에 1번을 풀칠하여 붙인다. 각 패턴을 연결 시에는 표시된 각 기준점을 맞추어 붙여준다.

❻ 밴드에 비조 장식 부착 시 안쪽 밴드 끝지점의 장식 중심점 뒷면에 스카치테이프를 붙이고 펀치 공구로 구멍(누끼)을 뚫어준다. 장식 중심점에 비조 장식을 끼우고 밴드 여분을 풀칠하여 고정시킨 다음 바깥쪽 밴드를 비조 장식에 끼워 종이 제갑을 완성한다.

step 01 종이 제갑용 패턴 종이를 반으로 접어서 중심선을 볼펜으로 그린 후 먼저 중심선에 패턴을 맞추어 1번 패턴을 우선 그려준다. 그릴 수 없는 부분은 송곳으로 표시해 준다.

step 02 패턴 종이를 반으로 접어서 선을 스케치한 다음 칼질하여 패턴의 1번을 완성한다. 이 때 라스트 바닥면은 골씌움을 할 수 있도록 골밥 15mm를 살려 칼질한다.

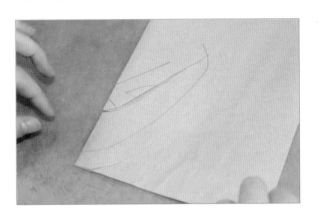

step 03 패턴 종이를 반으로 접은 후 2번 패턴을 중심에 맞추어 그린 다음 교차되는 지점 (그릴 수 없는 부분)을 송곳으로 눌러 표시한다.

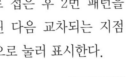

step 04 반으로 접은 상태에서 그린 후 패턴을 펼쳐 놓은 모습

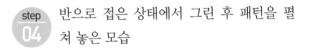

step 05 바깥쪽만 그려진 패턴은 패턴을 뒤집어서 안쪽을 그려준다. 그릴 수 없는 부분은 송곳으로 표시한다.

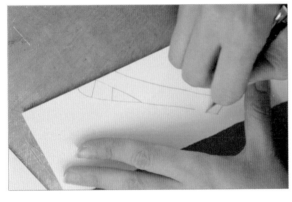

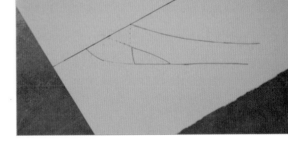

step **06** 송곳으로 표시한 점들을 자연스럽게 연결하여 그린다.

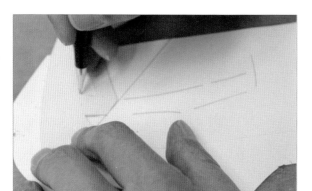

step **07** 송곳으로 표시한 부분을 그린다.

step **08** 패턴 2번을 정리한 후 시접 7mm를 살려 칼질한다.

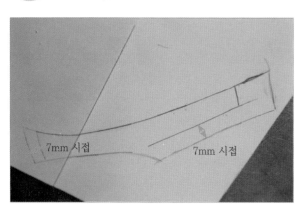

step **09** 패턴 2번에서 시접 부분을 송곳으로 표시한다.

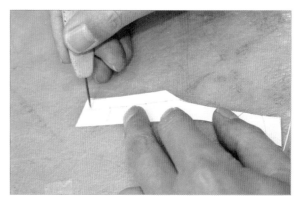

step **10** 종이 제갑용 패턴 종이에 바깥쪽 B선을 기준으로 뒷날개 패턴을 그린 후 송곳으로 점을 표시한다.

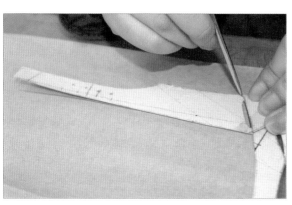

step **11** 연필로 점을 다시 표시한다.

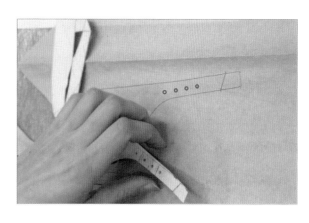

step 12 안쪽 C선을 기준으로 뒷날개 패턴을 그린 후 패턴을 뒤집어 뒤축선을 그리고 밴드에 비조 장식 중심점을 표시한다.

step 13 장식 중심점에서 장식을 끼우고 접을 수 있는 여분 15mm를 더 살려서 밴드 가장 자리를 좁게 스케치한다.

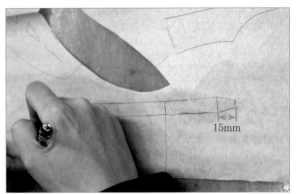

step 14 패턴이 결합되는 부분의 시접 7mm를 살려준다.

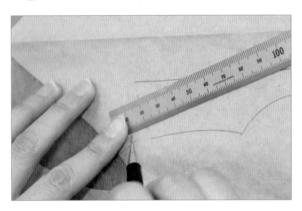

step 15 골씌움할 수 있도록 골밥 15mm를 살려서 패턴 외곽선 전체를 칼질하여 분리한다.

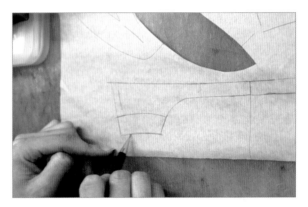

step 16 패턴의 밴드 구멍 뒷면에 스카치테이프를 붙이고 펀치 공구로 구멍을 뚫어준다.

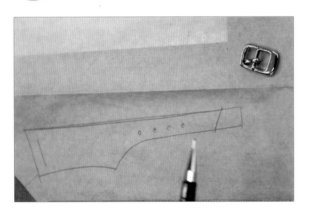

step 17 골씌움할 수 있도록 골밥 15mm를 살려 칼질하여 분리한다.

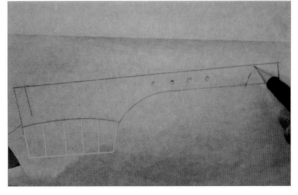

step
18
종이 패턴 결합 시 우선 바깥쪽 뒷날개 패턴 3번 위에 2번을 풀칠하여 붙이고 2번 위에 다시 1번을 풀칠하여 붙인다.

step
19
안쪽은 뒷날개 3번 위에 2번을 풀칠하여 붙인다.

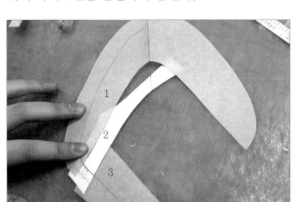

step
20
각각의 패턴을 연결 시 표시된 기준점을 맞추어 붙여준다. (안쪽 이음 과정)

step
21
바깥쪽 패턴을 순서대로 이음하는 과정

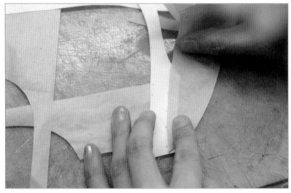

step
22
각각의 패턴을 연결하여 종이 제갑을 완성한 모습

step
23
안쪽 밴드 끝지점의 장식 중심점 뒷면에 펀치 공구로 구멍(누끼)을 뚫어준다.

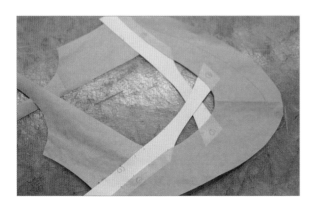

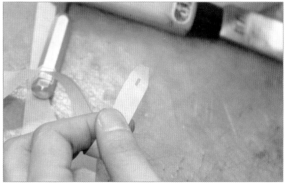

step 24 장식 중심점에 비조 장식을 끼워서 밴드 여분을 스카치테이프로 고정시킨다.

 step 25 바깥쪽 밴드를 비조 장식에 끼운 모습

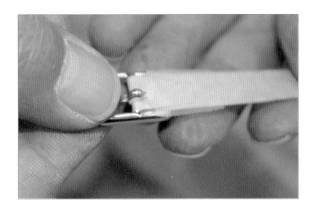

 step 26 종이 제갑 완성 모습

4 종이 제갑 골씌움하기

❶ 종이 제갑을 부드럽게 문질러서 골씌움이 용이하게 만들어 준 다음 라스트 바닥면을 풀칠 하여 골씌움한다. 작업자의 배쪽에 라스트를 밀착시키고 패턴을 앞쪽으로 당기면서 선심 위치 좌우를 먼저 골씌움한다.

❷ 토 부분을 당기면서 골씌움할 때 라스트 중심선과 패턴의 중심선을 맞추어 골씌움한다. 바 깥쪽 A점 근처에서 2cm 간격으로 4개 정도 가위밥을 넣고 패턴을 당겨 라스트에 밀착시 킨 후 왼손 검지로 누르면서 오른손으로 당겨가며 자연스럽게 골씌움한다. 안쪽 B점 근처 에서 종이 제갑을 2cm 간격으로 4개 정도 가위밥을 넣고 패턴을 당겨 라스트에 뒤축선이 밀착되도록 한 후 오른손 검지로 누르면서 왼손으로 당겨가며 자연스럽게 골씌움한다.

❸ 골씌움을 완성하였으면 굽자리에 굽을 올려 놓고 바깥쪽 패턴 간격과 안쪽 패턴 간격이 맞 도록 스케치한다. 간격이 서로 맞지 않는 부분은 칼질하여 없애준다.

④ 골씌움을 완성하였으면 실물처럼 연필로 스티치선을 그려준 후 전체 밸런스를 고려해 수정 부분을 찾아 수정한다. 라스트 바닥면 끝선을 연필로 그려주고 안쪽 아치 부분은 패턴용 중창을 대고 그려준 다음 라스트에서 패턴을 분리시키면서 좌우 A, B점을 패턴에 표시한다.

⑤ 라스트에서 떼어낸 패턴의 외곽선을 칼질하여 분리시킨 후 패턴의 이음 부분을 절단하여 새로운 패턴 종이에 부착한다. 그다음 중심선을 기준으로 좌우를 지그재그방식으로 밀면서 붙이고, 부착한 패턴 중심선을 기준으로 반으로 접는다.

 step 01 종이 제갑을 부드럽게 문질러서 골씌움이 용이하게 한다.

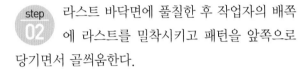 step 02 라스트 바닥면에 풀칠한 후 작업자의 배쪽에 라스트를 밀착시키고 패턴을 앞쪽으로 당기면서 골씌움한다.

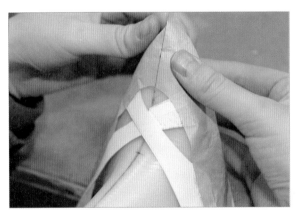

step 03 라스트 중심선과 패턴 중심선을 맞추어 골씌움한다.

step 04 앞부분 골씌움이 완성된 모습

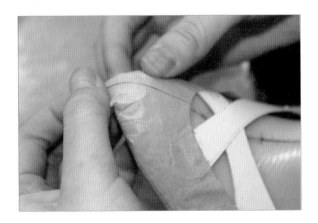

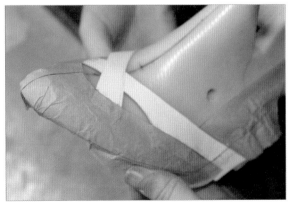

step 05 사이드 부분을 골씌움하기 위해서 2cm 간격으로 4개 정도 가위밥을 넣고 패턴을 당겨서 자연스럽게 골씌움한다.

step 06 안쪽은 사이드 부분도 2cm 간격으로 4개 정도 가위밥을 넣고 패턴을 당겨서 자연스럽게 골씌움한다.

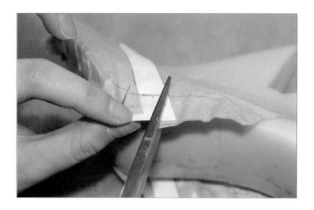

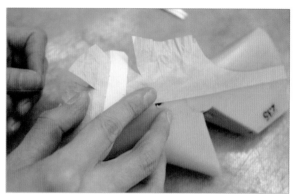

step 07 굽자리에 굽을 올려놓고 바깥쪽 패턴 간격과 안쪽 패턴 간격이 맞는지 확인한다.

step 08 바깥쪽 패턴보다 안쪽 패턴이 길어서 좌우 간격을 맞추어 그려준 모습이다.

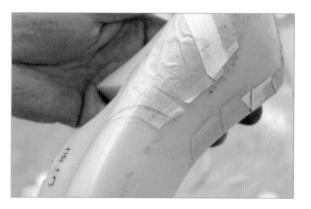

step 09 실물처럼 연필로 스티치선을 그려주고 전체 밸런스를 고려해 라인을 수정한다.

step 10 라스트 바닥면 끝선을 연필로 그려준다.

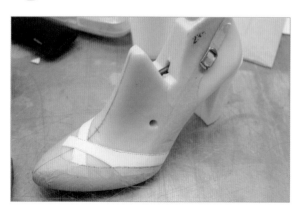

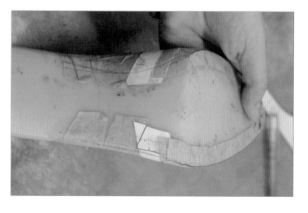

step 11 패턴용 중창을 대고 그린다.

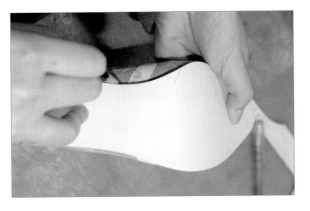

step 12 라스트에서 패턴 전체를 분리시키면서 좌우 A, B점을 표시한다.

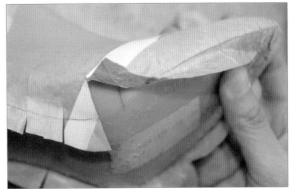

step 13 패턴의 외곽선을 칼질하여 분리시킨다.

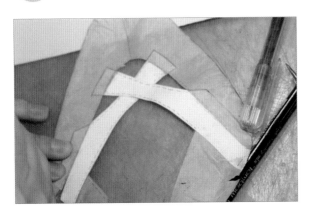

step 14 패턴의 이음 부분을 절단하여 새로운 패턴 종이에 부착한다.

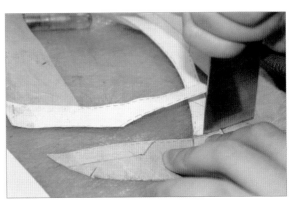

step 15 중심선을 기준으로 좌우를 지그재그 방식으로 밀면서 붙인다.

step 16 부착한 패턴 중심선을 기준으로 반으로 접는다.

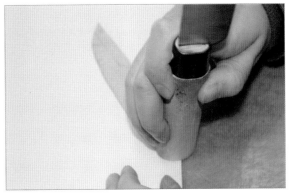

5 패턴 완성하기

❶ 토 부분은 12mm를 표시하고 12mm를 포함한 5cm 위치 좌우에 15mm 너비로 점을 표시한 다음 바깥쪽 A점과 안쪽 B점에 각각 20mm 폭으로 골밥을 표시한다. 부분별 점을 표시하고 자연스럽게 선을 연결하여 골밥선을 좌우 동일하게 완성하는데, 선을 연결할 때 각이 생기지 않도록 자연스럽게 선을 연결해야 한다.

❷ 칼질하여 분리한 뒷날개 좌우 패턴을 패턴 종이에 풀칠하여 부착한다. 이때 이음 부분에 시접 7mm를 살려준다. 라스트 골밥 부분에 골밥 2cm를 굽자리까지 점으로 표시한 다음 표시한 섬을 따라 선을 연결하여 뒷날개 골밥을 만들어준나.

❸ 뒷날개 안쪽 패턴도 같은 방법으로 골밥을 만들어 주고 굽자리 위치는 5mm 추가로 살려주어 자연스럽게 스케치한다. 5mm 추가로 살려주는 이유는 골밥 끝부분은 힘이 가중되기 때문에 좀 더 지탱시켜 줄 여유분이 필요하기 때문이다.

❹ 우선 앞날개 패턴의 아구 라인을 칼질하여 분리한 다음 패턴의 골밥선 전체를 칼질하여 분리하고 좌우 뒷날개 패턴을 칼질하여 분리한다. 패턴을 칼질하여 분리한 후 각각의 패턴이 이어져 만나는 부분을 송곳으로 표시한 다음 뒷날개 패턴 바깥쪽과 안쪽 패턴도 마찬가지로 이어져 만나는 부분을 송곳으로 표시한다.

❺ 칼질하여 분리한 뒷날개를 새로운 패턴 종이에 그려 선의 굴곡이 있는지 확인한 후 각 부분의 이음점등을 송곳으로 표시하고 전체를 칼질하여 분리한다. 바깥쪽 새로운 패턴의 2와 3의 덧붙임 선을 칼질하여 분리한 후 뒷날개에 시접 7mm를 살려주면 바깥쪽 뒷날개 패턴이 완성된다.

❻ 안쪽 뒷날개도 앞서 설명한 바깥쪽 뒷날개와 동일하게 작업한다.

❼ 칼질하여 분리한 앞날개 패턴을 새로운 패턴 종이에 그려 선의 굴곡이 있는지 확인한 후 전체를 칼질하여 분리한다. 칼질하여 분리한 새로운 패턴에 각 부분이 연결되는 이음점을 송곳으로 표시하면 앞날개 패턴이 완성되고 이때 패턴 안쪽에 라스트 번호와 사이즈를 기입하면 외피 패턴이 완성된다.

❽ 1, 2, 3 패턴이 이어진 외피 패턴 전체를 그린 후 톱라인 전체에 홈칼질밥 5mm를 살려준다. 밴드 또한 5mm 살려서 칼질해 분리한다. 골밥선은 그대로 칼질하고 톱라인은 5mm 살려진 선을 칼질하여 분리하면 내피 패턴이 완성된다. 이때 패턴 안쪽에 라스트 번호와 사이즈를 기입하고 내피라고 적는다.

step 01 토 부분은 12mm를 표시하고 12mm를 포함한 5cm 위치 좌우에 15mm 너비로 점을 표시한다.

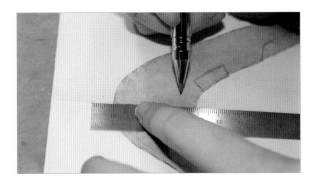

step 02 바깥쪽 A점에 2cm 폭으로 골밥을 표시한다.

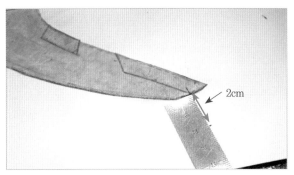

step 03 안쪽 B점 위치에도 2cm 폭으로 골밥을 표시한다.

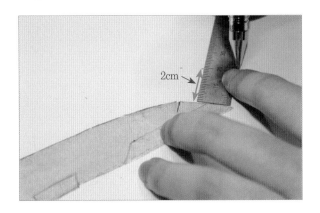

step 04 부분을 점으로 표시하고 자연스럽게 선을 연결하여 골밥선을 좌우 동일하게 완성한다.

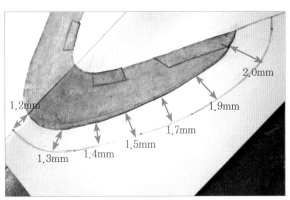

step 05 칼질하여 분리한 뒷날개 좌우 패턴을 패턴 종이에 풀칠하여 부착한다.

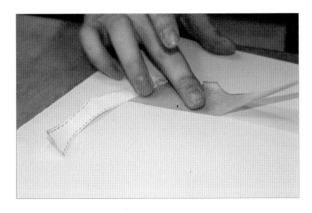

step 06 이음 부분에 시접 7mm를 살려준다.

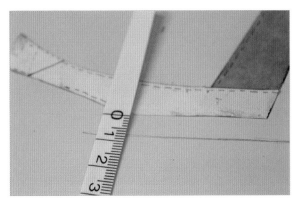

step 07 라스트 골밥 부분에 골밥 2cm를 굽자리까지 점으로 표시한다.

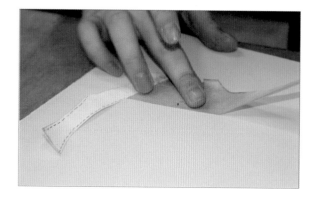

step 08 표시한 점을 따라 선을 연결하여 뒷날개 골밥을 만들어준다.

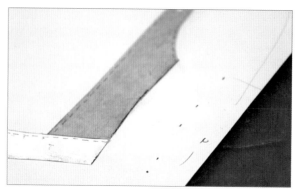

step 09 뒷날개 안쪽 패턴도 같은 방법으로 골밥을 만들고 굽자리 위치를 5mm 더 살려준다.

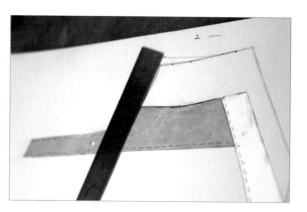

step 10 안쪽 패턴 골밥선을 5mm 더 살려 스케치한다.

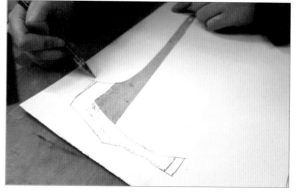

step 11 패턴의 톱라인을 칼질하여 분리한다.

step 12 패턴의 골밥선 전체를 칼질하여 분리한다.

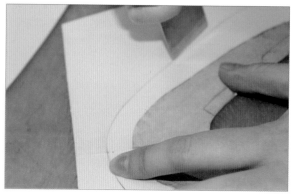

step 13 좌우 뒷날개 패턴을 칼질하여 분리한다.

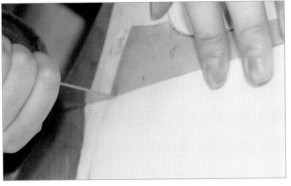

step 14 패턴을 칼질하여 분리한 모습

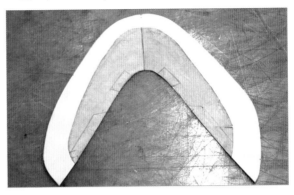

step 15 바깥쪽 뒷날개 패턴을 칼질하여 분리한 모습

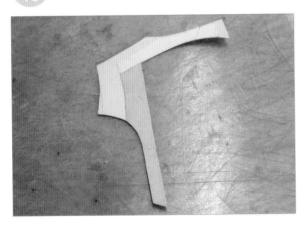

step 16 안쪽 뒷날개 패턴을 칼질하여 분리한 모습

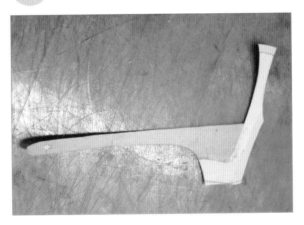

step 17 칼질하여 분리한 뒷날개를 새로운 패턴 종이에 그려 선의 굴곡이 있는지 확인하고 전체를 칼질하여 분리한다.

step 18 바깥쪽 뒷날개 패턴의 2와 3의 덧붙임 선을 칼질하여 분리한 후 뒷날개에 시접 7mm를 살려주면 바깥쪽 패턴이 완성된다.

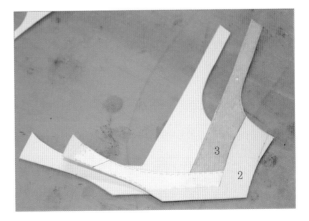

step 19 새로운 패턴 종이에 그리는 모습

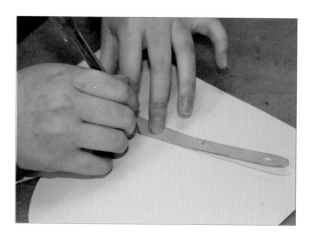

step 20 안쪽 뒷날개 패턴의 2와 3의 패턴의 덧붙임 선을 칼질하여 분리한 후 뒷날개에 시접 7mm를 살려주면 안쪽 패턴이 완성된다.

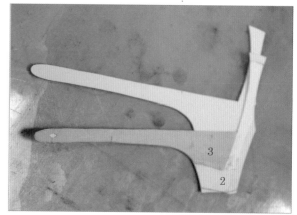

step 21 칼질하여 분리한 앞부분 패턴을 새로운 패턴 종이에 그려 선의 굴곡이 있는지를 확인한 후 전체를 칼질하여 분리한다.

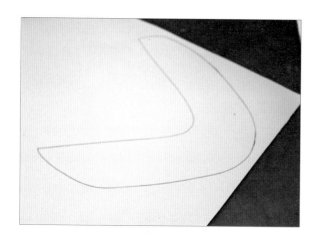

step 22 칼질하여 분리한 새로운 패턴 모습이다. 각 부분의 연결되는 이음점을 송곳으로 표시한다. 패턴 안쪽에 V자 홈을 파주어 안쪽 패턴임을 표시한다.

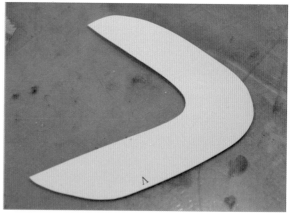

step 23 패턴이 겹치는 안쪽 뒷날개 위치에서 분리하여 밴드만 따로 그린다. 톱라인 전체에 홈칼질밥 5mm 를 살려주고 따로 그린 밴드도 5mm 살려준다. 골밥선은 그대로 칼질하고 톱라인 5mm 살려진 선을 칼질하여 분리하면 내피 패턴이 완성된다. 이때 패턴 안쪽에 라스트 번호와 사이즈를 기입하고 내피 라고 적는다.

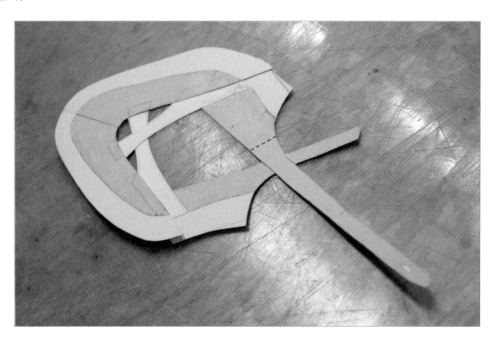

Shoes Pattern Process

샌들
(sandal)

1 디자인 연출하기

① 앞에서 설명한 테이프 부착 방법대로 선정된 라스트에 마스킹테이프를 부착한 다음 센터 포인트 상단에 줄자를 사용하여 직각을 이루도록 센터 중심선을 그린 후 중심선 기장을 측정하여 $\frac{1}{2}$ 위치를 표시하여 뒤축높이점과 일직선을 그린다.

② 설계도의 D선을 우선 그린다. 이때 굽기장 7cm 위치점을 표시하고, 뒤축선 상단에 3.5cm 위치점을 표시하여 D선을 완성한다.

③ 그림 A를 그린다. 센터 포인트에서 라스트 토 방향으로 3cm에 위치점을 표시하여 톱라인을 그린 후 센터 중심선에서 7mm 너비점을 표시하여 앞날개 선을 그린다. 센터 중심선 하단에서 5mm 앞으로 위치점을 표시하여 B선의 시작 위치선을 그린 후 B선에서 다시 5mm 앞으로 위치점을 표시하여 A선을 완성시킨다.

④ B선 상단을 디자인할 때 포인트를 주어 균형 있게 그린다. C선은 앞쪽은 좁게, 뒤쪽으로 갈수록 점차적으로 넓게 그려준다. 전체 디자인이 완성되었으면 균형감을 확인하고 혹시 수정할 부분이 있으면 수정해 준다.

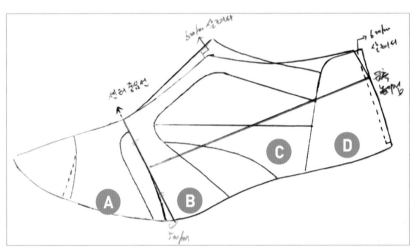

샌들 설계도

＊부티 샌들(bootee sandal) 스타일
토 부분과 사이드 부분이 오픈되어 있으며 발등 부분과 발목 부분이 디자인에 따라 다른 형태로 감싸여진 구두 스타일을 부티 샌들이라 한다. 패턴 제작 시 유럽형 패턴 방법보다는 라스트에 직접 그리고 싶은 디자인대로 각 위치와 스타일을 정확하게 표현할 수 있는 한국형 패턴 방법이 편리하다.

선정된 라스트에 마스킹테이프를 부착한 후 중심선 기장을 측정하여 $\frac{1}{2}$되는 위치를 표시하고 뒤축높이점과 일직선이 되도록 그린다.

 설계도의 D를 우선 그린다. 이때 일반적으로 굽자리는 굽기장 7cm 위치점에 표시한다.

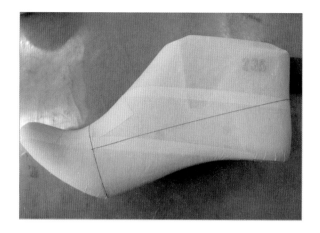

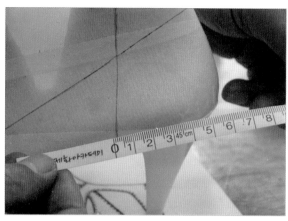

 뒤축선 상단에 3.5cm 위치점을 표시하고 디자인에 맞게 선을 그린다.

 3.5cm 밑에서 7cm를 연결하여 D선을 완성시킨 모습이다.

step 05　A부분 패턴이다. 센터 포인트에서 라스트 토 방향으로 3cm 위치점을 표시하여 앞코라인을 디자인한다.

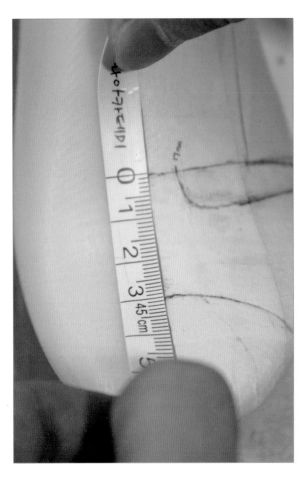

step 06　센터 중심선에서 7mm 너비점을 표시하여 앞날개 선을 그린다.

step 07　센터 중심선 하단에서 5mm 앞으로 위치점을 이동시켜 B선의 시작점을 표시한 후 B부분을 완성한다.

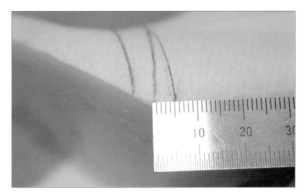

step 08　센터 중심선 하단에서 5mm 앞으로 이동해 B선을 완성하고 다시 5mm 앞으로 이동해 A선을 완성시킨다.

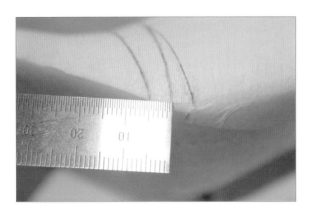

step 09　A선과 B선의 완성된 모습

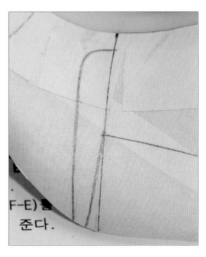

step 10 B선 상단을 디자인할 때 포인트를 주어 균형 있게 그린다.

 step 11 C선은 앞쪽은 좁게, 뒤쪽으로 갈수록 넓게 그린다.

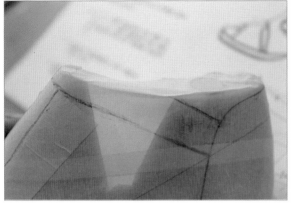

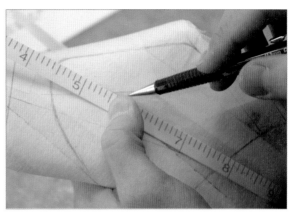

 step 12 전체 디자인 선이 완성되었으면 좌우로 확인한 후 수정할 부분이 있으면 수정한다.

step 13 전체 디자인이 완성된 모습이다.

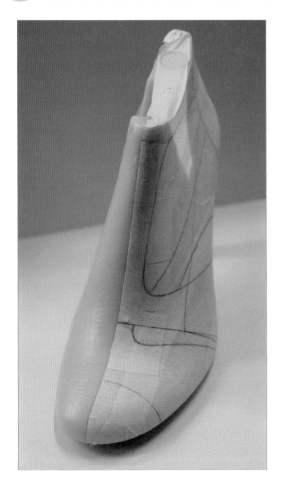

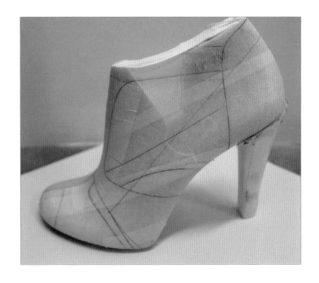

2 테이프 분리 작업

❶ 라스트에 디자인을 마친 다음 라스트에 부착되어 있는 마스킹테이프의 분리 작업을 해야 한다. 이 과정은 디자인이 패턴으로 구현되는 첫 단계라 할 수 있다. 우선 뒤축선을 칼질하여 필요 없는 테이프를 분리하는데, 라스트 바닥면에 연필로 라스트 외곽선을 그려 분리한다. 이때 뒤축부터 늘어나지 않도록 주의하여 마스킹테이프를 떼어내어 완전히 분리하며, 연필로 그린 외곽선을 칼질하여 분리한다.

❷ 떼어낸 테이프의 중심선 부분을 몸쪽 방향으로 올려놓고 쇠자를 이용하여 라스트 상단에서 3cm 위치점을 표시한다. 표시한 상단 3cm 위치점을 기준으로 쇠자를 직각으로 맞추어 첫 번째 일직선을 그린 다음 첫 번째 선과 두 번째 선의 중간에 세 번째 선을 그린다. 1, 2, 3번의 선을 따라 상단과 하단의 끝자락 위치를 2mm씩 남기고 칼질하여 절개한다. 이때 2번 선, 3번 선, 1번 선의 순서로 칼질한다. 이 과정은 입체로 되어 있던 패턴이 평면으로 만들어지는 과정에서 남게 되는 분량을 분산시켜주기 위함이다.

❸ 패턴 종이에 올려놓고 1번 선부터 자연스럽게 벌어지게 부착한 다음 상하 2mm 남겨진 부분을 기준으로 3번 선을 자연스럽게 부착한다. 이때 절개 부분이 벌어지게 되는데, 같은 방법으로 2번 선까지 자연스럽게 부착한 후 나머지 전체를 부착한다.

❹ 라스트 상단 발목 둘레를 라스트 중심선에서 6mm 살려 라스트 둘레보다 여유를 준다. 패턴 외곽선 전체를 칼질하여 분리시킨 후 센터 중심선을 다시 그린 다음 중심선의 기장을 측정하여 $\frac{1}{2}$ 위치를 표시한다. 표시한 $\frac{1}{2}$ 위치점을 기준으로 1mm씩 남기고 위쪽으로 칼로 절단하고 아래쪽으로 절단하여 $\frac{1}{2}$ 지점만 연결되게 남겨 놓는다. $\frac{1}{2}$ 지점을 남기고 양쪽으로 칼질한 상단을 3mm 벌려 스카치테이프로 고정시킨 다음 전체 디자인 선을 칼질하여 분리한다.

step 01 라스트에 부착되어 있는 테이프를 분리하는데, 우선 뒤축선을 칼질하여 분리한다.

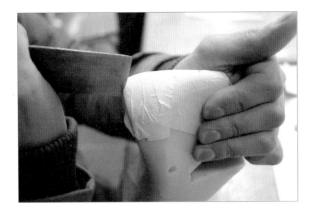

step 02 라스트 바닥면에 연필로 라스트 외곽선을 그린다.

step 03 뒷부분부터 늘어나지 않도록 마스킹테이프를 떼어내어 완전히 분리한다.

step 04 연필로 바닥면 그린 부분을 제외하고 칼질하여 분리한다.

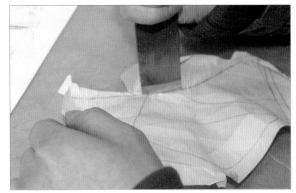

step 05 바닥면 외곽선을 칼질하여 분리한 모습

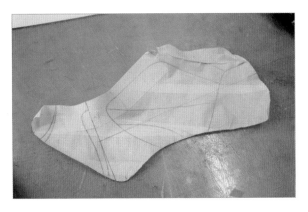

 step 06 상단 발등 부분에서 3cm 위치점을 표시한다.

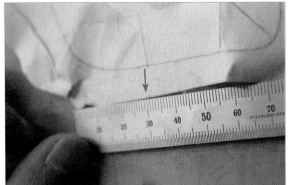

 step 07 표시한 상단 3cm 위치점을 기준으로 쇠자를 직각으로 맞추어 첫 번째 직선을 그린다.

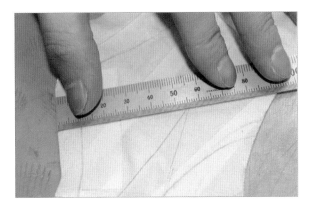

step 08 센터 포인트 상단을 기준으로 쇠자를 직각으로 맞추어 두 번째 직선을 그린다.

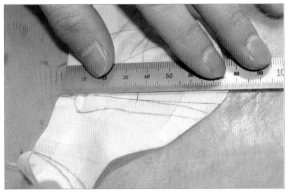

step 09 첫 번째 선과 센터 중심선의 두 번째 선의 중간에 세 번째 선을 그린다.

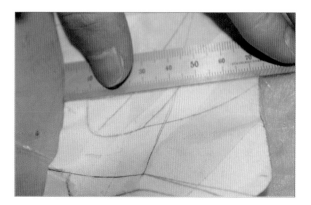

step 10 1-2-3번의 일직선이 완성된 모습

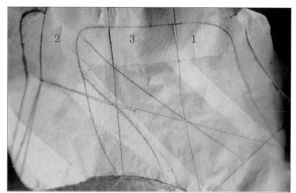

step 11 1-2-3번 선을 따라 상단과 하단의 끝자락 위치를 2mm씩 남기고 칼질한다.

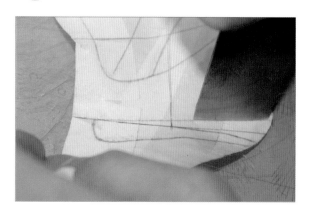

step 12 2번 선을 칼질하고 3번 선을 양쪽 2mm씩 남기고 칼질한 모습

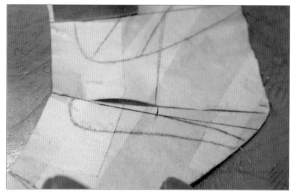

step 13 3번 선을 칼질한 모습

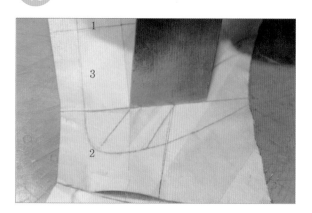

step 14 1번 선을 칼질한 모습

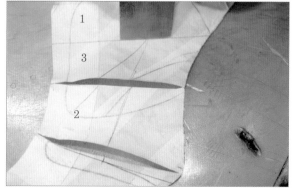

step 15 패턴 종이에 올려놓고 1번선부터 자연스럽게 밀면서 부착한다.

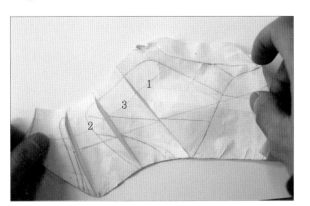

step 16 상하 2mm 남겨진 부분을 기준으로 3번선을 자연스럽게 부착한다.

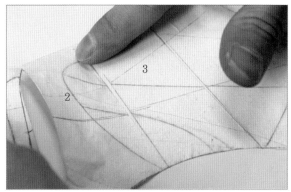

step 17 상하 2mm 남겨진 부분을 기준으로 마지막 2번선을 자연스럽게 부착한다.

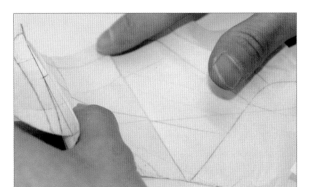

step 18 나머지 앞과 뒤 전체를 부착한 모습

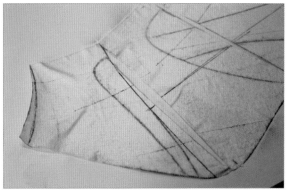

step 19 패턴 종이에 1-3-2번 선을 기준으로 순서대로 부착하여 완성시킨 모습

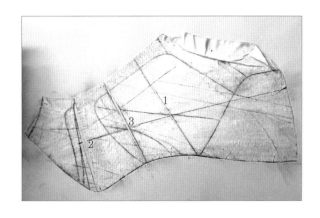

step
20
라스트 중심선에서 6mm 살려서 라스트 둘레보다 여유를 준다.

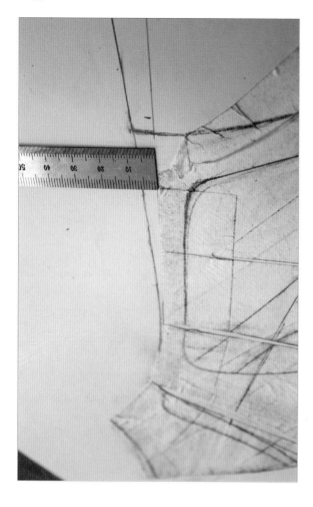

step
21
패턴 외곽선 전체를 칼질하여 분리시킨다.

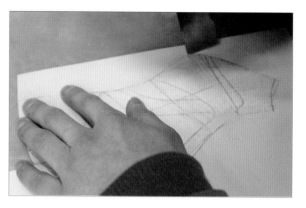

step
22
칼질하여 분리하고 센터 중심선을 그린 후 중심선 기장을 측정하여 $\frac{1}{2}$ 위치를 표시한다.

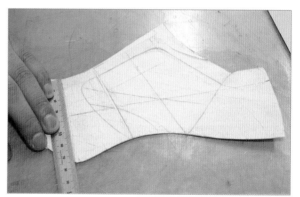

step
23
표시한 $\frac{1}{2}$ 위치점을 기준으로 1mm씩 남기고 위쪽으로 절단하고 아래쪽으로 절단하여 $\frac{1}{2}$ 지점만 연결되게 남겨 놓는다.

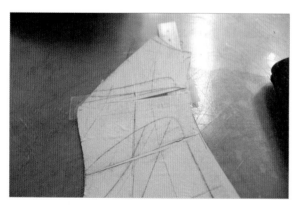

step
24
$\frac{1}{2}$ 지점을 남기고 양쪽으로 칼질한 상단을 3mm 벌려서 스카치테이프로 고정시킨다.

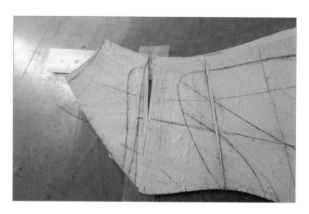

step 25　앞뒤를 스카치테이프로 고정시킨다. 넓은 면이 위로 올라가고 작은 면이 아래로 오게 고정한다.

step 26　전체 디자인 선을 칼질하여 분리시킨다.

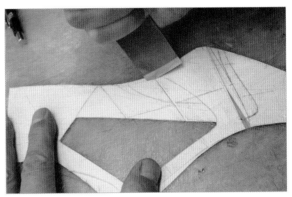

 step 27　디자인 선을 따라 칼질을 마친 완성된 패턴의 모습

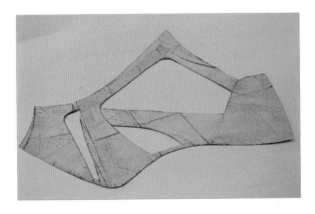

3　종이 제갑 만들기

➊ 종이 제갑용 패턴 종이를 반으로 접은 후 접은 선을 볼펜으로 그려 중심선을 만들어준다. 중심선에서 A 패턴을 일직선으로 맞추어 A 패턴 전체를 그린다. 이때 안쪽과 바깥쪽의 차이 5mm를 송곳으로 표시한다. A 패턴을 그린 선을 따라 전체를 칼질하여 A 패턴을 분리한다. 칼질할 때 바깥쪽 송곳점을 칼질하여 안쪽과 바깥쪽의 차이점을 둔다.

➋ 두 겹으로 접은 패턴 종이에 패턴 B의 상단을 맞추어 그린 다음 패턴 B의 상단을 그린 후 패턴 D의 연결 부분을 송곳으로 표시한다. 패턴 B의 곡진 부분을 송곳으로 누르고 패턴을 돌려 패턴의 상단을 패턴 종이와 일치시킨 후 패턴 C의 연결 부분을 송곳으로 표시한다. 이때 패턴 A의 연결 부분도 송곳으로 표시한다. 패턴의 하단 쪽을 전체 그린 후 송곳으로

표시한 부분을 연필로 자연스럽게 그린다. 패턴 D와 연결 부분에 7mm 시접을 살려주고 패턴 B 전체를 칼질하여 분리한 후 골씌움 골밥을 1.5cm 정도 살려서 패턴 B를 완성시킨다.

❸ 두 겹으로 접은 패턴 종이에 패턴 C 전체를 그리고 패턴 B와 연결된 부분과 패턴 D와 연결된 부분을 송곳으로 표시한다. 송곳으로 표시한 연결 부분을 7mm 시접을 살려 전체 칼질하여 분리한다.

❹ 두 겹으로 접은 패턴 종이에 패턴 D를 대고 패턴 B와 패턴 C의 연결 부분을 송곳으로 표시한다. 송곳으로 표시한 연결 부분을 스케치한 후 전체를 칼질하여 분리한다. 이때 패턴의 바깥쪽과 안쪽의 차이점 3mm를 줄여서 칼질하여 완성시킨다. 그다음 패턴 A-B-C-D의 연결 부분을 풀칠하여 부착한다.

step 01 종이 제갑용 패턴 종이를 두 겹으로 접는다. 접은 선을 볼펜으로 그려 중심선을 만들어준다.

step 02 중심선에 A 부분을 직선으로 맞추어 A 패턴 전체를 그린다. 이때 안쪽과 바깥쪽의 앞코라인 5mm 차이점을 송곳으로 표시한다.

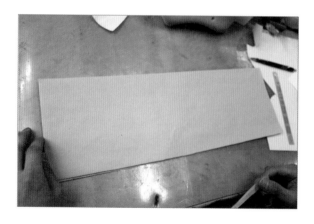

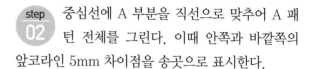

step 03 그려진 A 패턴 전체를 칼질하여 A 패턴을 분리한다.

step 04 칼질할 때 바깥쪽 송곳점을 칼질하여 안쪽과 바깥쪽의 차이점을 둔다.

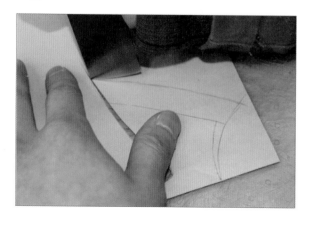

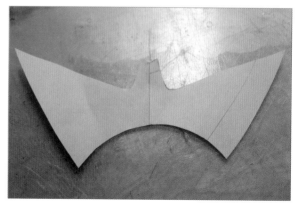

step 05 두 겹으로 접은 패턴 종이에 패턴 B의 상단을 맞추어 그린다.

step 06 패턴 B의 상단을 그린 후 패턴 D의 연결 부분을 송곳으로 표시한다.

step 07 패턴 B의 곡진 부분을 송곳으로 누른 후 패턴을 돌려 패턴의 곡진 상단을 패턴 종이와 일치시킨다.

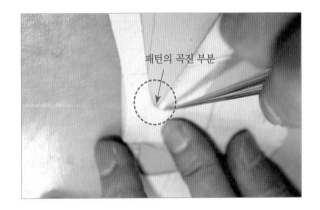

step 08 패턴 C의 연결 부분을 송곳으로 표시한다. 이때 패턴 A의 연결 부분도 송곳으로 표시한다.

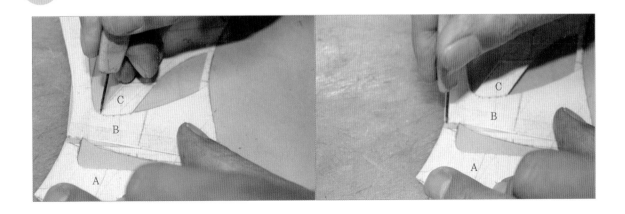

step 09 패턴의 하단 전체를 그린다.

step 10 송곳으로 표시한 부분을 연필로 자연스럽게 연결시켜 스케치한다.

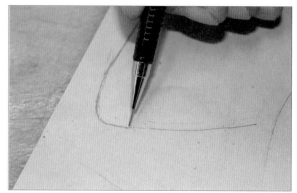

step 11 패턴 D와 연결하는 시접 7mm를 살려준다.

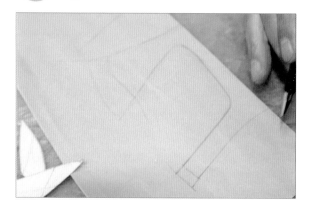

step 12 패턴 B 전체를 칼질하여 분리한다.

step 13 칼질하여 분리한 패턴 B의 모습

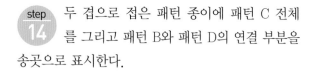

step 14 두 겹으로 접은 패턴 종이에 패턴 C 전체를 그리고 패턴 B와 패턴 D의 연결 부분을 송곳으로 표시한다.

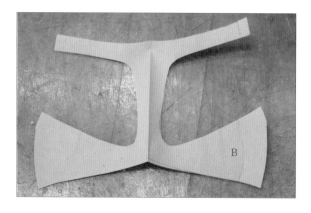

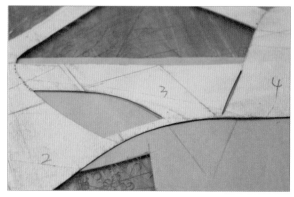

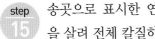 송곳으로 표시한 연결 부분을 7mm 시접을 살려 전체 칼질하여 분리한다.

 전체 칼질하여 분리한 패턴 C의 모습

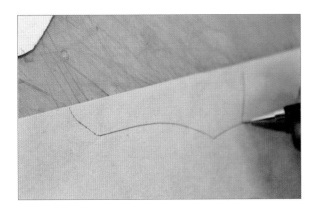

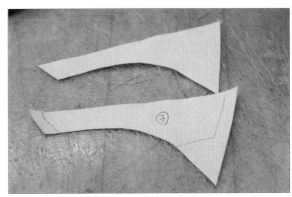

 두 겹으로 접은 패턴 종이에 패턴 D를 그린 후 패턴 B와 패턴 C의 연결 부분을 표시한다.

D 패턴이 완성된 모습

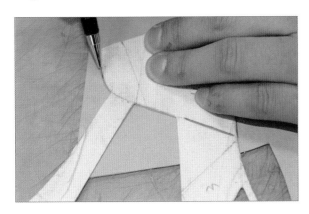

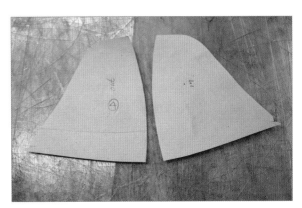

패턴의 바깥쪽과 안쪽의 차이점 3mm를 줄여서 칼질하여 완성시킨다.

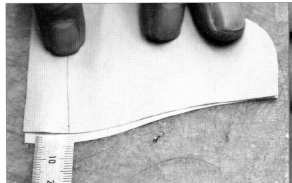

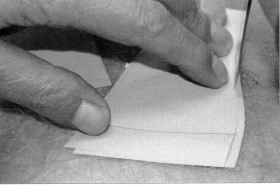

step
20
각 부분 패턴 A–B–C의 완성 모습

step
21
패턴 A–B–C–D 연결 부분을 풀칠하여 연결한다.

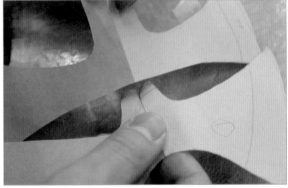

4 골씌움하기

❶ 패턴의 각 부분을 연결한 후 패턴 D의 뒤축선을 스카치테이프로 고정하고 5~6mm 간격으
로 나머지 테이프 반쪽에 가위밥을 넣는다. 그다음 송곳을 이용하여 돌려가며 반대편 패턴
D를 연결시킨 후 라스트에 올려 보아 이상 유무를 확인한다. 라스트 뒤축선에 종이 제갑을
맞추고 라스트 바닥면에 풀칠을 해 골씌움 준비를 한다.

❷ 라스트 중심선에 패턴의 중심선을 맞추고 바깥쪽과 안쪽을 당겨 패턴 A부분을 골씌움한
다음 패턴 B 부분도 바깥쪽과 안쪽을 당기면서 골씌움한다. 패턴 D 굽자리 위치도 패턴의
뒤축선 하단의 여분을 확인하여 여분이 있으면 수정하여 골씌움한다.

step 01 패턴 A-B-C-D를 풀칠하여 연결한다.

step 02 패턴 D의 뒤축선을 스카치테이프로 부착한 후 5~6mm 간격으로 칼로 금을 내고 송곳을 사용하여 반대편 패턴 D에 부착한다.

step 03 패턴 D를 연결시킨 후 라스트에 올려 보아 이상 유무를 확인한다.

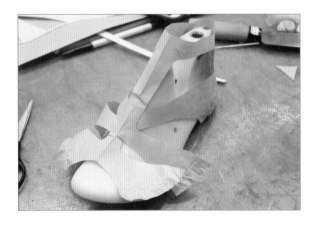

step 04 라스트 뒤축선에 패턴을 맞추어 스카치테이프로 고정시킨다.

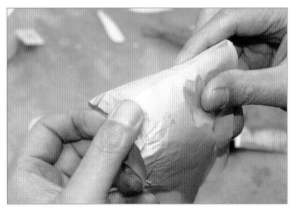

step 05 라스트 바닥면에 풀칠한다.

step 06 라스트 중심선에 패턴의 중심선을 맞추어 바깥쪽을 당기면서 패턴 A 부분을 골씌움한다.

step 07 안쪽 부분도 당겨서 골씌움한다.

step 08 패턴 B 위치도 바깥쪽과 안쪽을 당기면서 골씌움한다.

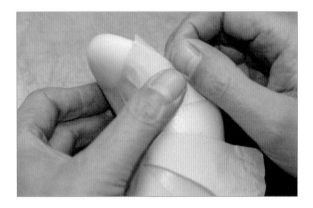

step 09 패턴 D 굽자리 위치도 패턴의 뒤축선 하단에 여분이 있으면 수정하여 골씌움한다.

step 10 굽자리 골씌움 완성 모습

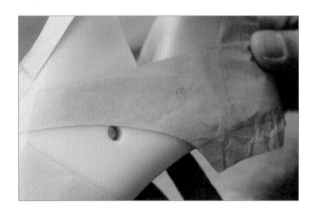

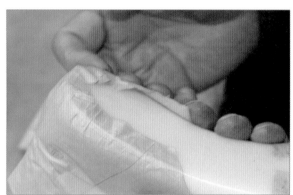

5 **패턴 완성하기**

❶ 골씌움이 완성되었으면 패턴 B의 상단 발목 둘레의 6mm 살려준 상태를 확인한다. 패턴 디자인의 선을 따라 연필로 스티치를 그려 넣어 전체적 디자인 느낌을 확인한 후 수정할 부분을 판단하여 어색한 부분은 수정한다.

❷ 라스트 바닥 외곽선을 연필로 그린 후 안쪽 아치 부분은 패턴용 중창을 대고 그려준 다음 뒤축선을 따라 패턴의 중심을 칼질하여 분리한다.

❸ 골씌움한 종이 제갑을 라스트에서 분리한 패턴 외곽선을 따라 칼질하여 분리시킨다. 패턴 A-B-C-D 연결선을 칼질하여 분리한 후 새로운 패턴 종이에 풀칠하여 부착한다.

④ 패턴 D의 상단을 6mm 살려서 뒤축높이점까지 연결해야 착화 시 지퍼가 발 뒤꿈치에 닿지 않게 되므로 반드시 6mm를 자연스럽게 살려 여유를 준다.

⑤ 패턴 A-B-C-D에 골밥을 주어 외피 패턴을 완성시킨다. 골밥 기장은 내피 패턴을 참고하여 같은 너비를 살려주면 된다. 새로운 패턴 종이에 똑같이 패턴을 그려 전체 칼질하여 분리한 후 안쪽 패턴은 V자 홈을 주어 표시하고 패턴에 라스트 번호와 사이즈를 기입하면 외피 패턴이 완성된다.

 step 01　패턴 B의 상단 발목 둘레 6mm를 살려준 상태를 확인한다.

 step 02　패턴 안쪽도 전체적으로 확인한다.

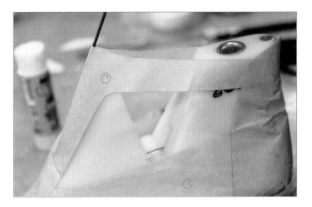

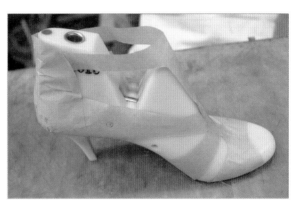

 step 03　패턴 디자인의 선을 따라 연필로 스티치를 그려 넣고 전체적 디자인 느낌을 확인한 후 수정 여부를 판단하여 어색한 부분은 수정한다.

step 04　골씌움이 완성된 모습

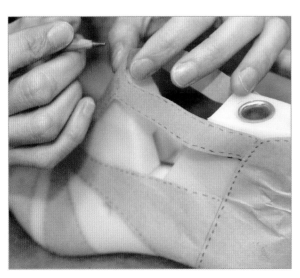

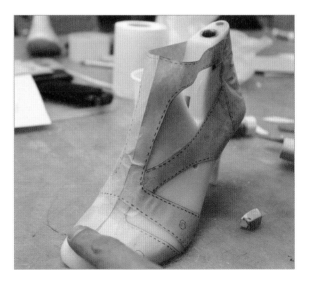

step 05 라스트 바닥 외곽선을 연필로 그린 후 안쪽 패턴용 중창을 대고 아치 부분을 그려준다.

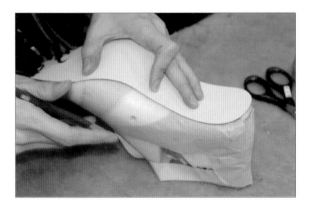

step 06 뒤축선을 따라 패턴의 중심을 칼질하여 분리한다.

step 07 골씌움했던 종이 제갑을 분리한다.

step 08 라스트에서 분리한 패턴 외곽선을 따라 칼질한다.

step 09 칼질하여 분리한 패턴 모습

step 10 패턴 A-B-C-D 연결선을 칼질하여 분리한 후 새로운 패턴 종이에 부착한다.

6 내피 패턴 만들기

① 새로운 패턴 종이를 두 겹으로 접은 후 처음 디자인한 패턴을 대고 전체를 그린 다음 패턴의 중심선에 시접 7mm를 살려주고 톱라인과 발목 둘레 상단에 홈칼질밥(홈칼질을 할 수 있는 공간) 5mm를 살려준다.

② 패턴 하단 골밥선에 골밥을 만들어준다. A 패턴 위치는 22mm, 아치 부분 패턴 C 위치는 25mm, 뒤축선 굽자리 부분은 20mm로 표시하여 자연스럽게 바깥쪽과 안쪽을 같은 방법으로 연결하여 골밥을 만들어준다. 샌들 중창에 부착한 스펀지 두께와 중창싸기 가죽 두께를 감안하여 일반 제품의 골밥 기장과 다르게 3~4mm 더 추가한다. 패턴 D와 연결된 부분에 시접 7mm를 살려준다.

③ 패턴의 중심선에 살려준 7mm 시접을 송곳으로 표시한 후 전체 외곽선을 칼질하여 분리한다. 내피 패턴도 디자인 선을 따라 칼질하여 내피 패턴 선을 만들어준다.

④ 안쪽 패턴의 골밥선에 V자 홈을 만들어주어 바깥쪽 패턴과 다른 점을 표시한다. 외피 패턴과 내피 패턴에 라스트 번호와 사이즈를 표시하여 패턴을 완성한다.

step 01 새로운 패턴 종이를 두 겹으로 접은 후 처음 디자인한 패턴을 대고 전체를 그린 다음 패턴의 중심선에 시접 7mm를 살려준다. 그다음 톱라인과 발목 둘레 상단에 홈칼질밥 5mm를 살려준다.

step 02 패턴의 바닥면에서 A패턴 위치는 22mm, 아치 부분 패턴 C 위치는 25mm, 뒤축선 굽자리 위치는 20mm로 표시하여 자연스럽게 골밥을 만든다. 이때 중창에 부착한 스펀지 두께와 중창싸기 가죽 두께를 감안하여 3~4mm 더 골밥 기장을 추가한다.

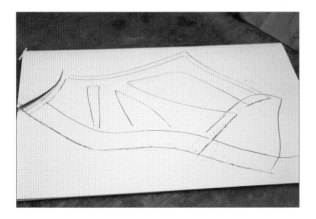

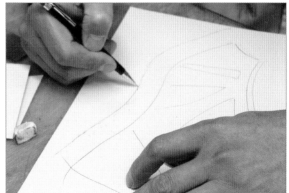

step 03 패턴 D와 연결된 부분에 시접 7mm를 살려준다.

step 04 패턴의 중심선에 살려준 7mm 시접을 송곳으로 표시한 후 전체 외곽선을 칼질하여 분리한다.

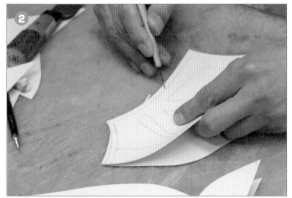

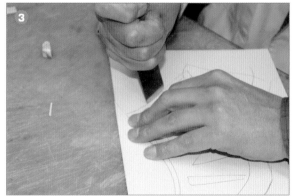

step 05 디자인 선을 따라 칼질하여 내피 패턴 선을 만들어준다. 작업 시 내피 패턴 그리기 선을 따라서 외피를 부착할 수 있게 한다.

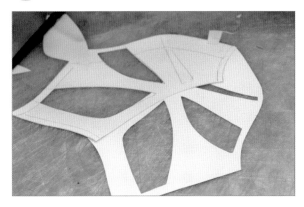 **step 06** 내피의 안쪽과 바깥쪽을 결합하는 모습

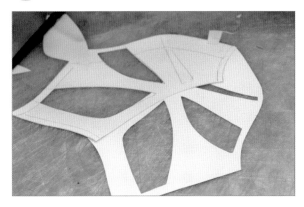

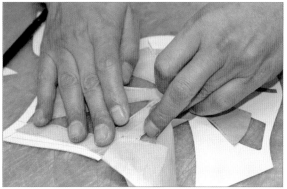

step 07 내피 패턴 완성 모습이다. 안쪽 패턴은 골밥선에 V자 홈을 만들어 주어 바깥쪽 패턴과 다르다는 것을 표시한다. 외피 패턴 및 내피 패턴에 라스트 번호와 사이즈를 표시하여 패턴을 완성한다. 230쪽의 ⑩에서 패턴 A-B-C-D 연결선을 칼질하여 분리한 외피 패턴의 골밥은 내피 패턴의 골밥선에 맞추어 그리면 된다. 외피 패턴 A를 내피 패턴 A 위에 올려서 골밥 기장을 표시한 후 칼질하여 외피 패턴 골밥을 완성한다.

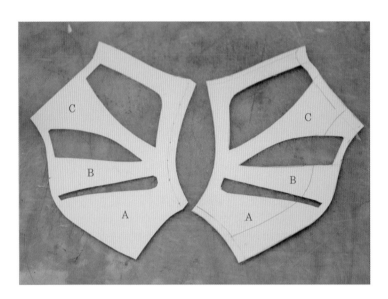

Shoes Pattern Process

옥스퍼드 구두
(oxford shoes)

1 옥스퍼드 스탠더드 패턴 만들기

❶ 우선 스탠더드 W 전체를 패턴 종이에 그린다. 이때 센터 포인트와 뒤축높이점을 표시하고 라스트의 안쪽과 바깥쪽의 차이점을 송곳으로 표시한다.

❷ 센터 포인트를 기준으로 상단 1mm 남기고 아래로 칼질하여 분리한다. 이때 남화 8mm, 여화 4mm를 벌려 스카치테이프로 앞뒤를 고정시킨다.

> *❶~❷의 과정을 거쳐 옥스퍼드 스탠더드 패턴이 완성된다. 스탠더드 W 만드는 과정은 1장에서 설명하였다. 스탠더드 W 패턴이 완벽하게 되어 있어야 다른 패턴 디자인이 잘 맞는다. 패턴이 잘 맞지 않는 경우 스탠더드 W를 점검하고 다시 제작하는 것이 좋다.

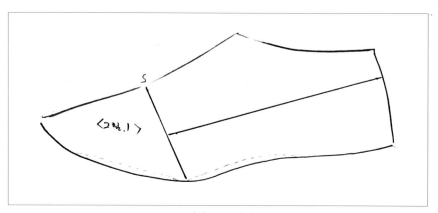

스탠더드 W 설계도

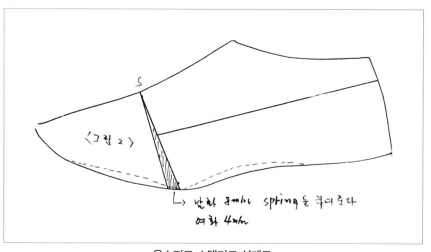

옥스퍼드 스탠더드 설계도

2 디자인하기

❶ 패턴 종이에 옥스퍼드 스탠더드를 그대로 그린다. 이때 센터 포인트와 뒤축높이점을 점으로 표시한다. 센터 중심선은 스프링작업을 했기 때문에 새롭게 그려야 한다.

❷ 센터 포인트 상단에 15cm 쇠자를 대고 직각으로 센터 중심선을 새롭게 그리고 센터 중심선 기장의 $\frac{1}{2}$ 지점을 표시한 후 뒤축높이점과 일직선을 그린다. 센터 중심선에서 상단으로 10mm 떨어진 위치에서 B선을 시작한다. B선을 선택할 때에는 센터 포인트, 5mm 간격, 10mm 간격을 사용하게 되는데 앞날개 기장을 길게 하려면 10mm B선을 선택한다. 앞날개를 짧게 하려고 한다면 센터 포인트의 중심선을 그대로 선택하여 B선으로 사용하면 된다. 이번 패턴은 10mm 간격을 사용하여 디자인을 연출하였다.

❸ 라스트 상단을 2mm 줄여서 표시한 후 중심선의 가장 낮은 부분과 직선으로 연결하고 O선이라 정한다.

❹ B선을 기준으로 뒷날개 시작점과 베라(혀) 위치점을 표시한다. 뒷날개 시작점에서 베라(혀) 기장 1.5cm 위치에 베라 시작점을 표시한다. 남녀 동일하게 표시한다.

> ＊구멍수 5 + 남화 2cm = 뒷날개 시작점 7cm가 된다.
> 구멍수 5 + 여화 1cm = 뒷날개 시작점 6cm가 된다.

❺ 뒷날개 시작점과 베라 시작점을 표시한 후 베라를 그려준다. 너비는 3cm가 적당하며 쇠자를 직각으로 맞추고 3cm 위치를 표시한 후 B선을 따라 3cm 너비를 표시해 두 지점을 직선으로 연결한다. B선 $\frac{1}{2}$ 지점에서 뒤축선 방향으로 1cm 사각형을 그려준다. 베라(혀)의 각진 부분을 둥글게 스케치한다.

❻ 뒷날개 시작점을 기준으로 각진 베라 옆 3~4mm 위치를 통과시킨 후 통과한 선을 라스트 중심선 2~3mm 하단으로 부드럽게 연결해 복사뼈 아래로 통과시켜 뒤축높이점까지 디자인한다. BO선 아래로 각 1cm 떨어진 지점에 수평선을 그은 다음 B선에서 1cm 위치에 점

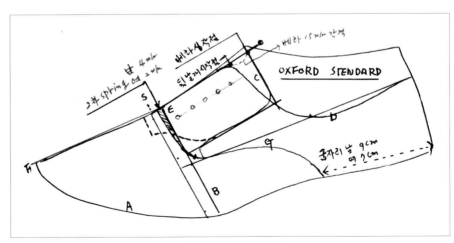

옥스퍼드 구두 설계도

을 표시하고, 뒷날개 선에서 앞으로 12mm 위치에 점을 표시한다. 이 선이 구두끈 구멍 위치선이고 이 선 중간에 나머지 구멍을 나누기하여 위치를 표시해 주면 된다.

❼ 제일 먼저 그려준 베라(혀)의 기장을 정하여 스케치한다. B선에서 토 방향으로 15mm 떨어진 지점에 수직으로 1cm 내려간 지점에 베라(혀) 디자인이 시작되며 그 지점을 기준으로 베라의 모형을 스케치한다.

✱ 베라의 하단 폭은 1cm 정도가 적당하며 너비가 두꺼워질수록 부착하기가 용이하지 않다. 다만 최근에는 특수 소재를 이용하여 폭이 1cm 이상 되는 두꺼운 베라 디자인도 많이 볼 수 있다.

❽ B선 상단에서 시작하여 B선을 따라 그리다가 1cm 사각형 꼭지점을 통과시킨다. 먼저 굽기장의 굽자리를 측정해 남화 굽기장 9cm(여화 굽기장 7cm)를 표시한다. 1cm 사각형을 통과한 선을 굽자리 표시점에 곡선으로 연결하여 앞날개 선을 완성시킨다. 전체적인 선의 흐름이 자연스럽고 부드러워야 한다.

step 01 옥스퍼드 스탠더드를 그리고 센터 포인트, 뒤축높이점을 그려준다.

step 02 센터 중심선 상단 부분에서 10mm 떨어진 곳에 B점을 표시한다.

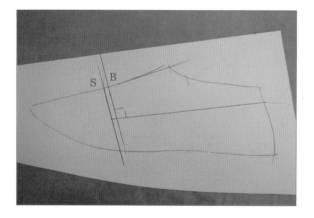

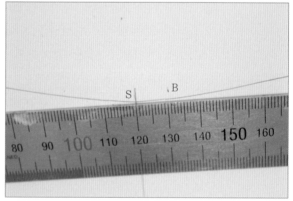

step 03 표시한 점에서 아래로 직선을 그어준다. step 01 과 같이 B선과 뒤축높이점 일직선 위에 1cm 사각형을 그린다.

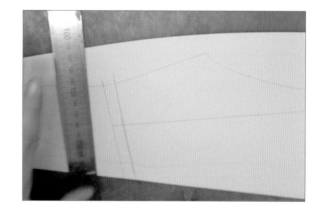

step 04 라스트 상단을 2mm 줄여서 표시한다. (설계도에서 B-O도 표시)

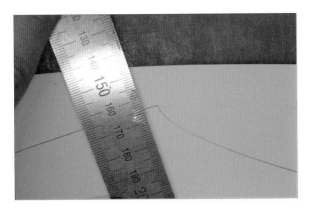

step 05 라스트 상단 2mm 표시점과 중심선 가장 낮은 부분을 쇠자를 대고 그린 모습

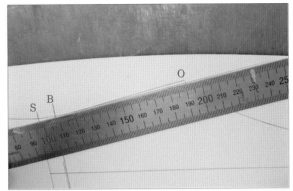

step 06 B선을 기준으로 뒷날개 시작점과 베라 위치점을 표시한다. 뒷날개 시작점에서 베라 기장 1.5cm 위치에 베라 시작점을 표시한다.

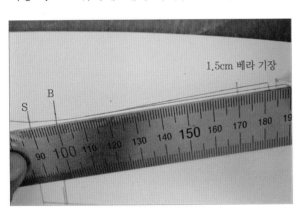

step 07 뒷날개 시작점과 베라 시작점을 표시한 모습이다. 뒷날개 시작점은 남화 : 구멍수 +2cm=7cm, 여화 : 구멍수+1cm=6cm이다.

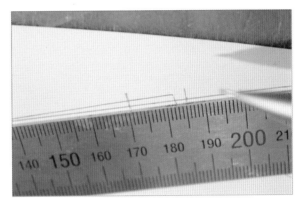

step 08 쇠자를 직각으로 맞추고 베라(혀) 너비 3cm를 표시한다.

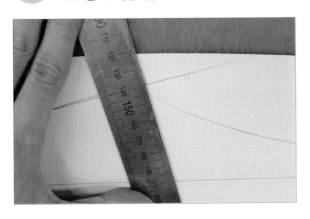

step 09 B선을 따라 3cm 너비를 표시한 후 직선으로 그린다.

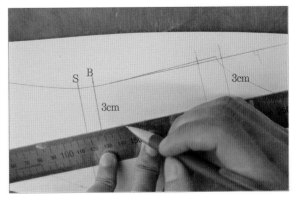

step 10 B선 ½ 지점에서 뒤축선 방향으로 1cm 사각형을 그려준다.

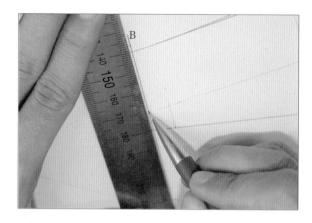

step 11 라스트 중심선과 B선에 맞추어 1cm 사각형이 완성된 모습

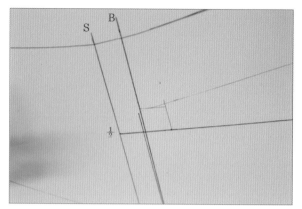

step 12 베라의 각진 부분을 둥글게 스케치한다.

step 13 뒷날개 시작점을 기준으로 베라 하단 3~4mm 위치를 통과시킨다.

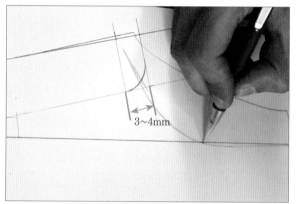

step 14 통과한 선을 라스트 중심선 2~3mm 하단으로 부드럽게 연결하여 뒤축높이점과 일치시킨다.

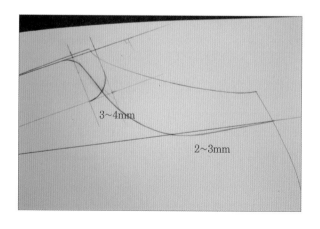

step 15 끈 구멍 위치 표시 방법이다. BO선 아래로 1cm 떨어져 수평선을 그린다.

step 16 B선에서 10mm 위치점을 표시하고 뒷날개 선에서 앞으로 12mm 지점에 표시한다.

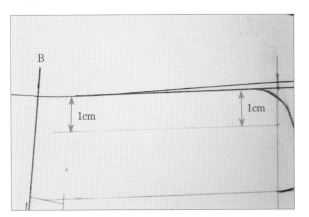

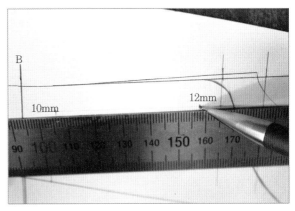

step 17 나머지 구멍 위치점을 나누어서 표시한다.

step 18 B선을 기준으로 하여 하단으로 15mm 떨어진 지점에서 수직으로 1cm 내려가 베라(혀)가 시작된다.

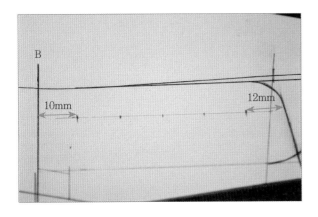

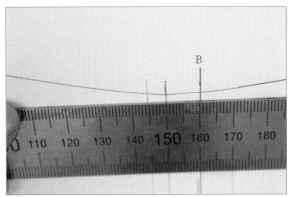

step 19 베라 형태를 스케치한다.

step 20 베라(혀) 스케치가 완성된 모습

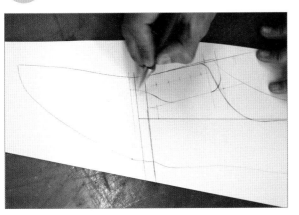

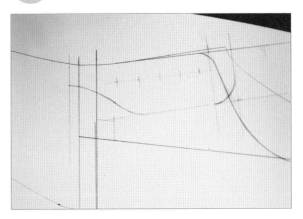

step 21 앞날개 그리기 B선 상단에서 시작하여 B 선을 따라 그리다가 1cm 사각형 꼭지점을 통과시킨다.

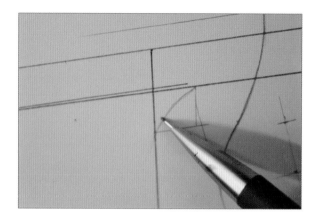

step 22 남화 굽기장은 뒤축중심선 라스트 하단에서 앞으로 9cm를 표시한다. 여화 굽기장은 뒤축중심선 라스트 하단에서 앞으로 7cm를 표시한다.

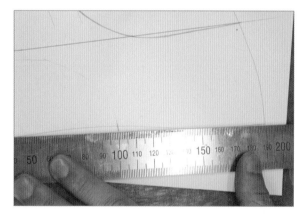
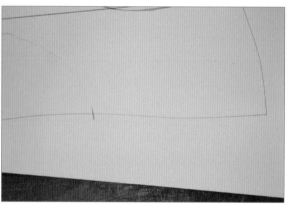

step 23 1cm 사각형을 통과한 선을 굽자리 표시점 에 곡선으로 연결하여 앞날개선을 완성시 킨다.

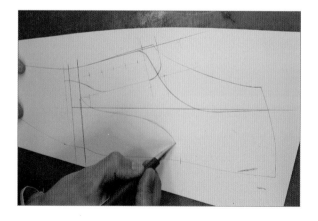

3 2차 스프링 작업

❶ 1cm 사각형 $\frac{1}{2}$ 지점에서 앞날개 선을 따라 칼질한다. 이때 남화는 4mm, 여화 2mm를 벌려준다.(이렇게 벌려진 점을 E점이라고 한다.) 벌려진 부분을 스카치테이프로 앞뒤로 고정시킨다.

❷ 스프링으로 벌어진 상단 E점과 라스트 토의 가장 돌출된 부분을 일직선으로 그린다. E에서 F 쪽으로 그린 일직선을 따라 전체 외곽선을 칼질하여 분리한다.

❸ 디자인 선을 따라 칼질을 해 주는데 종이 제갑 시 연필로 내부 디자인 선을 따라 그릴 수 있도록 홈을 파준다. 연필로 그리기 할 수 없는 위치는 송곳으로 표시한다.

step 01 1cm 사각형 $\frac{1}{2}$ 지점에서 앞날개 선을 따라 직선으로 칼질한다.

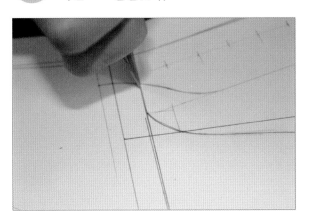

step 02 이때 남화 4mm(여화 2mm)를 중심선 위치에서 벌려준다.

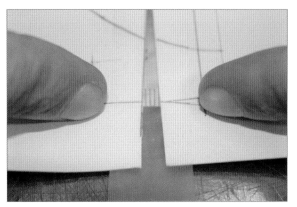

step 03 벌려진 부분을 스카치테이프로 앞뒤를 고정시킨다.

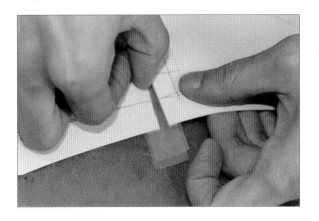

step 04 스프링으로 벌어진 상단과 라스트 토의 가장 돌출된 부분을 직선으로 그린다.

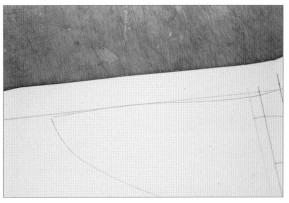

step 05 라스트 토와 스프링으로 벌어진 상단을 직선으로 그린다.

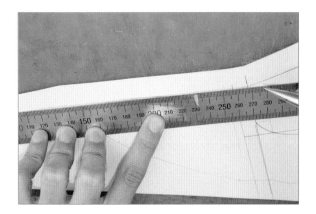

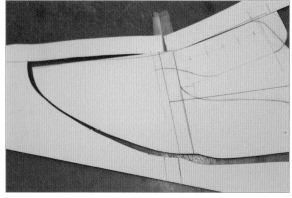
step 06 일직선을 따라 전체 외곽선을 칼질한다.

step 07 외곽선을 따라 칼질하여 분리시킨 모습

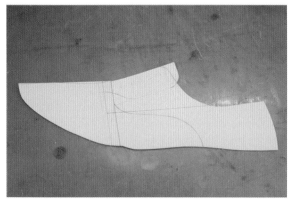

step 08 디자인 선을 따라 칼질한다.

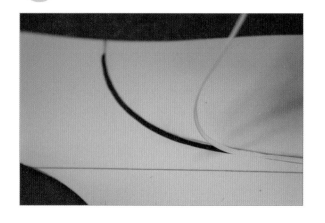

step 09 내부 디자인 선을 따라 그릴 수 있도록 홈을 파준 후 연필로 그릴 수 없는 부분은 송곳으로 표시한다. 오른쪽은 디자인이 완성된 모습이다.

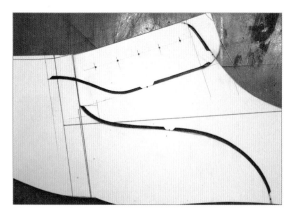

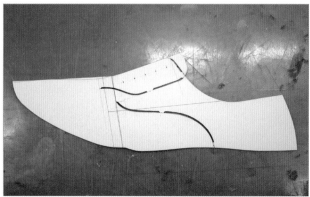

4　종이 제갑 만들기

❶ 종이 제갑용 패턴 종이를 반으로 접어서 볼펜을 사용하여 중심선을 그린 후 패턴을 일직선에 맞추어 앞날개 전체를 그린다. 스프링 작업한 부분은 스카치테이프 때문에 그릴 수 없으므로 송곳을 이용하여 벌어진 상단을 따라 점으로 표시한다. 송곳으로 표시한 부분을 연필로 자연스럽게 스케치한다. 그려진 앞날개 선을 따라 칼질하여 분리하고 라스트 외곽선은 15mm 정도 골밥을 주어 칼질 후 분리한다.

❷ 종이 제갑용 패턴 종이를 반으로 접어서 뒷날개 패턴을 대고 전체를 그린다. 이때 송곳으로 구두끈 구멍을 점으로 표시한 후 앞날개와 뒷날개 연결 부분의 시접 8mm를 살려서 칼질하여 분리한다. 패턴의 뒤축선 상단 2mm를 줄여서 칼질한 후 뒷날개 전체를 칼질하여 분리시킨다.

❸ 종이 제갑용 패턴 종이를 반으로 접은 후 패턴을 일직선에 맞추어 베라를 그린 다음 그려진 베라 모양을 따라 칼질하여 분리한다. 뒷날개의 시접 중 1cm 사각형을 지나가는 부분에 1cm 간격으로 3개 정도 칼금을 넣어준다. 스프링 작업을 하였기 때문에 칼금을 넣어야만 패턴에 자연스럽게 부착이 된다.

❹ 뒷날개 패턴 시접 부분을 풀칠한 후 뒷날개 패턴 위에 앞날개 패턴을 올려놓고 중심선을 맞추고 뒷날개 패턴을 움직이면서 부착한다. 안쪽을 먼저 부착한 다음 바깥쪽 패턴도 같은 방법으로 풀칠하여 부착한다. 뒤축선 힐 커브 위에 스카치테이프를 두 번으로 나누어 상하로 부착한다. $\frac{1}{2}$만 부착한 스카치테이프를 6~7mm 간격으로 칼금을 넣어준 뒤 패턴을 떼어내어 반대로 뒤집는다. 송곳을 눕혀 스카치테이프를 겹쳐진 패턴에 잘 부착시켜 종이 제갑을 완성한 후 패턴 안쪽에 베라(혀)를 풀칠하여 부착한다.

step 01 종이 제갑용 패턴 종이를 반으로 접어서 앞날개 패턴을 대고 전체를 그린다.	**step 02** 스프링 작업한 부분은 스카치테이프 때문에 그릴 수 없으므로 송곳을 이용하여 벌어진 상단을 따라 표시한다.

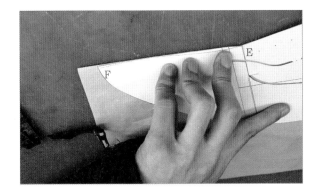

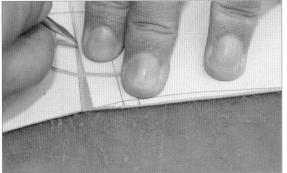

step 03 송곳으로 표시한 부분을 연필로 자연스럽게 스케치한다.

step 04 앞날개 선을 따라 칼질하여 분리하고 라스트 외곽선은 15mm 정도 골밥을 주어 칼질한다.

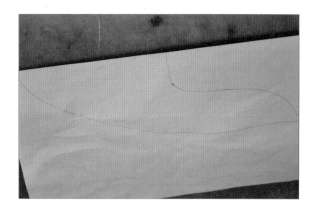

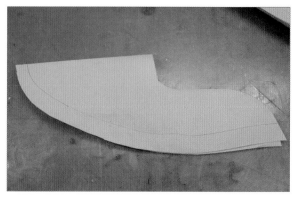

step 05 칼질하여 분리한 앞날개 패턴 모습

step 06 종이 제갑용 패턴 종이를 반으로 접어서 뒷날개 패턴을 대고 전체를 그린다. 이때 송곳으로 구두끈 구멍을 점으로 표시한다.

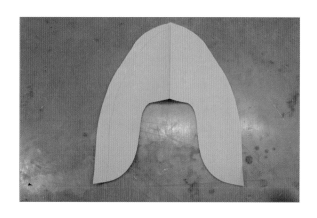

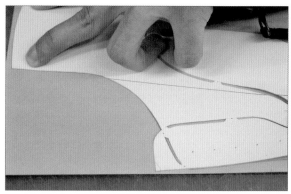

step 07 뒷날개 패턴 전체를 그린 모습

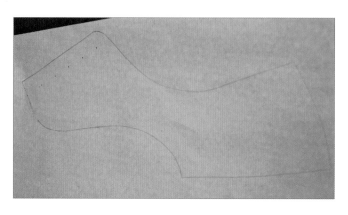

| step 08 | 앞부분과 결합하는 뒷날개 시접 8mm를 살려서 칼질한다. | step 09 | 패턴의 뒤축선 상단 2mm를 줄여서 칼질한다. |

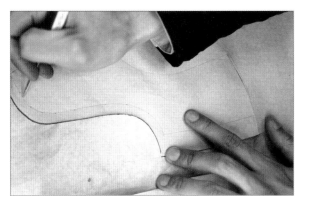
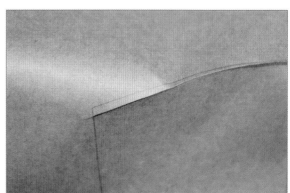

| step 10 | 뒷날개 전체를 칼질하여 분리시킨 모습 | step 11 | 뒷날개 좌우 패턴 모습 |

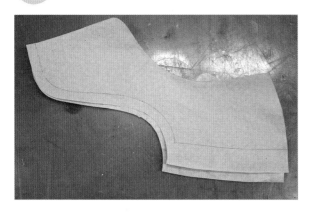
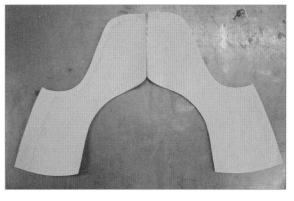

| step 12 | 앞부분 패턴과 뒷날개 패턴이 완성된 모습 | step 13 | 종이 제갑용 패턴 종이를 반으로 접은 후 패턴을 직선에 맞추어 베라(혀)를 그린다. |

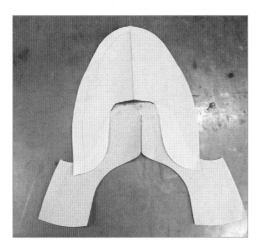

step 14 그린 베라 모양을 따라 칼질하여 분리한다.

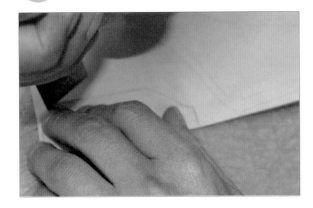

step 15 완성된 베라(혀)의 모습

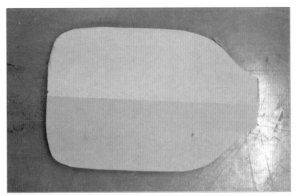

step 16 뒷날개 시접 중 1cm 사각형을 지나가는 부분에 1cm 간격의 칼금을 3개 넣어준다.

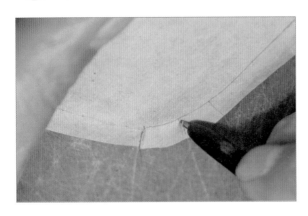

step 17 시접 부분을 풀칠한다.

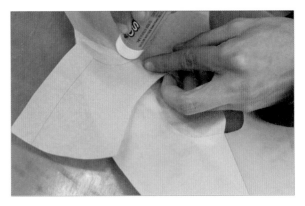

step 18 뒷날개 위에 앞부분을 올려놓고 중심에 맞추어 뒷날개 패턴을 움직이면서 부착한다. 이때 안쪽을 먼저 부착한다.

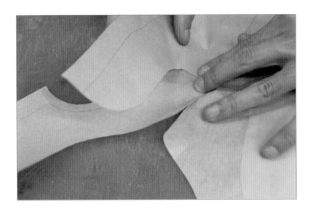

step 19 바깥쪽 패턴도 같은 방법으로 부착한다.

step
20
부착하는 과정 모습

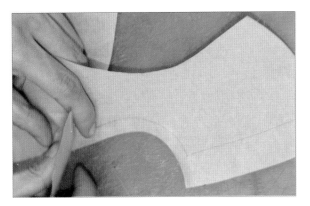

step
21
뒤축선 위에 스카치테이프를 두 번으로 나누어 상하로 부착한다.

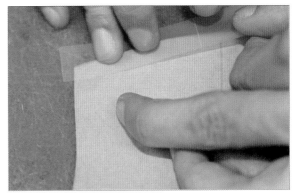

step
22
$\frac{1}{2}$만 부착한 스카치테이프를 6~7mm간격으로 칼금을 넣어준다.

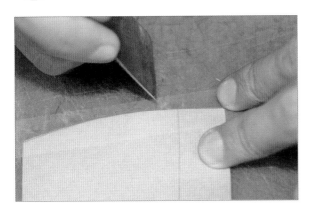

step
23
송곳을 눕혀 스카치테이프를 겹쳐진 패턴에 밀착시키면서 부착한다.

step
24
종이 제갑 패턴 안쪽에 베라를 풀칠하여 부착한다.

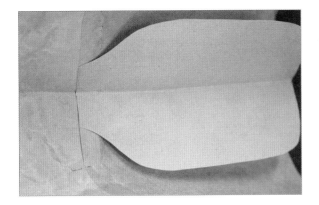

5 종이 제갑 골씌움하기

① 종이 제갑을 최대한 부드럽게 만들어준다. 특히 발등과 골밥 부분은 더 많이 문질러준다. 힐 커브 뒤축높이점에 패턴을 맞추고 스카치테이프로 고정시킨다. 라스트를 뒤집어서 바닥면 외곽선을 따라 풀칠한다.

② 작업자의 배쪽으로 라스트를 밀착시키고 라스트 토 방향으로 패턴을 당기면서 좌우 선심 부분을 우선 골씌움한 다음 라스트 토 부분을 당기면서 골씌움한다. 라스트 바깥쪽 A점에서 시작하여 2cm 간격으로 굽자리까지 가위질한 다음 안쪽은 B점에서 동일한 방법으로 가위실한다. 패턴의 톱라인이 밀착되도록 당겨서 왼손으로 누른 후 오른손으로 골씌움을 완성한다. 이때 뒤축선 하단에 여분이 생겼을 경우 여분이 없도록 수정하며, 톱라인과 앞 날개선에 연필로 스티치를 표시하고 구두끈도 그려준다.

③ 종이 제갑 골씌움이 완성되면 전체적인 느낌을 검토하고 수정할 부분은 연필로 수정한다. 라스트 바닥면 외곽선을 연필로 그리고 안쪽 아치 부분은 중창 패턴을 대고 그린 다음 뒤 축선을 칼질하여 패턴을 라스트에서 분리한다. 패턴을 떼어낼 때 바깥쪽의 A점과 안쪽의 B점을 패턴에 표시한다.

④ 분리한 패턴의 바닥 외곽선을 따라 칼질하여 분리한 다음 패턴의 앞날개와 뒷날개의 연결 부분을 따라서 칼질하여 분리시킨다. 패턴 종이에 앞날개 전체를 풀칠하여 지그재그 방식으로 밀면서 주름 없이 부착시킨 후 뒷날개도 풀칠하여 패턴 종이에 부착한다.

step 01 힐 커브 뒤축선 높이점에 패턴을 맞추고 스카치테이프로 고정시킨다.

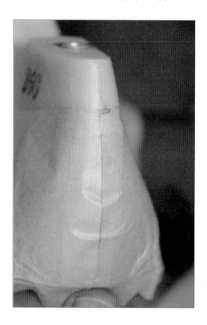

step 02 라스트를 뒤집어서 바닥면 외곽선을 따라 풀칠한다.

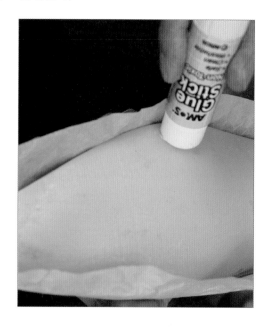

step 03 작업자의 배쪽으로 라스트를 밀착시키고 라스트 토 방향으로 패턴을 당기면서 골씌움한다.

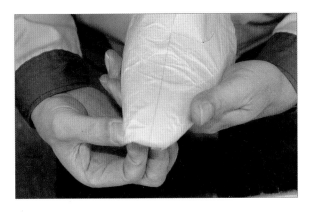

step 04 바깥쪽 A점 지점부터 2cm 간격으로 굽자리까지 가위질해 준다. 안쪽은 B점 지점에서 동일한 방법으로 가위질 한다.

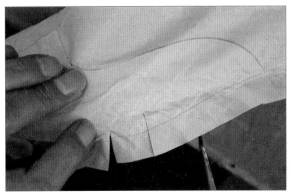

step 05 패턴의 톱라인이 밀착되도록 당겨서 왼손으로 누른 후 오른손으로 골씌움을 완성한다.

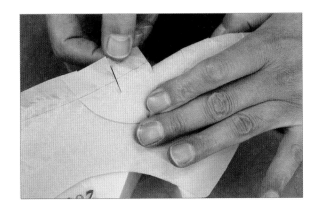

step 06 톱라인과 앞날개선에 연필로 스티치를 표시하고 구두끈을 그려준다.

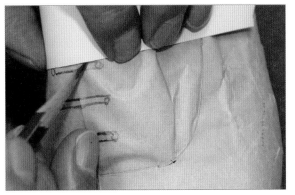

step 07 종이 제갑 골씌움이 완성된 모습이다. 전체적인 느낌을 검토하고 수정할 부분은 연필로 수정한다.

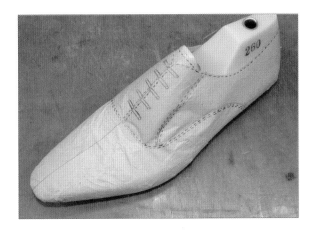

step 08 수정 후 옥스퍼드 스타일의 종이 제갑 골 씌움이 완성된 모습이다.

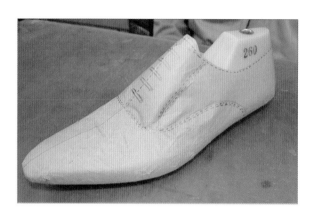

step 09 라스트 바닥면 외곽선을 연필로 그리고 안쪽 아치 부분은 중창 패턴을 대고 그린다. 뒤축선을 칼질하여 패턴을 라스트에서 분리한다.

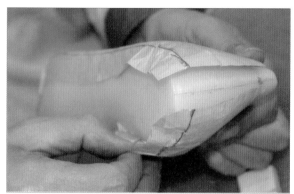

step 10 패턴을 떼어낼 때 바깥쪽의 A점과 안쪽의 B점을 패턴에 표시한다.

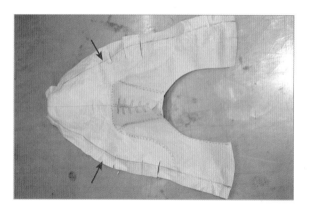

step 11 분리한 패턴의 바닥 외곽선을 따라 칼질하여 분리한다.

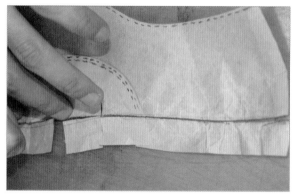

step 12 패턴의 앞날개와 뒷날개의 연결 부분을 따라 칼질하여 분리시킨다.

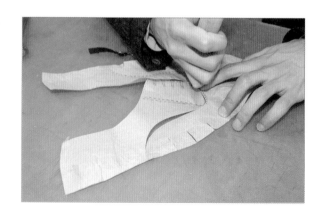

step 13 칼질하여 분리시킨 앞날개 모습

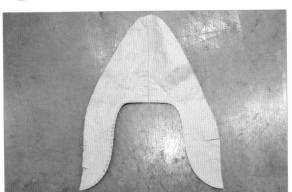

step 14 칼질하여 분리시킨 뒷날개 모습

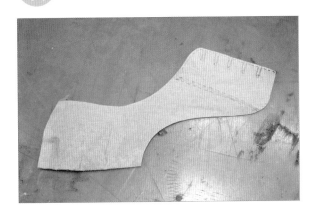

step 15 패턴 종이에 앞날개 전체를 풀칠하여 주름 없이 지그재그 방식으로 밀면서 부착시킨다.

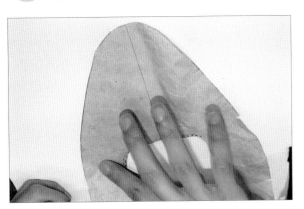

step 16 뒷날개도 풀칠하여 패턴 종이에 부착한다.

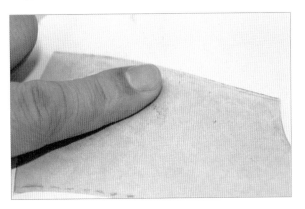

6 패턴 완성하기

❶ 라스트 토 부분은 15mm 골밥을 포함하여 6cm 지점의 직각 좌우 18mm를 점으로 표시한다. 토에서 15→16→17→18(선심 위치)→20→22(A, B점)→25→22(뒤축선)까지 자연스럽게 연결한다. 안쪽도 같은 방법이다.

❷ 앞날개 패턴 선을 칼질하여 뒷날개에 맞추고 골밥선이 서로 맞는지 확인하여 수정한 다음 좌우 같은 방법으로 수정한다. 뒷날개 패턴의 연결 부분 시접 8mm를 살려주고, 뒷날개 구두끈 구멍 상단을 2mm 살려준 후 다시 자연스럽게 스케치한다. 이 과정은 골씌움할 때 벌어지는 현상을 보완하기 위한 것이다.

❸ 뒷날개 패턴의 톱라인을 칼질하여 분리한 후 힐 커브 뒤축선의 하단에 월형 공간 1.5mm 를 바깥쪽과 안쪽 모두 하단만 살려서 칼질하여 떼어낸다. 8mm 살려준 연결 부분 시접도 칼질하여 분리한다.

❹ 새로운 패턴 종이에 중심선을 맞추어 전체를 그린 후 그려진 선을 따라서 전체를 칼질하고 분리하여 앞날개 패턴을 완성한다. 뒷날개 패턴도 새로운 패턴 종이에 그린 후 선을 따라 전체 칼질하여 뒷날개 패턴을 완성한다.

step 01 라스트 토 부분 15mm를 점으로 표시한다.

step 02 15mm를 포함하여 6cm 지점의 직각 좌우 18mm를 점으로 표시한다.

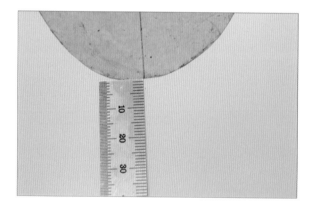

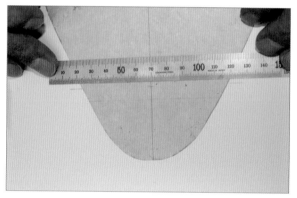

step 03 각 위치별 골밥(남화 기준)이다. 15-16-17-18(선심 위치)-20-22(A, B점)-25-22(뒤축선)

step 04 앞날개 패턴 선을 칼질하여 뒷날개에 맞추고 골밥선이 서로 맞는지 확인하여 수정한 후 좌우 같은 방법으로 수정한다.

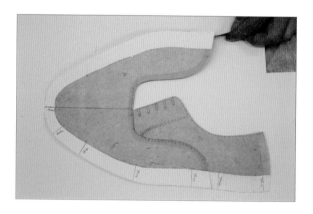

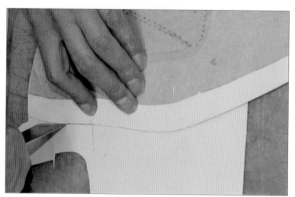

step 05 뒷날개 패턴의 연결 부분 시접 8mm를 살려준다.

step 06 뒷날개의 상단을 2mm 살려서 다시 자연스럽게 스케치한다.

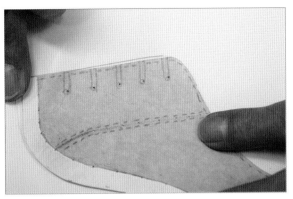

step 07 뒷날개 패턴의 톱라인을 칼질하여 분리한다.

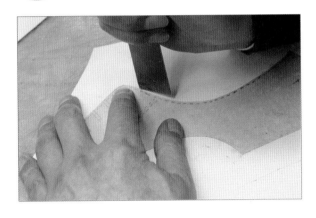

step 08 힐 커브 뒤축선 하단 부분은 월형 공간 1.5mm를 살려주고 칼질하여 분리한다.

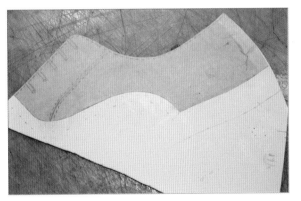

step 09 8mm 살려준 연결 부분 시접도 칼질하여 분리한다.

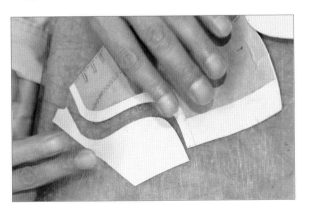

step 10 새로운 패턴 종이에 중심선을 맞추어 전체를 그린다.

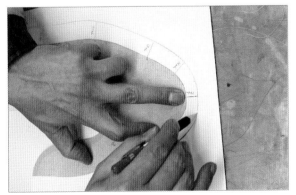

step 11 그려진 선을 따라 전체 칼질하여 분리하고 앞날개 패턴을 완성한다. 이때 뒷날개 패턴도 동일하게 완성시킨다.

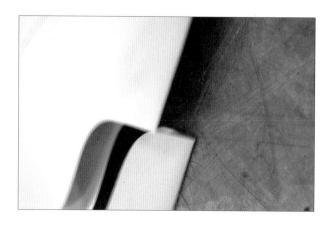

7 내피 패턴 완성하기

❶ 앞날개 패턴과 뒷날개 패턴을 반으로 접어서 연결한 후 전체 외곽선을 그린다.
❷ 뒷날개 톱라인만 홈칼질밥 5mm를 살려준다.
❸ 패턴용 지활재를 뒤축선과 5mm 홈칼질밥에 맞추어 그려준 다음 하단 지활재 끝부분을 내피쪽과 자연스럽게 연결한다.
❹ 앞날개 시작선 하단으로 15mm 위치에 점을 표시하고 대각선으로 선을 그어 앞부분 패턴을 만들어준다. 이때 덧붙임 시접 8mm만 살려주면 된다. 시접 8mm 끝부분 각을 만들어 칼질하고 패턴 위치를 표시해 준다.

step 01 앞날개 패턴과 뒷날개 패턴을 반으로 접어서 연결한 후 전체 외곽선을 그린다. 뒷날개 톱라인만 홈칼질밥 5mm를 살려준다.

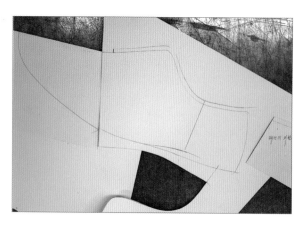

step 02 패턴용 지활재를 뒤축선과 5mm 홈칼질밥에 맞추어 그린 후 하단 지활재 끝부분을 내피 쪽과 자연스럽게 연결한다.

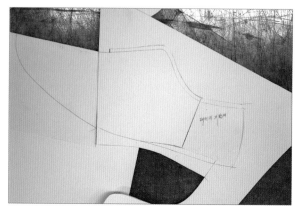

step 03 앞날개 시작선 하단으로 15mm 위치에 점을 표시하고 대각선으로 선을 그어서 앞부분 패턴을 만들어준다. 이때 시접 8mm만 살려주면 된다.

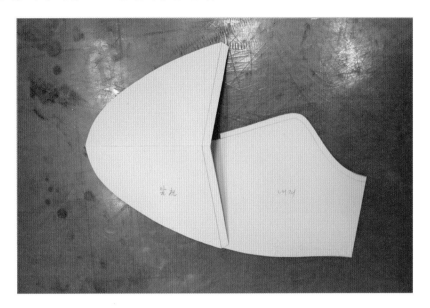

step 04 완성된 외피 패턴 모습이다. 안쪽은 V홈을 표시한다. 이때 라스트 번호와 사이즈 번호를 패턴의 안쪽에 기입한다.

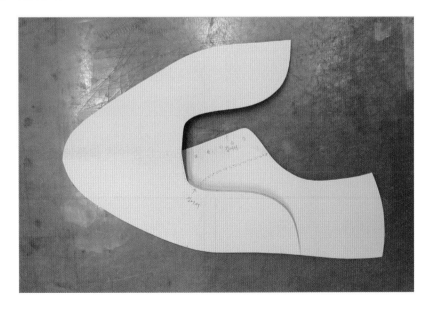

step 05 외피 패턴과 내피 패턴의 완성 모습(내피 패턴에도 안쪽에 라스트 번호와 사이즈 번호를 기입하고 내피라고 적는다.)

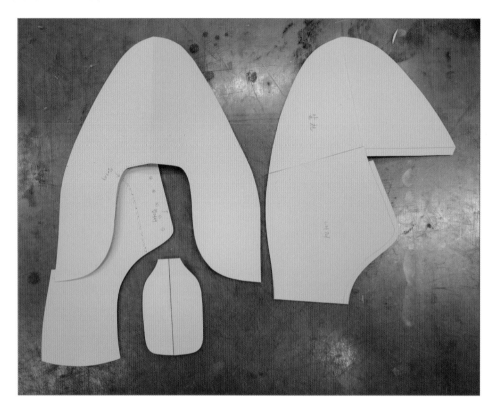

* 골밥 토 부분의 여유분은 남성화 패턴에서 15mm, 여성화 패턴에서 12mm를 기준으로 한다. 여성화보다 남성화 패턴에 3mm를 더 주는 이유는 남성화 가죽 두께가 여성화보다 더 두껍기 때문이다. 기본 두께는 여성화 0.8~1.1mm, 남성화 1.2~1.5mm이다.

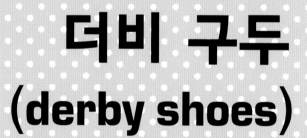

더비 구두
(derby shoes)

1 더비 스탠더드 패턴 만들기

❶ 스탠더드 W 패턴을 패턴 종이에 그려 더비 스탠더드로 변형시킨 다음 센터 포인트 상단에 쇠자를 직각으로 대고 센터 중심선을 그린 후 센터 중심선의 기장의 $\frac{1}{2}$ 지점을 표시한다.

❷ $\frac{1}{2}$ 중심점 양쪽으로 1mm씩 남기고 상하를 칼로 절단하여 하단을 남화 4mm(여화 2mm)로 벌어지게 한다. 뒷날개가 앞날개 위로 올라오게 한 후 스카치테이프를 벌어진 부분 전체에 부착한 다음 전체를 칼질하여 분리한다.

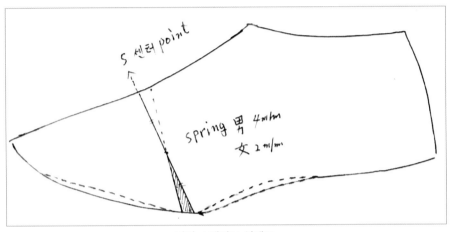

더비 스탠더드 설계도

2 더비 디자인하기

❶ 더비 스탠더드를 패턴 종이에 그린 후 센터 포인트와 골밥선 바깥 라인을 점으로 표시한 다음 센터 포인트 상단에 쇠자를 직각으로 대고 볼펜으로 그린다. 센터 중심선 기장을 측정하여 $\frac{1}{2}$ 지점 F점과 뒤축점 G점까지 직선으로 연결한다. (B선은 S에서 5mm 또는 10mm 중 선택하여 사용한다.)

❷ 스탠더드 상단을 2mm 줄여서 센터 포인트와 직선으로 연결한다.(S−O선 : 더비 기본 설계도 참조) 센터 중심선에서 5~10mm 간격을 두고 센터 중심선과 평행하게 B선을 그린다. B선은 센터 포인트에서 5mm 떨어진 간격선을 이용할 경우 구두의 앞체 기장이 짧게 보이게 되며 10mm 간격을 이용할 경우 구두 앞체 기장이 길어 보이게 되어 구두의 전체적인 느낌을 좌우하는 중요한 라인으로 작용한다. S선에서 5mm 또는 10mm 중 의도한 디자인에 따라 선택하여 사용하면 된다. B선을 10mm로 선택할 경우 구두의 앞체가 길어 보이는 장점이 있으나 라스트 발등 공간이 많아지므로 종이 패턴 골씌움 시 라스트 발등 부분을 밀착시키기 어려운 단점이 있다. 라스트 발등의 곡선을 살펴서 짧게 또는 길게 이용할 것을 정하면 된다.

❸ B선과 F−G 수평선 위에 1cm 사각형을 만들어준다. B선에서 뒷날개 시작점을 표시한다. 여성화 구멍수+1cm = 여성화, 남성화 구멍수+2cm = 남성화가 뒷날개 시작점이다.

여성화 : 3cm 위치에 점을 표시한 후 베라 기장 1.5cm 를 표시한다.
남성화 : 4cm 위치에 점을 표시한 후 베라 기장 1.5cm 를 표시한다.

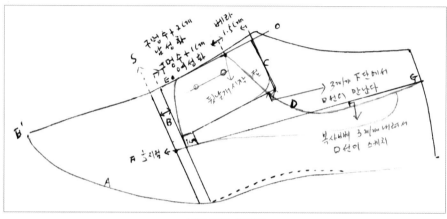

더비 구두 설계도

❹ 위에서 정한 베라 위치에서 3cm 내리고 B선 상단에서도 3cm 내려 직선으로 연결한 다음 베라 끝지점을 둥글게 스케치한다.

❺ 뒷날개 시작점에서 시작하여 베라 끝지점 각진 부분에서 3mm 아래 위치로 D선을 통과 시킨 후 복사뼈 위치인 뒤축선 5cm 지점 하단으로 3mm 내려 뒤축높이점까지 연결한다. 1cm 사각형 끝지점에서 시작하여 뒷날개 양쪽을 그려 뒷날개 전체를 완성한다.

❻ 다음은 2차 스프링 순서이다. B선 사각형 시작점과 F-G 선 수평 중심선에서 1mm 남기고 위로는 앞날개선을 절단하고 아래로는 B선을 절단하여 뒷날개가 위로 올라오게 한 후 남 화 4mm(여화 2mm)를 하단에서 벌려 스카치테이프로 전체를 고정시킨다.

❼ 라스트 중심선과 앞날개가 만나는 지점에서 2mm를 올려서 E점을 표시한다. 이때 뒷날개 구두끈 구멍을 점으로 표시한다. 표시한 E점과 라스트 중심선 중 제일 높은 콧등 부분을 연결해 E-E1을 완성한다.

❽ E-E1 선과 뒷날개 만나는 지점에서 베라 기장 1.5cm를 나아간 지점을 점으로 표시한다. 수직으로 3cm 내리고 B선에서 3cm 내려 직선으로 연결한 후 2차 스프링으로 옮겨진 베라 의 위치를 새로 그려준다. 베라 끝을 둥글게 스케치하여 새로운 베라를 그린 후 먼저 만든 베라는 지우개로 지워준다.

❾ 다음은 패턴 외곽선을 칼로 절단하여 분리한다. 뒤축선에서 25mm 위치에 점을 표시하여 그 지점부터 뒷날개 하단선을 그려나간다. B선 사각형 하단 모서리 지점에서 시작해 자연 스럽게 연결한다. 이때 뒤쪽은 톱라인과 최소한 1cm 폭은 되어야 안정감이 있다.

❿ 뒤축 골밥선에서 굽기장 7cm를 점으로 표시하고, 상단은 굽기장 7cm 보다 1cm 작은 6cm 정도로 절개선을 긋는다. 패턴을 대고 그리기 용이하게 디자인 선을 칼질하여 홈을 만들어 준다.

step 01 베라 위치에서 3cm 내리고 B선 상단에서도 3cm 내려 직선으로 연결한 다음 베라 끝지점을 둥글게 스케치한다.

step 02 1cm 사각형 끝지점에서 시작하여 뒷날개 앞쪽을 그려 뒷날개 전체를 완성한다.

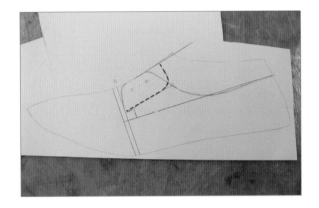

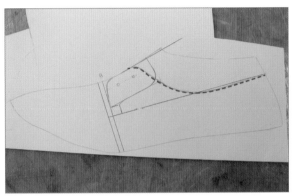

step 03 B선 사각형 시작점과 F-G선 중심선에서 1mm 남기고 위로는 앞날개선을 절단하고 아래로는 B선을 절단하여 뒷날개가 위로 올라오게 한 후 남화4mm(여화 2mm)를 벌려서 스카치테이프로 전체를 고정시킨다.

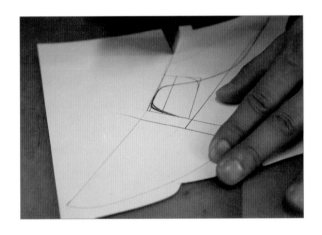

step 04 칼질하여 남화 4mm를 벌려서 스카치테이프로 고정시킨다(2차 스프링 작업).

step 05 앞날개 선을 따라 칼질하여 뒷날개가 위로 올라오게 한 후 하단을 벌린 모습이다.

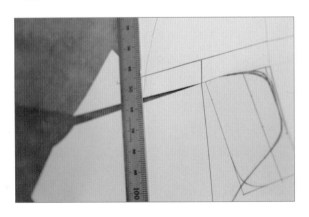

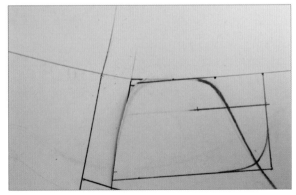

step 06 남화 4mm(여화 2mm)를 벌려서 스카치테이프로 고정시킨 모습

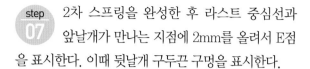 **step 07** 2차 스프링을 완성한 후 라스트 중심선과 앞날개가 만나는 지점에 2mm를 올려서 E점을 표시한다. 이때 뒷날개 구두끈 구멍을 표시한다.

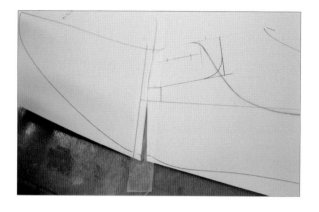

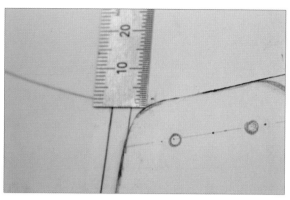

 step 08 표시한 E점과 라스트 중심선 중 제일 높은 지점 콧등 부분을 연결해 E–E1을 완성한다.

step 09 E–E1 직선을 그린다.

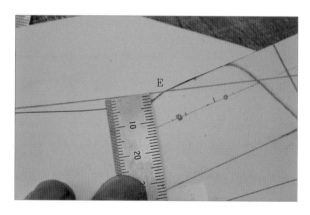

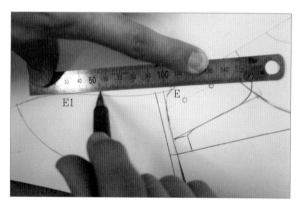

step 10 E–E1선과 뒷날개가 만나는 지점에서 베라 기장 1.5cm를 나아간 지점을 점으로 표시한다. 수직으로 3cm 내리고 B선에서 3cm 내려 직선으로 연결한 후 2차 스프링으로 옮겨진 베라의 위치를 새로 그려준다.

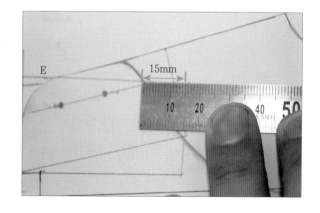

step 11 베라에서 1.5cm 위치에서 수직으로 3cm 내려 긋고 B선에서 3cm 위치점을 표시한다.

 step 12 B선에서 3cm 위치와 수직으로 내려 그린 3cm 선을 수평으로 그린다.

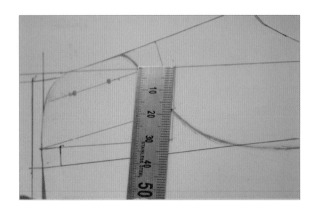

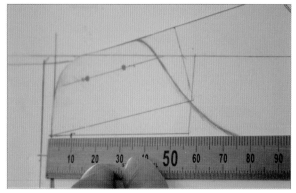

 step 13 베라 끝지점을 둥글게 스케치하여 새로운 베라를 그린 후 먼저 만든 베라는 지우개로 지워준다.

step 14 전체 외곽선을 칼로 절단하여 분리한다.

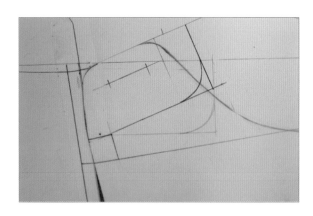

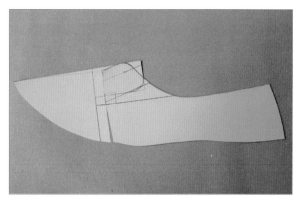

step 15 뒤축선에서 25mm 위치에 점을 표시한다.

step 16 25mm 위치점에서 시작하여 뒷날개 밑선을 그린다.

step
17
B선 사각형 F점에서 시작한 선과 자연스럽게 연결한다. 이때 뒤쪽은 톱라인과 최소한 1cm 폭이 되어야 안정감이 있다.

 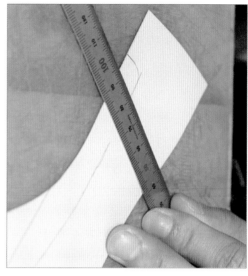

step
18
뒤축 골밥선에서 굽기장 7cm를 점으로 표시한다.

step
19
상단은 굽기장 7cm보다 1cm 작은 6cm 정도로 절개선을 그린다.

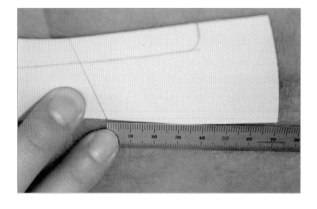 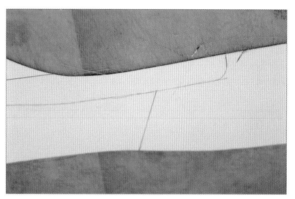

step
20
패턴을 대고 그리기 용이하게 디자인 선을 칼질하여 홈을 만들어준다.

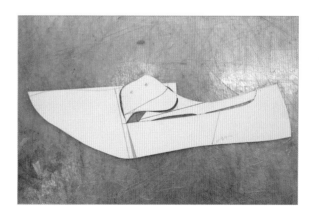

3 더비 종이 제갑 만들기

❶ 종이 제갑용 패턴 종이를 반으로 접은 선을 볼펜으로 그린 후 다시 접은 중심선에 패턴 앞 날개를 맞추어 패턴 외곽선을 그린 다음 베라선과 뒷날개 하단선을 그린다. 그리기가 어려운 부분은 송곳으로 표시하여 스케치한다. 이때 뒤축선 상단을 2mm 줄이고 패턴 외곽선에 골밥 15mm를 살려서 칼질하여 분리한다.

❷ 종이 제갑용 패턴 종이를 반으로 접은 후 패턴을 대고 뒷날개 전체를 그린다. 이때 구두끈 구멍도 표시한다. 뒷날개 전체를 그린 다음 이음선 부분에 덧붙임 시접 7mm를 살려주고 송곳으로 연결 부분을 표시한 후 뒷날개 전체를 칼질하여 분리한다.

❸ 바깥쪽 뒷날개 시접 부분에 풀칠을 하고 앞날개 패턴을 위로 얹어 선을 따라 부착한 다음 안쪽 뒷날개 시접 부분에 풀칠을 하고 앞날개 패턴을 위로 얹어 선을 따라 부착한다.

❹ 뒤축 중심선 힐 커브에 스카치테이프를 붙여 칼금을 넣은 후 송곳으로 반대편 패턴과 잘 밀착시킨다. 종이 제갑이 완성되었으면 두 손으로 부드럽게 문질러서 골씌움이 잘 되게 만든다.

step 01 종이 제갑용 패턴 종이를 반으로 접은 중심선에 패턴 앞날개를 맞추어 패턴 외곽선을 그린 후 베라선과 뒷날개 하단선을 그린다.

step 02 이때 뒤축선 상단을 2mm 줄이고 패턴 외곽선에 골밥 15mm를 살려서 칼질하여 분리한다.

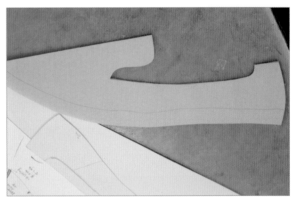

step 03 종이 제갑용 패턴 종이를 반으로 접은 후 패턴을 대고 뒷날개 전체를 그린다. 이때 구두 끈 구멍도 표시한다.

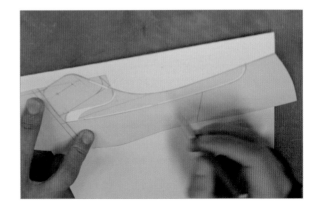

step 04 뒷날개 전체를 그린 후 이음선 부분에 덧붙임 시접 7mm를 살려주고 송곳으로 연결부분을 표시한다.

 step 05 뒷날개 전체를 칼질하여 분리한다.

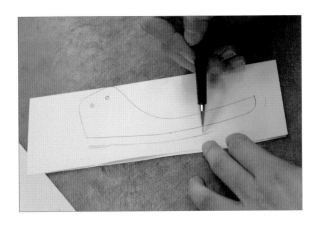

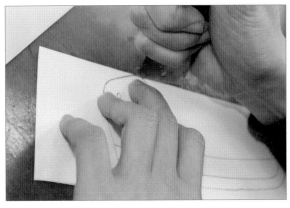

step 06 뒷날개를 칼질하여 분리한 모습

step 07 바깥쪽 뒷날개 시접 부분에 풀칠을 하고 앞날개 패턴을 위로 얹어 선을 따라 부착한다.

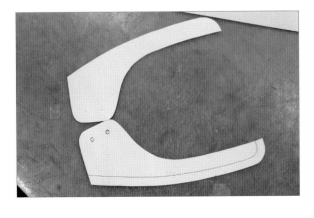

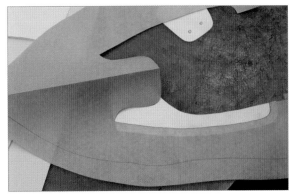

step 08 안쪽 뒷날개 시접 부분에 풀칠을 하고 앞날개 패턴을 위로 얹어 선을 따라 부착한다.

step 09 안쪽 뒷날개를 결합하는 모습

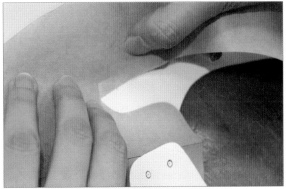

바깥쪽 뒷날개와 안쪽 뒷날개를 부착한 모습이다.

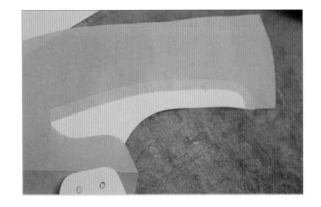

step 11 뒤축선 힐 커브 위치에 스카치테이프를 부착하여 칼금을 넣은 후 송곳으로 밀착시킨다.

step 12 종이 제갑이 완성되었으면 두 손으로 문질러서 골씌움이 잘 되게 한다.

4 종이 제갑 골씌움하기

❶ 종이 제갑 패턴을 라스트에 올려놓고 뒤축선에 맞추어 스카치테이프로 고정시킨 다음 작업자의 배쪽으로 라스트를 밀착시키고 라스트 바닥 외곽에 풀칠한다. 종이 제갑을 앞쪽 라스트 토 방향으로 당기면서 선심 위치 좌우까지 먼저 골씌움한다.

❷ 바깥쪽 A점에서 굽자리 전까지 2cm 간격으로 가위질하여 톱라인이 라스트에 밀착되도록 왼손으로 누르고 오른손으로 당기면서 자연스럽게 부착한다. 안쪽도 B점 위치 굽자리까지 동일한 방법으로 부착한다.

❸ 뒤축선 하단 부분에 여분이 있는지 확인한 후 여분이 있을 경우 라스트에 밀착되도록 수정하고, 굽자리 위치를 자연스럽게 골씌움한다. 골씌움이 완성되었으면 실물처럼 연필로 스티치를 그려 넣고, 톱라인 전체를 확인하여 수정할 부분이 있으면 수정한다.

❹ 연필로 라스트 바닥 외곽선을 그리고 안쪽 아치 부분은 패턴용 중창을 대고 그린 다음 종이 제갑 패턴을 라스트에서 분리시킨다. 뒤축선을 칼질한 후 골씌움 부분을 송곳으로 떼어낸 다음 패턴 전체를 떼어낸다. 이때 라스트의 바깥쪽 A점과 안쪽 B점을 종이 패턴에 표시하고 분리한 패턴의 골밥선을 칼질하여 정리한다.

step 01 종이 패턴을 라스트에 올려놓고 뒤축을 뒤축선에 맞추어 스카치테이프로 고정시킨다.

step 02 바깥쪽 A점에서 굽자리 전까지 2cm 간격으로 가위질하여 톱라인이 라스트에 밀착되도록 부착한다.

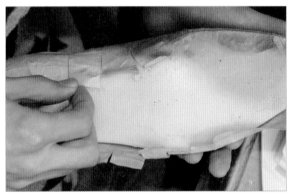

step 03 뒤축선 하단 부분에 여분이 있는지 확인하면서 자연스럽게 골씌움한다.

step 04 골씌움이 완성되었으면 실물처럼 연필로 스케치하여 표시한 후 톱라인 전체를 확인하여 수정할 부분은 수정한다.

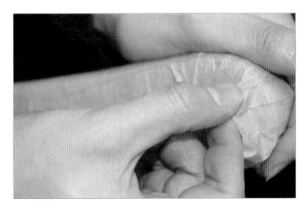
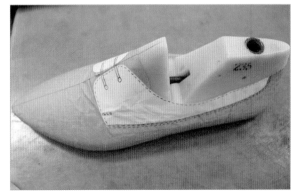

step 05 라스트 바닥선을 연필로 그린 후 안쪽 아치 부분은 패턴용 중창을 대고 그려준다.

step 06 뒤축선을 칼질한 후 골씌움 부분을 송곳으로 떼어낸 다음 패턴 전체를 떼어낸다.

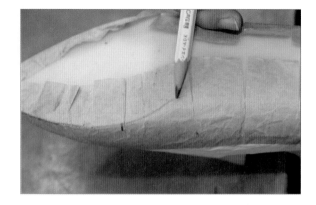

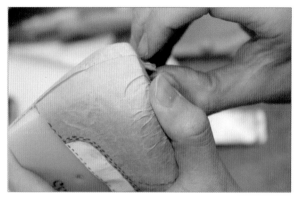

step 07 분리한 패턴의 골밥선을 칼질하여 분리한다.

step 08 패턴의 골밥선을 칼질하여 분리한 모습

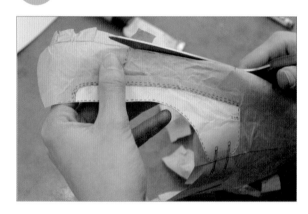

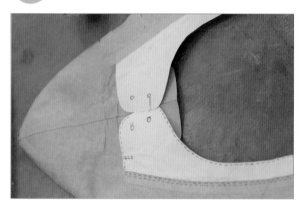

5 패턴 완성하기

❶ 안쪽 뒷날개와 바깥쪽 뒷날개를 칼질하여 분리시킨 다음 새로운 패턴 종이에 앞날개의 중심선을 지그재그로 밀면서 완전히 펴지게 부착한다. 풀칠한 패턴을 한번에 붙이지 말고 한 손으로는 들고 한 손으로는 밀면서 부착한다. 뒷날개 패턴을 풀칠하여 패턴 종이에 부착한 후 덧붙임 시접 7mm를 살려준 다음 패턴의 외곽선을 칼질하여 분리시킨다.

❷ 뒤축 힐 커브선에 하단 1.5mm를 살려서 좌우 패턴 동일하게 월형 공간을 만들어준다.

❸ 패턴 전체 외곽선에 골밥을 만들어준다. 토부터 12, 13, 14, 15, 16, 18, 20mm 너비로 굽자리까지 골밥을 주고 좌우 아치 부분은 2mm 정도 더 살려준다.

❹ 패턴 종이에 중심선을 그리고 패턴의 중심을 맞추어 전체를 그려준 후 패턴의 톱라인과 외곽선을 칼질하여 분리한다.

step 01 안쪽 뒷날개 패턴을 칼질하여 분리한다.

step 02 바깥쪽 뒷날개 패턴을 칼질하여 분리한다.

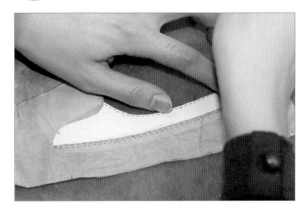

step 03 칼질하여 분리시킨 앞날개와 뒷날개의 패턴 모습

step 04 새로운 패턴 종이에 앞날개의 중심선을 지그재그로 밀면서 완전히 펴지게 부착한다.

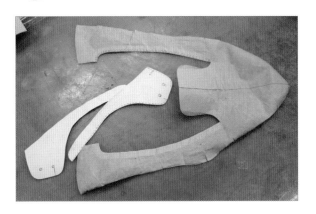

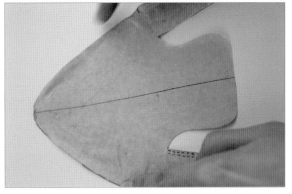

step 05 풀칠한 패턴을 한번에 붙이지 말고 한 손으로는 들고 한 손으로는 밀면서 부착한다.

step 06 뒷날개 패턴을 풀칠하여 패턴 종이에 부착한 후 덧붙임 시접 7mm를 살려준다.

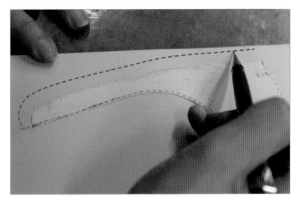

step 07 덧붙임 시접을 살린 패턴 모습

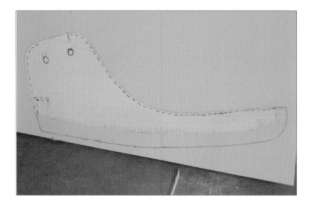

step 08 뒤축선 하단 힐 커브에 1.5mm를 살려 월형 공간을 만들어준다.

step 09 패턴 전체에 골밥선을 만들어 주는 모습

step 10 새로운 패턴 종이에 중심선을 그리고 다시 전체를 그린다.

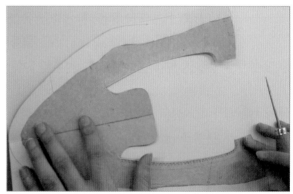

step 11 다시 그린 패턴을 칼질하여 분리하는 모습

step 12 칼질하여 분리한 앞부분 패턴과 뒷날개 패턴 모습

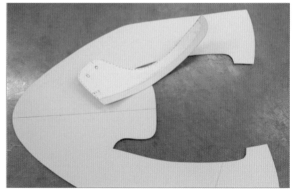

6 내피 패턴 만들기

내피 패턴은 외피 패턴을 사용하여 앞날개 부분, 뒷날개 부분, 지활재 부분 패턴을 만들어 주면 된다.

❶ 패턴 종이에 중심선을 그린다. 중심선에 앞날개 패턴을 맞추고 뒷날개 패턴을 연결한 다음 F점을 표시한다. 표시한 F점 하단 방향으로 직선을 그린 다음 이음선 시접 7mm를 살려주고 혀(베라) 위치에 홈칼질 여분 5mm를 살려 스케치한다. 이때 F점 부분은 V자로 스케치한다. 스케치를 마친 패턴을 반으로 접어서 시접이 포함된 전체 외곽선을 칼질하여 잘라준다.

❷ F점 하단 방향으로 직선을 그리고 앞날개 패턴 뒷부분과 뒷날개 패턴을 함께 그려준다. 뒷날개 톱라인선에 홈칼질 여분 5mm를 살려 F점 부분을 V자로 스케치한다.

❸ 스케치한 내피 패턴에 지활재 패턴을 대고 그린 후 차이가 나는 부분을 맞추어 준다. 뒷날개 내피 패턴의 외곽선을 따라 칼로 잘라준다. 앞날개 내피 패턴과 뒷날개 내피 패턴의 V자 홈 위치가 맞는지 확인한다.

❹ V컷 홈이 잘 맞으면 뒷날개 내피 패턴 전체를 칼질하여 뒷날개 내피 패턴을 완성한다. 앞날개 내피 패턴과 뒷날개 내피 패턴을 연결시켜 최종 확인한다. 패턴 안쪽에 라스트 번호와 사이즈를 표시하고 내피 패턴이라고 적는다.

 패턴 종이에 중심선을 그린다.

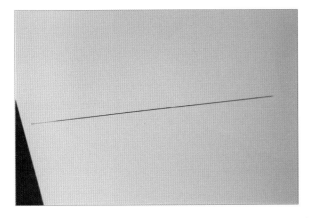

 중심선에 앞날개 패턴을 맞추고 뒷날개 패턴을 연결한 후 F점을 표시한다.

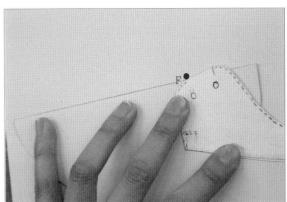

step 03 표시한 F점 하단 방향으로 직선을 그리고 이음선 시접 7mm를 살려준 다음 혀(베라) 위치에 홈칼질 여분 5mm를 살려 스케치한다.

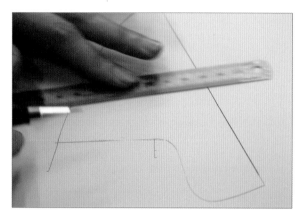
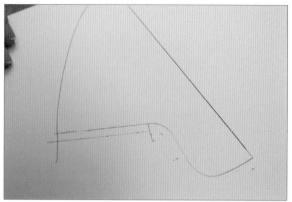

step 04 스케치를 마친 패턴을 반으로 접어서 시접 7mm가 포함된 전체 외곽선을 칼질한다.

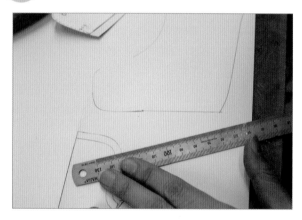
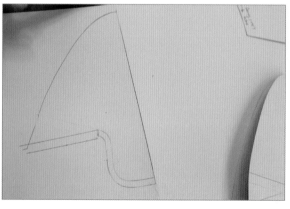

step 05 앞부분 내피 패턴을 칼질하는 모습

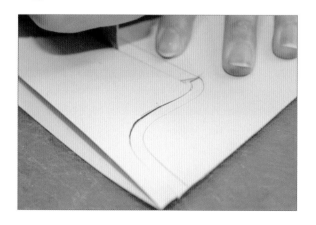

step 06 F점 하단 방향으로 직선을 그리고 앞날개 패턴 뒷부분과 뒷날개 패턴을 함께 그려준다.

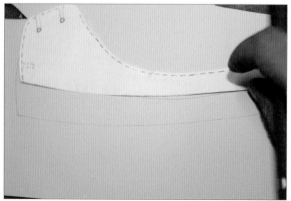

step 07
뒷날개 톱라인선에 홈칼질밥 5mm를 살려 F점 위치를 V자로 스케치한다.

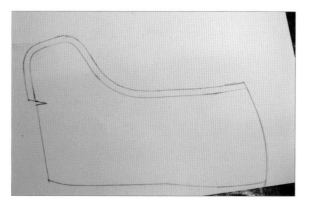

step 08
스케치한 내피 패턴에 지활재 패턴을 대고 그린 후 차이가 나는 부분을 맞추어 준다.

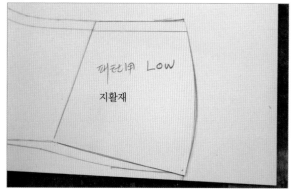

step 09
뒷날개 내피 패턴의 외곽선을 따라 칼로 잘라준다.

step 10
앞날개 내피 패턴과 뒷날개 내피 패턴의 V자 홈 위치가 맞는지 확인한다.

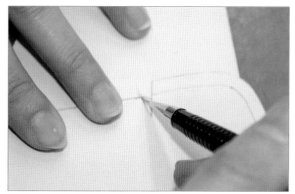

step 11
V컷 홈이 잘 맞으면 뒷날개 내피 패턴 전체를 칼질하여 뒷날개 내피 패턴을 완성한다.

step 12
앞날개 내피 패턴과 뒷날개 내피 패턴을 연결시켜 최종 확인한다.

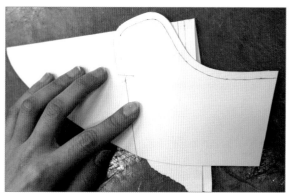

step 13 앞날개 내피 패턴 모습

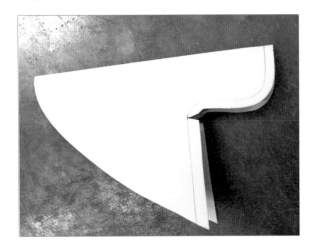

step 14 뒷날개 내피 패턴은 좌우 패턴을 같이 사용한다.

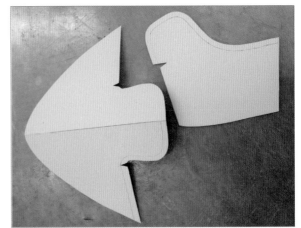

step 15 라스트 번호와 사이즈를 표시하고 내피 패턴이라고 적는다.

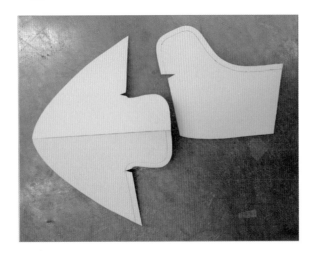

step 16 외피와 내피 패턴 완성 모습

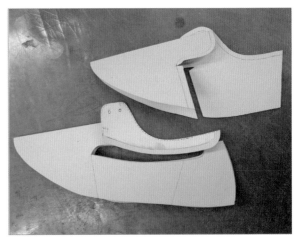

Chapter 11

Shoes Pattern Process

스니커즈
(sneakers)

1 **디자인하기**

❶ 패턴 종이에 스탠더드 W 전체를 그린다. 이때 센터 포인트, 센터 중심선의 $\frac{1}{2}$ 지점, 뒤축 높이점을 송곳으로 표시한다. 라스트 상단 S-O를 3~4mm 줄여서 점을 표시하고 센터 포인트와 직선으로 연결해 새로운 S-O선을 그려준다.

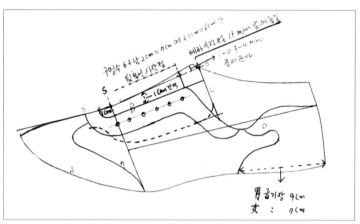

스니커즈 설계도

❷ 다음은 S-O선 상에 뒤축선 시작점과 베라(혀) 시작점을 표시한다. 베라 시작점과 S-O선과 직각으로 3.5cm 직선을 그린다. 센터 포인트에서도 3.5cm 직선을 내려 그리고 두 지점을 직선으로 연결한다. 센터 포인트에서 1cm 내려 톱라인 시작점을 표시하고 S-O선과 평행하게 직선을 그린 후 베라의 각진 부분을 둥글게 굴려준다.

> 구멍수 6 + 남화 2cm = 8cm 베라 시작점 1.5cm
> 구멍수 6 + 여화 1cm = 7cm 베라 시작점 1.5cm

❸ B선 수평선에서 뒤축선 시작점까지 자연스럽게 디자인 선을 그린다. 이때 복사뼈 하단 부분을 가장 낮게 그려준다. 톱라인 시작 부분을 자연스럽게 굴려주면서 스케치한다.

❹ 톱라인 외곽선 E를 스케치한다. 구멍 쪽은 2cm 간격을 유지하고 E-B쪽과 뒷날개 쪽은 15mm 너비를 자연스럽게 연결하여 균형감 있게 포인트를 준다. 뒷날개 D는 리듬감 있는 곡선으로 굽자리 7cm 부분에 연결해 완성한 후 전체적인 균형감과 미적 감각을 살려 스케치한다. 끈 구멍 표시는 센터 중심선에 첫 번째 구멍을 표시하고, 톱라인 상단에서 센터 중심선 방향으로 12mm 위치에 마지막 구멍을 표시해 나머지 구멍 수만큼 표시하면 된다.

❺ 앞날개 G를 그린 후 E선 시작점에서 1cm 정도 떨어져서 시작하여 점차적으로 넓게 스케치하고 센터 중심선이 끝나는 선에서 마무리한다. 앞날개 상단 E와 라스트 토의 가장 높은 부분을 연결해 직선을 그린다. 높이 차이가 없을 때에는 패턴 라인을 쇠자를 대고 그려준다.

❻ 패턴의 외곽선 전체를 절단하여 분리한다. 각 부분의 선을 따라 연필로 그릴 수 있도록 홈을 만들어준다. 패턴의 조각이 많으므로 각 부분에 번호를 적어 번호를 따라 종이 제갑 패턴을 만든다.

스탠더드 W를 그리고 센터 포인트, 센터 중심선, 센터 중심선 $\frac{1}{2}$ 지점, 뒤축높이점을 송곳으로 표시한다.

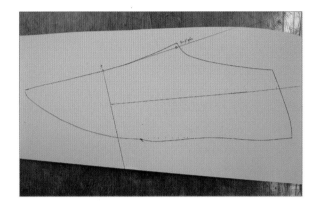

 라스트 상단을 3~4mm 줄여 센터 포인트와 직선으로 연결해 새로운 S-O선을 그린다.

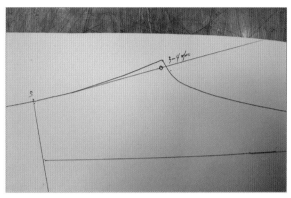

 뒤축선 시작점과 베라 시작점을 표시한 후 센터 포인트와 베라 시작점에서 각각 3.5cm씩 직선을 내려 긋고 두 지점을 직선으로 연결한다.

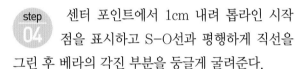

 센터 포인트에서 1cm 내려 톱라인 시작점을 표시하고 S-O선과 평행하게 직선을 그린 후 베라의 각진 부분을 둥글게 굴려준다.

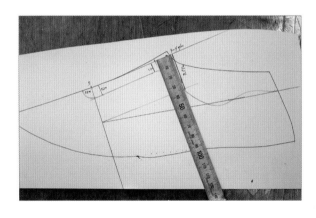

 뒤축선 시작점을 자연스럽게 곡선으로 굴리고 복사뼈 부분 하단을 가장 낮게 그린다.

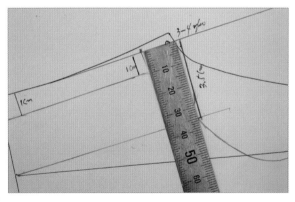

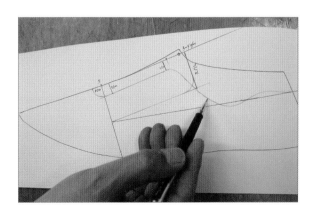

step
06
톱라인 시작 부분을 둥글게 굴려준다.

step
07
톱라인 전체를 완성한 모습

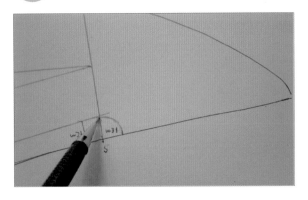

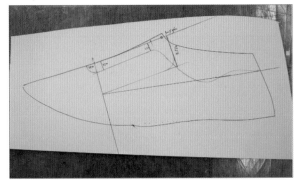

step
08
톱라인 외곽선 E를 완성하고 끈구멍 위치를 표시한다.

step
09
앞날개선 G를 그린다. E선 시작점에서 1cm 정도 떨어져서 시작하여 점차적으로 넓게 스케치하고 센터 중심선이 끝나는 점에서 마무리한다.

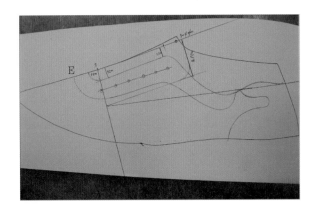

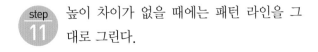

step
10
앞날개 상단과 라스트 토의 가장 높은 부분을 연결해 직선을 그린다.

step
11
높이 차이가 없을 때에는 패턴 라인을 그대로 그린다.

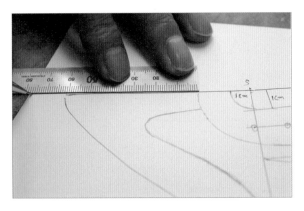

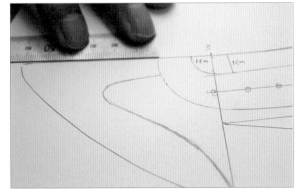

step 12 패턴의 외곽선을 칼질하여 떼어내고 연필로 그릴 수 있도록 홈을 파준다. 패턴 조각마다 번호를 적는다.

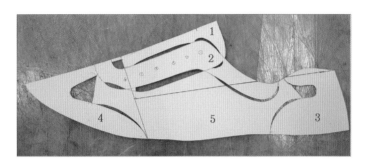

2 종이 제갑 만들기

❶ 종이 제갑용 패턴 종이를 두 겹으로 접어서 패턴을 그린다. 패턴을 대고 2번 패턴을 그리고 끈구멍 위치를 송곳으로 표시한다. 패턴이 겹치는 현상이 생길 경우 톱라인 시작점에서 스프링하여 벌려준다. 패턴을 대고 3번 패턴을 그린다. 이때 뒤축높이점에서 일반 구두는 2mm를 줄여주지만 스니커즈는 줄여주지 않는다. 스니커즈는 스펀지를 넣어 쿠션감을 주기 때문에 여분이 있어야 하기 때문이다.

❷ 종이 제갑용 패턴 종이를 두 겹으로 접은 선에 A-E를 맞추어 4번 앞날개 패턴을 완성한다. 패턴을 대고 5번 패턴을 그리고 연결 부분에 8mm 시접을 살려준다. 패턴 3, 4, 5는 골씌움할 수 있도록 골밥 15mm를 살려준다.

❸ 1번 패턴 혀와 2번, 3번 뒷날개 패턴, 4번 앞날개 패턴, 5번 몸통 부분 패턴이 연결되는 부분은 시접 8mm를 살려서 외곽선 전체를 칼질하여 분리한 후 풀칠하여 순서대로 결합한다. 하나로 연결된 패턴의 힐 커브 뒤축선에 스카치테이프를 부착하여 6~7mm 칼금을 넣어주고 패턴을 뒤집어 패턴이 밀착되도록 송곳을 이용하여 좌우 패턴을 연결한다.

 step 01 종이 제갑용 패턴 종이를 두 겹으로 접어서 순서대로 패턴을 그린다.

 step 02 패턴을 대고 2번 패턴을 그리고 끈구멍 위치를 송곳으로 표시한다.

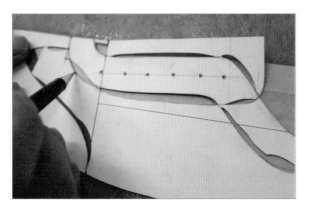

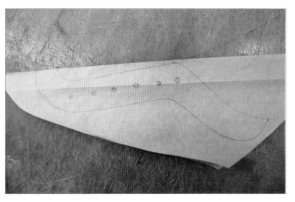

step 03 패턴을 대고 3번 패턴을 그린다.

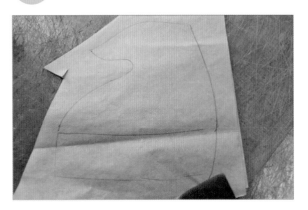

step 04 4번 앞날개 패턴을 완성한다.

step 05 5번 뒷날개 패턴을 그린 후 패턴 2, 3, 4의 연결 부분 시접 8mm를 살려준다.

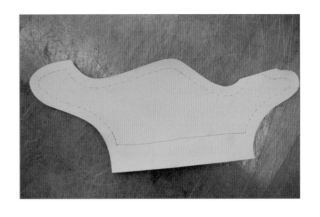

step 06 1번부터 5번 패턴까지 하나로 연결한 모습

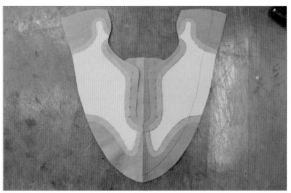

step 07 뒤축선에 스카치테이프를 부착해 좌우 패턴을 연결한다.

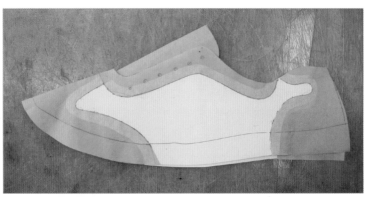

3 종이 제갑 골씌움하기

❶ 종이 제갑 패턴을 부드럽게 문질러서 뒤축높이점에 패턴을 맞추고 스카치테이프로 고정시킨다. 스니커즈는 뒤에 약간의 여유가 있는 것이 좋다. 라스트를 뒤집어서 라스트 바닥면 외곽을 풀칠하여 골씌움한다.

❷ 작업자의 배쪽에 라스트를 밀착시키고 앞쪽 방향으로 당기면서 선심 부분 좌우를 먼저 골씌움한 후 라스트 토 부분을 골고루 당겨 골씌움한다. 라스트 바깥쪽 A점에서 굽자리까지 2cm 간격으로 4~5개 정도 가위밥을 주고 패턴의 톱라인이 밀착되도록 당겨서 왼손으로 누른 후 오른손으로 자연스럽게 부착한다. 안쪽 또한 같은 방법으로 골씌움하여 패턴의 톱라인이 밀착되도록 당겨서 오른손으로 누른 후 왼손으로 자연스럽게 당겨서 부착한다.

❸ 골씌움이 완성되면 연필로 스티치선을 그린 후 전체 균형을 검토해 수정할 부분이 있으면 연필로 수정한다. 라스트 바닥 외곽선을 연필로 그린 다음 아치 부분은 패턴용 중창을 대고 그려주고 뒤축선은 칼로 절단하여 패턴을 분리한다. 이때 바깥쪽에는 A점, 안쪽에는 B점을 표시하고, 연필로 그린 외곽선을 따라 칼질하여 분리한다.

❹ 새로운 패턴 종이에 부분별로 패턴을 모두 부착한 후 부착한 패턴에 골밥선을 만들어 준다. 토에서 12, 13, 14, 15, 17, 19mm로 A점, B점까지 점점 넓게 골밥선을 그린 다음 뒤축선까지는 20-22-20mm로 골밥선을 완성한 후 새로운 패턴 종이에 그린 전체 패턴을 칼질하여 모든 패턴을 완성한다.

step 01 종이 제갑 패턴을 부드럽게 문질러서 뒤축높이점에 패턴을 맞추고 스카치테이프로 고정시킨다.

step 02 라스트를 뒤집어서 라스트 바닥 외곽면에 풀칠하여 골씌움한다.

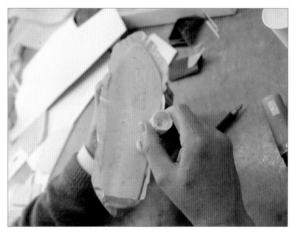

step 03 작업자의 배쪽에 라스트를 밀착시켜 앞쪽으로 당기면서 선심 부분 좌우를 골씌움한다.

step 04 라스트 토 부분을 당기면서 골씌움한다.

step 05 라스트 바깥쪽 A점에서 굽자리까지 2cm 간격으로 4~5개 정도 가위밥을 준다.

step 06 패턴의 톱라인이 밀착되도록 당겨서 왼손으로 누른 후 오른손으로 자연스럽게 부착한다.

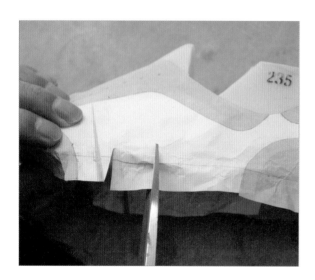

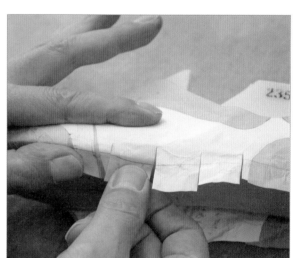

step 07 안쪽 골씌움도 같은 방법으로 당겨 자연스럽게 부착한다.

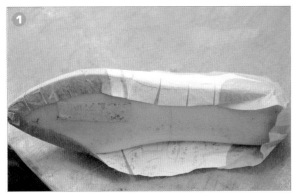

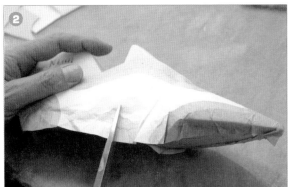

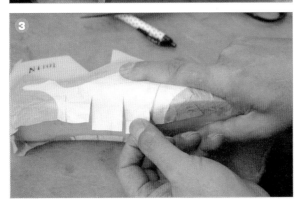

step 08 골씌움이 완성된 후 연필로 스티치선을 그려준 다음 전체적으로 볼 때 수정할 부분이 있으면 최종 수정한다.

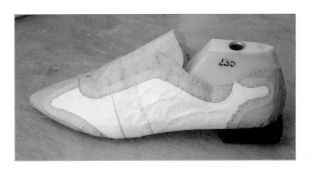

step 09 라스트 바닥 외곽선을 연필로 그린 후 아치 부분은 중창 패턴을 대고 그려준다.

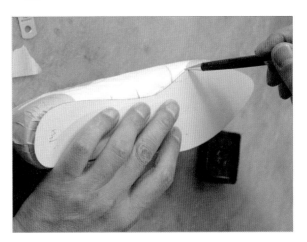

step 10 연필로 외곽선을 그리는 모습

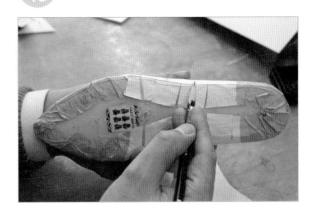

뒤축선을 칼로 절단하는 모습

골밥선을 따라 골밥을 만들어 준 모습

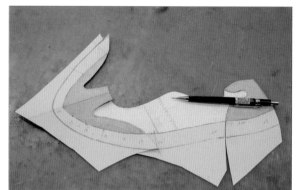

새로운 패턴 종이에 그려 패턴이 완성된 모습

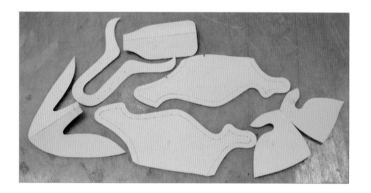

4 내피 패턴 만들기

❶ 앞날개 패턴과 뒷날개 패턴을 연결하여 패턴의 외곽선과 톱라인을 그린다. 또는 디자인한 패턴을 이용하여 그리고 골밥 부분만 새로운 패턴을 대고 그려도 된다. 그린 톱라인에 홈 칼질밥 5mm를 살려준다.

❷ 뒤축 중심선을 4mm 줄여서 그린다. 상단은 5cm, 하단은 7cm 지점을 표시하여 수직선을 그리고 골밥선에서 5mm 올려서 뒤축선 끝지점과 직선으로 연결한 후 칼질하여 분리한다. 지활재 패턴은 내피 패턴 만들기에서 앞서 설명한대로 만들면 된다.

❸ 칼질하여 분리한 지활재 뒤축선의 $\frac{1}{2}$ 지점을 표시한 후 패턴 종이를 두 겹으로 접은 선에 지활재 $\frac{1}{2}$ 지점과 상단을 맞추어 전체를 그린 다음 시접 8mm를 살려준다. 지활재 하단에 월형 공간 3mm를 표시하고 하단만 3mm 줄여서 칼질하여 분리한 후 시접 끝부분을 각지 게 칼질하여 지활재 패턴을 완성한다.

❹ 외곽선 전체를 칼질하여 내피 패턴을 완성한다. 이때 안쪽에 V자 홈을 파주고, 라스트 번 호, 사이즈를 표시하면 내피 패턴이 완성된다.

step 01 앞날개 패턴과 뒷날개 패턴을 연결하여 패턴의 외곽선과 톱라인을 그린다. 또는 디자인한 패턴을 이용하여 그리고 골밥 부분만 새로운 패턴을 대고 그려도 된다.

step 02 패턴 전체를 그린 후 톱라인에 홈칼질밥 5mm를 살려서 다시 그린다.

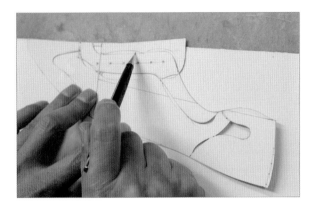

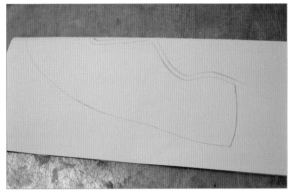

step 03 뒤축중심선을 4mm 줄여서 그려준다.

step 04 뒤축 중심선에서 상단은 5cm, 하단은 7cm 지점을 표시하여 수직선을 그리고 골밥선에서 5mm 올려서 직선으로 연결한 후 칼질하여 분리한다.

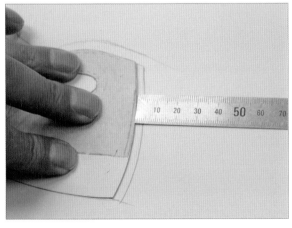

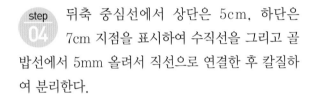

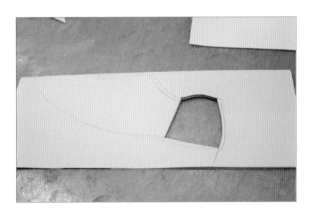

step 05 칼질하여 분리한 지활재를 $\frac{1}{2}$로 접는 모습

step 06 패턴 종이를 두 겹으로 접은 후 지활재 $\frac{1}{2}$ 지점과 상단을 맞추어 전체를 그린 다음 시접 8mm를 살려준다.

step 07 지활재 하단에 월형 공간 3mm를 표시하고 하단만 3mm 줄여서 칼질하여 분리한다.

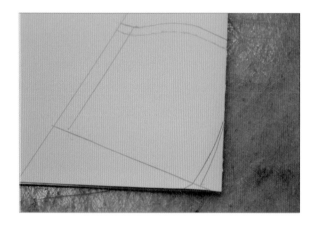

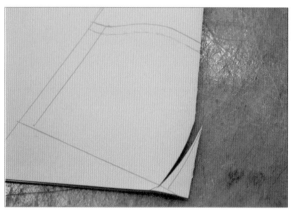

step 08 시접 끝부분을 각지게 칼질하여 지활재 패턴을 완성한 모습

step 09 안쪽에 V자 홈을 파주고, 라스트 번호, 사이즈를 표시하면 내피 패턴이 완성된다.

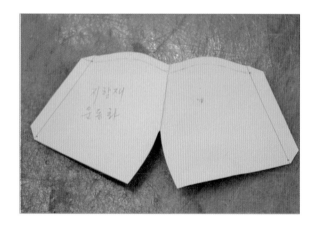

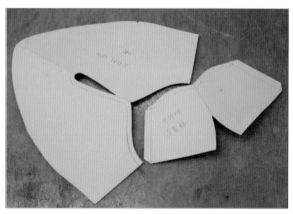

Chapter 12

Shoes Pattern Process

앵클부츠
(ankle boots)

1 앵클부츠 중심선 그리기

step 01 앵클부츠 라스트에 중심선을 그린다.

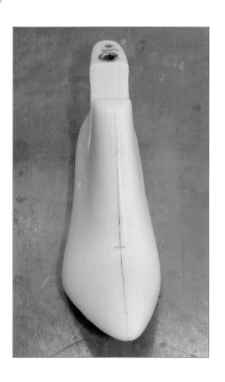

step 04 힐 커브(heel curve) 뒤축선을 그린다.

step 02 바깥쪽 A점, 안쪽 B점을 라스트에 표시한다.

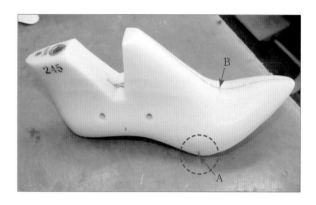

step 03 라스트 발등 둘레(entrata)를 표시한다.

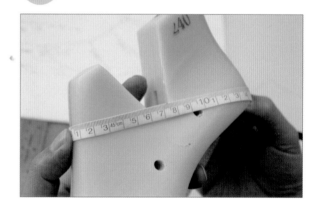

step 05 바깥쪽 A점과 안쪽 B점을 이용하여 센터 포인트(S)를 라스트에 표시한다.

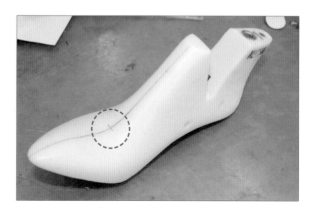

step
06
라스트 목둘레(bassogamiba)의 기장을 표시한 후 라스트에 마스킹테이프를 부착하여 부츠 스탠더드 W를 완성한다. (기본 패턴 제작 방법 참조)

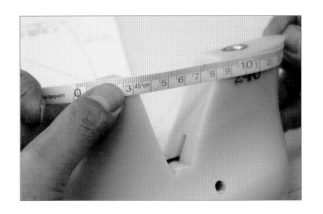

step
07
부츠 스탠더드 W를 패턴 종이에 새로 그린 후 센터 포인트를 1mm 남기고 하단 쪽을 칼로 절개한다. 남화는 8mm, 여화는 4mm를 벌려서 스카치테이프로 고정하여 옥스퍼드 스탠더드로 만든다.

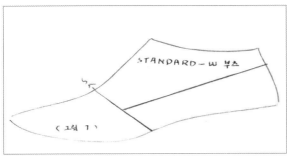

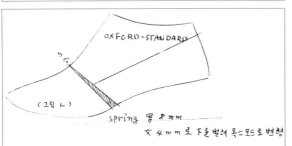

Ⅱ - R = HEEL 높이

R - R¹ = 3mm 줄여서

R - 1 = ½ BASSOGARBA (라스트 목둘레)

1 - 6 = 3mm 줄여서

6 - 7 = ½ BASSOGARBA

7 - 7¹ = -5mm 마이너스

7¹ - 8 = 15mm 올려준다

— 앵클부츠 기본도 —

1/2 BASSO GAMBA 라스트 목둘레 기준

230 — 11.3 Cm 가 표준

235 — 11.7 Cm

240 — 12 Cm

2 기본 패턴 제작 방법

step 01 패턴 종이에 굽높이 6cm와 평행하게 직선을 그린다.

- 라스트 : 부츠
- 사이즈 : 240
- 굽높이 : 6cm

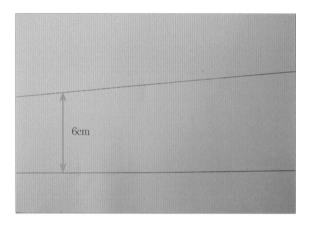

step 02 아래 직선 하단선에 패턴의 착지점(접지점)을 맞추고 상단 직선에는 뒤축선 끝을 맞추어 옥스퍼드 스탠더드를 그린다. 이때 센터중심선과 중심선의 $\frac{1}{2}$지점을 표시해 뒤축높이점과 직선으로 연결한다.

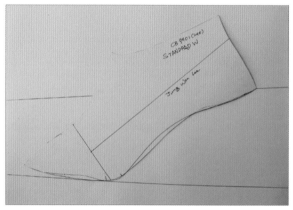

step 03 센터 중심선의 $\frac{1}{2}$지점과 뒤축높이점을 직선으로 그린다.

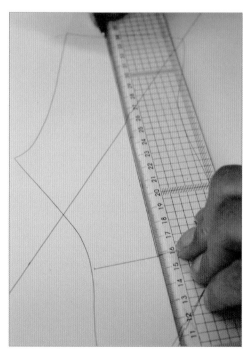

step 04 라스트 뒤축선 하단 끝을 3mm를 줄이고 R1로 표시한다.

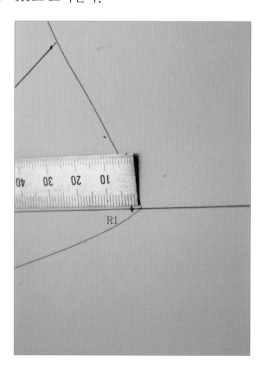

step 05　R1점과 바닥선(Z)이 직각이 되도록 직선을 그린다. 바닥선에 직각으로 만나는 점을 Z선이라 한다.

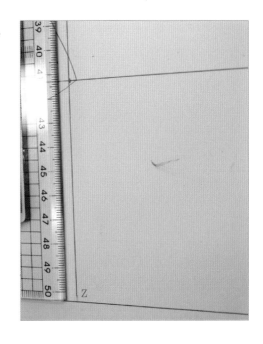

step 06　R1에서 $\frac{1}{2}$ 라스트 목둘레 12cm 지점에 숫자 1을 표시하고 그 선과 직각으로 직선을 그린다. 그 선을 7번선이라 한다.

step 07　1번 점에서 앞으로 3mm 줄여 숫자 6을 표시하고 6번 점에서 7번 선 방향으로 $\frac{1}{2}$ 라스트 목둘레 기장 12cm 지점(7번점)까지 직선을 그린다.

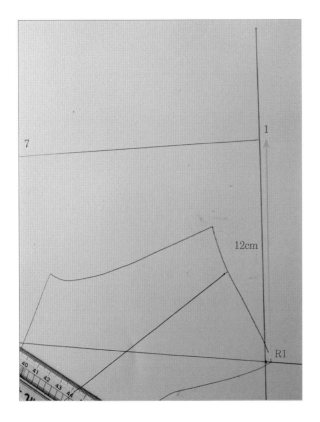

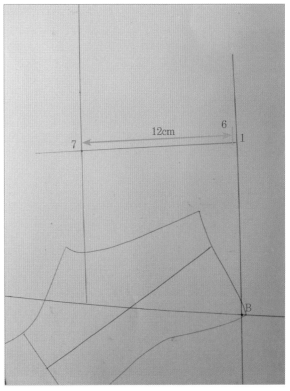

step **08** 7번 선에 7번 점 뒤로 5mm를 줄여 8번 점을 표시한다.

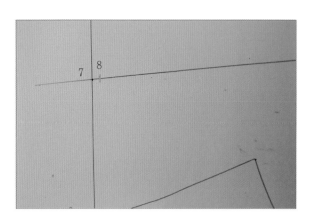

step **09** 7번 점에서 위로 15mm 올려서 9번 점을 표시한다. 이 선을 9번 선이라 한다. 9번 점에서 6번 점 방향으로 직선을 연결한다.

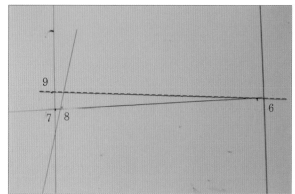

step **10** 9번선에서 8번점 방향으로 발등 부분까지 직선을 그린 후 발등 곡선 부분을 자연스럽게 디자인한다.

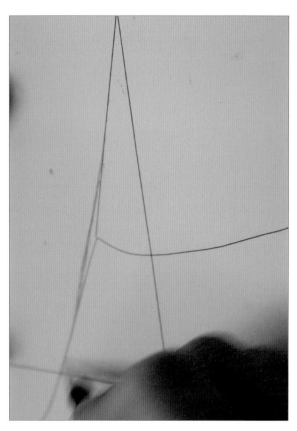

step **11** 6번점과 라스트 상단 끝과 직선으로 연결하고 다시 뒤축높이점과 연결하고 마지막으로 라스트 뒤축선의 ½ 지점과 직선으로 연결한다.

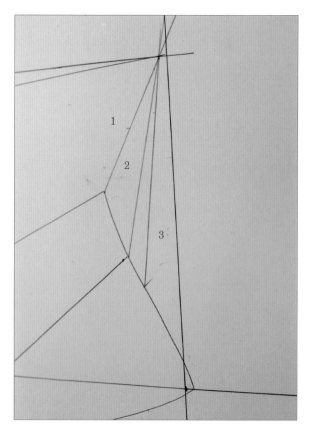

step 12 앞에서 그린 각각의 선 사이에 힐 커브선으로 자연스럽게 디자인한다.

step 13 다시 한 번 각진 부분을 자연스럽게 라운드 선으로 디자인한다.

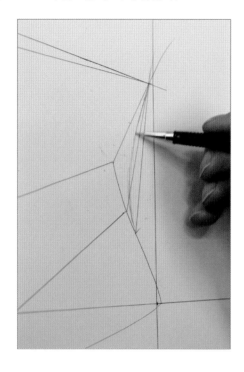

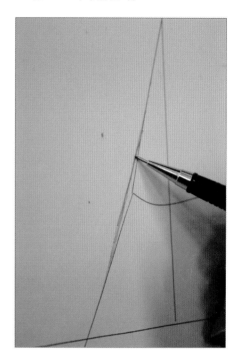

step 14 8번 점에서 15mm 위로 혀(tongue) 시작점을 표시한다. 혀 시작점에서 직각을 유지하여 3cm 너비로 직선을 그린다. 같은 너비로 라스트 상단 발목까지 수평선을 그려준다.

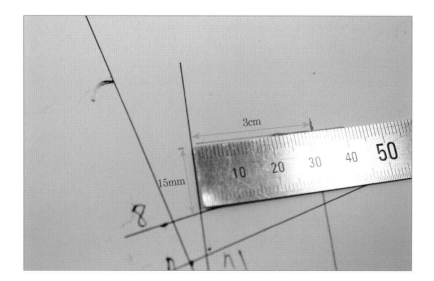

step 15 혀 상단의 각진 부분을 둥글게 스케치한다.

step 16 패턴의 전체 외곽선을 칼질한다.

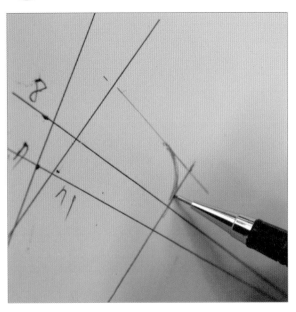

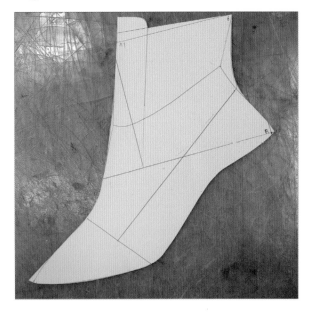

3 디자인 연출

step 01 새로운 패턴 종이에 완성된 앵글 기본 패턴 전체를 그린다. 이때 센터 중심선과 뒤축높이점을 표시하고 선으로 연결한 후 센터 중심선과 뒤축 중심선이 만나는 지점에 1cm 사각형을 그린다.

step 02 뒤축 패턴 상단에 3cm 너비점을 표시하고 굽자리에는 굽너비 7cm+1cm=8cm 위치에 점을 표시해 자연스럽게 선을 스케치하여 뒷날개 패턴을 그린다.

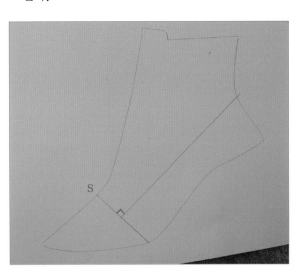

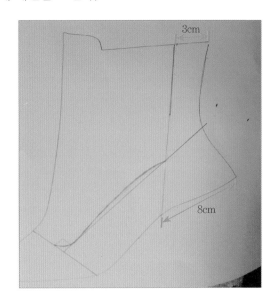

step **03** 센터 중심선을 따라 내려오다가 1cm 사각형을 통과하여 뒷날개 패턴과 연결한다.

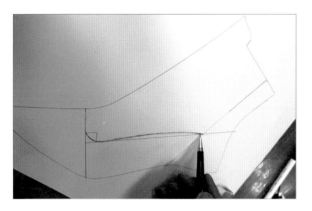

step **04** 패턴 상단의 각진 부분을 약간 높여서 둥글게 디자인한다.

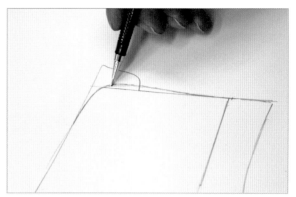

step **05** 스펀지가 들어가는 패턴은 15mm 너비로 4~5개 정도의 선을 그린다. 다른 패턴 디자인으로 스펀지 대신 고무밴드 처리하여 패턴을 완성하기도 한다. 여기서는 스펀지가 들어가는 패턴으로 하였다.

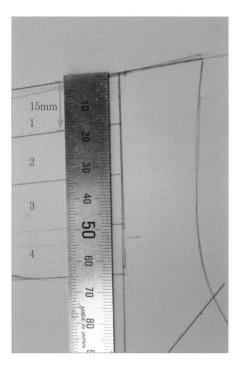

step **06** 앞 몸통 패턴 상단에서 3cm 떨어져 수직선을 내려 긋고 각진 선을 자연스럽게 연결한 후 디자인한다.

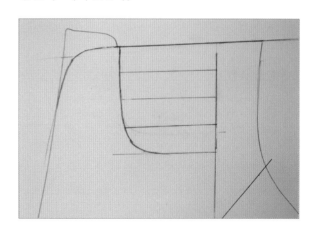

step 07 앞 중심선에서 12mm 떨어져 앞중심을 따라 선을 그린 후 선 위에 구두 끈 구멍 9개를 나누어 표시한다.

step 08 디자인 연출이 완성되었다. 전체적인 디자인 균형과 감각이 잘 완성되었는지 확인한 후 수정할 부분이 있으면 수정해 준다.

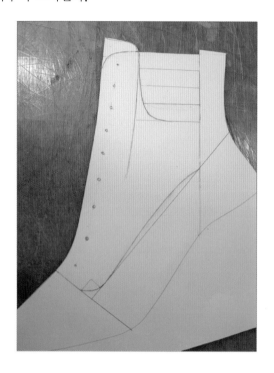

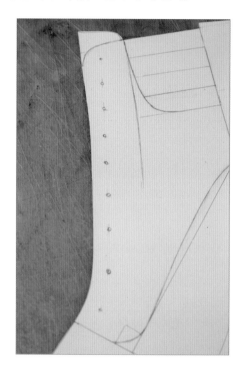

4 2차 스프링

step 01 센터 중심선에서 디자인 선을 따라 1cm 사각형 중간까지 칼질하고 센터 포인트에서 2~3mm 너비로 벌려 스카치테이프로 고정시킨다.

step 02 스카치테이프를 앞뒤로 부착해 고정시킨다.

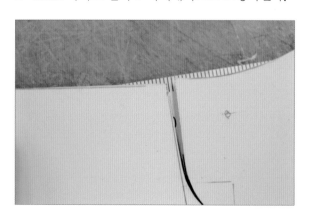

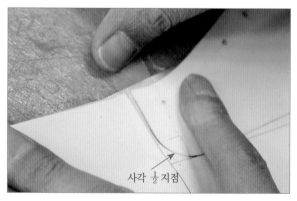

사각 중지점

step **03** 고정시킨 스카치테이프를 패턴 선에 맞추어 칼질하여 분리한다.

step **04** 디자인 선을 따라 칼질하고 연필로 그릴 수 있도록 홈을 만들어준다.

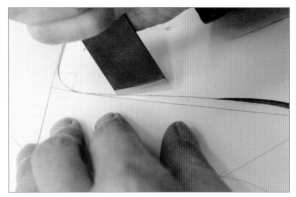

5 골밥 만들기

step **01** 앞 토 부분에서 12→13→14→15→17 → 19 → 20(A, B점) → (아치 부분) → 22mm로 굽자리 20mm 점을 표시한다.

step **02** 패턴 안쪽에도 같은 방법으로 골밥선을 표시한다.

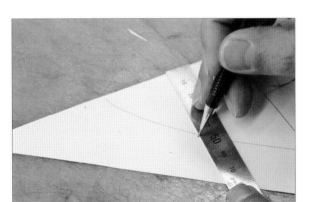

step **03** 점선을 따라 곡선으로 자연스럽게 연결한다.

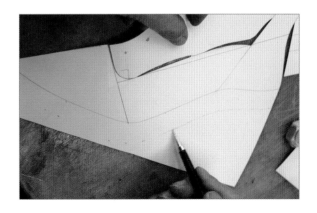

step 04 골밥선을 따라 칼질하여 분리한다.

6 종이 제갑 만들기

step 01 종이 제갑을 만들기 위한 패턴이 완성되었다.

step 02 종이 제갑용 패턴 종이를 두 겹으로 접어서 중심선을 볼펜으로 그린 후 일직선에 앞날개 패턴을 맞추고 외곽선을 그린다.

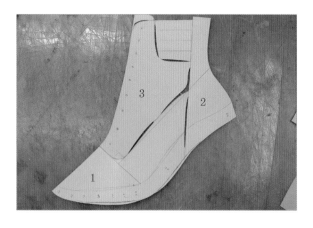

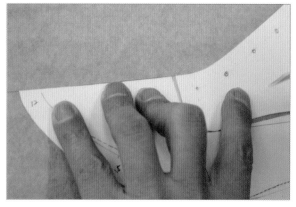

step 03 연필로 그릴 수 없는 부분을 송곳으로 표시하고 센터 포인트에 스프링한 부분은 하단 부분이 아닌 상단 부분에 점을 찍어 표시한다.

step 04 앞날개 패턴 전체를 그린 후 송곳점을 선으로 스케치해 1번 패턴을 완성한다.

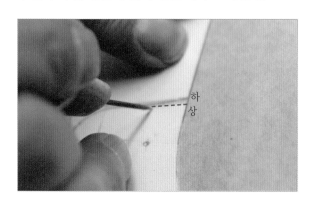

step 05 뒷날개와 연결되는 부분에 시접 8mm를 살려준다.

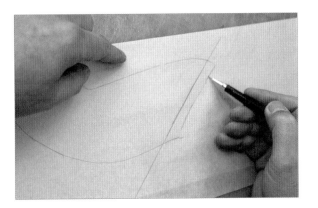

step 06 앞날개 패턴 전체를 칼질하여 분리한다.

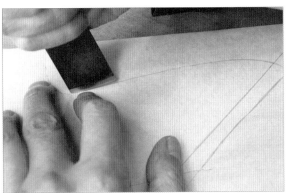

step 07 두 겹으로 접은 패턴 종이에 뒷날개 패턴 전체를 그린다.

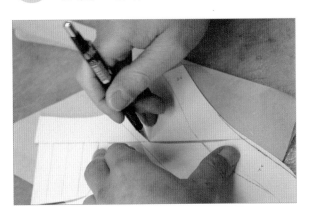

step 08 그릴 수 없는 부분은 송곳으로 표시한다.

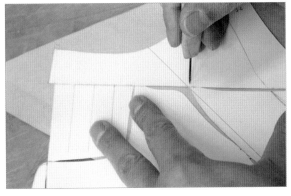

step 09 전체를 스케치하여 뒷날개 패턴 2번을 완성한다.

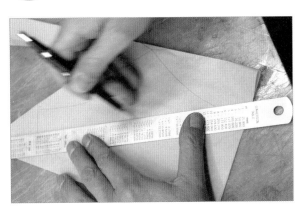

step 10 뒷날개 패턴 전체를 칼질하여 2번 패턴을 분리한다.

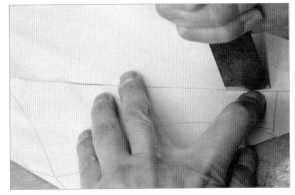

step
11
3번 패턴을 그리고 스펀지 패턴 부분은 송곳으로 간격을 표시한다.

step
12
송곳으로 구두끈 구멍과 앞날개 연결 부분의 하단을 점으로 표시한다.

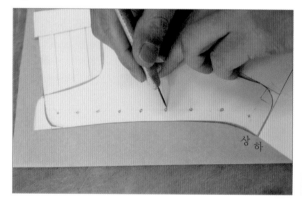 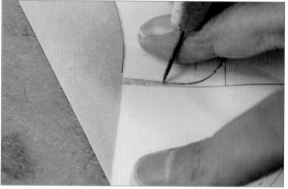

step
13
송곳점으로 표시한 부분을 자연스럽게 스케치한다. 앞날개와 몸통 패턴 3번 연결 부분에 시접 8mm를 살려 스케치한다.

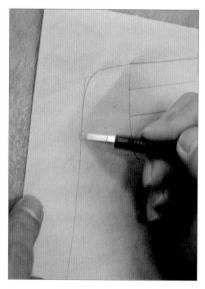 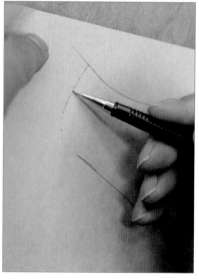

step 14 몸통 패턴 3번을 전체 칼질하여 분리한다.

 step 15 종이 제갑 1번, 2번, 3번 완성 모습이다.

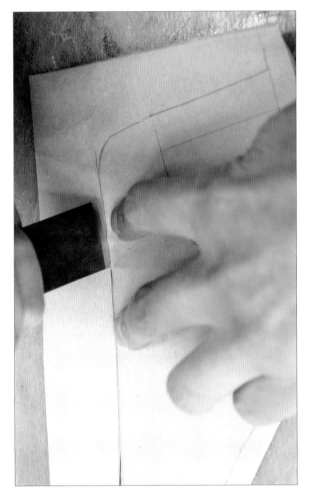

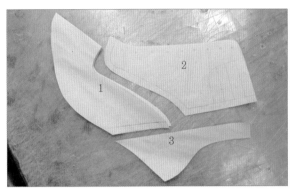

step 16 3번 몸통 패턴의 스프링 지점 1cm 사각형 부분에 칼금을 넣어준다. 1cm 간격으로 3번의 칼금을 주어야 종이 제갑이 편하게 이루어진다.

 step 17 시접 부분을 풀칠하여 바깥쪽 패턴부터 연결한다.

 step 18 안쪽 패턴도 시접 부분을 풀칠하여 연결한다.

step 19 다음은 뒷날개 패턴을 풀칠하여 바깥쪽과 안쪽을 부착한다.

step 20 디자인 선을 따라 연필로 스티치선을 그린다.

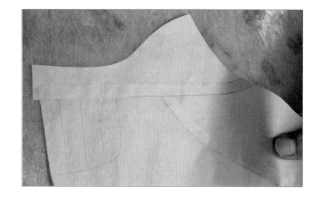
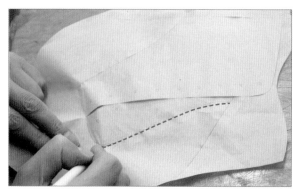

step 21 뒤축선에 스카치테이프를 3등분하여 부착한다.

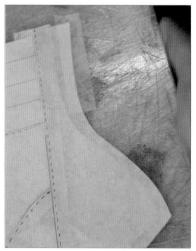
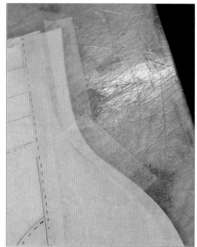

 step 22 붙인 스카치테이프를 5~6mm 간격으로 칼금을 넣어준다.

step 23 송곳을 이용하여 밀착시켜 스카치테이프를 부착시킨다.

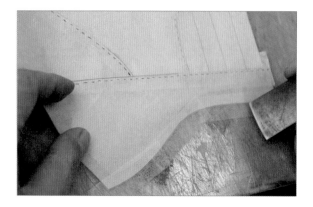
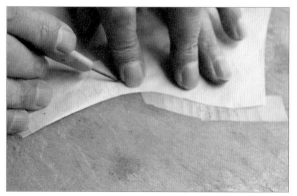

골씌움하기

step **01** 종이 제갑을 문질러 부드럽게 한다. 특히 앞 부분과 발등 부분을 더 많이 문질러준다.

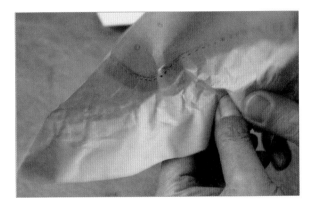

step **02** 골씌움을 해야 하기 때문에 골밥선은 더욱 많이 문질러준다.

step **03** 혀 연결 부분을 풀칠하여 부착한 다음 라스트 바닥면을 풀칠하여 작업자의 배쪽에 밀착시킨 후 토 부분부터 앞으로 당기면서 골씌움한다.

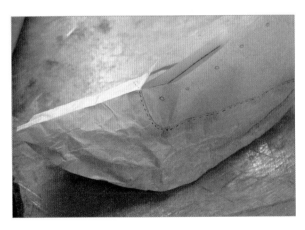

step **04** 다른 스타일을 골씌움하는 것과 비슷하게 골씌움하면 된다. 전체를 살펴 수정할 부분이 있는지 확인한 후 패턴을 분리한다.

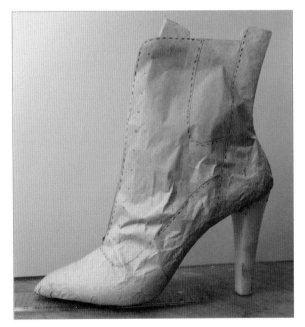

8 패턴 완성하기

step 01 앞날개 패턴을 분리한 후 패턴 종이에 나머지 패턴을 부착하고 뒤축선 하단에 월형 공간 1.5mm를 살려준다.

step 02 월형 공간의 상단 부분은 안 살려주고 하단 부분만 살려준다.

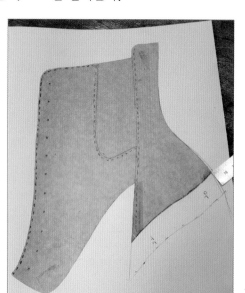

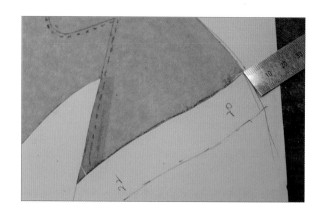

step 03 각 부분의 패턴을 분리한 모습

step 04 새로운 패턴 종이에 각 패턴을 그린 후 이음선 부분에 시접 8mm를 살려 전체 칼질 후 분리하면 패턴이 완성된다.

9 내피 패턴 만들기

step 01 패턴 종이에 디자인 완성 패턴을 전체 그리고 토 부분과 앞날개 시작점까지 직선으로 연결한 후 반으로 접는다. 패턴 상단에서 홈칼질밥 5mm를 살려준다.

step 02 뒤축 골밥선에서 10cm 상단에 지활재 선을 시작하고 굽자리 9cm 지점까지 둥글게 지활재를 그린다. 뒤축선 전체를 4mm 줄이고 칼질하여 분리한 다음 지활재 선을 칼질하여 분리한다.

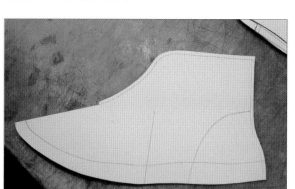

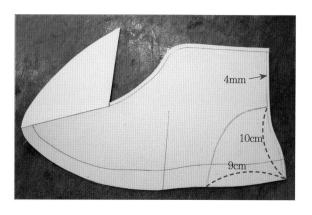

step 03 지활재 하단 골밥 시작점에서 월형 삽입 공간 3mm를 줄여준다.

step 04 지활재 패턴의 시접 8mm를 살려 칼질하여 분리한다.

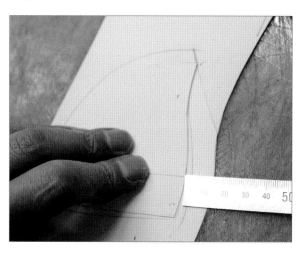

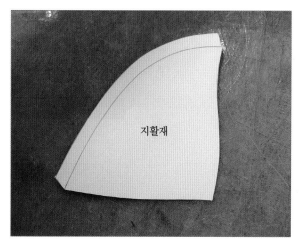

step 05 안쪽 패턴을 그려 칼질하여 분리한다.

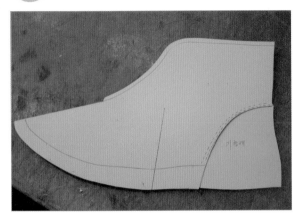

step 06 바깥쪽 패턴과 안쪽 패턴이 연결된 모습

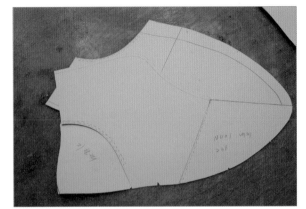

Chapter 13

Shoes Pattern Process

롱부츠
(long boots)

1 부츠 패턴 설계

부츠 패턴은 다음과 같은 순서로 설계한다.

❶ 부츠 스탠더드 W 패턴의 볼 접지점에 맞추어 수직선을 긋는다. 이 선을 Z선이라 한다.

❷ Z선에서 R선을 긋는다. R선은 힐높이로 수직선을 그은 선을 말한다. 이 책에서 부츠 힐 높이는 8cm이다.

❸ R선 뒤끝점에서 앞으로 3mm 줄여 선을 긋는다. (이 선을 R1선이라 한다.)

❹ R1선에서 위로 발목둘레 $\frac{1}{2}$ 높이까지 선을 긋는다. (이 선을 1번 선이라 한다.)

❺ 1번 선에서 앞으로 3mm 줄여 점을 찍는다. (이 점을 6번 섬이라 한다.)

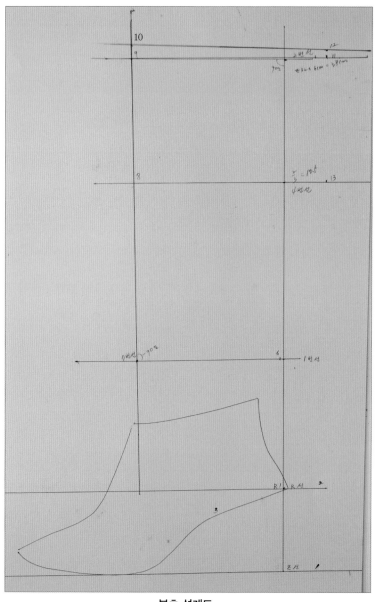

부츠 설계도

⑥ 6번 점에서 앞으로 발목둘레 $\frac{1}{2}$ 폭만큼 선을 긋는다. (이 선을 7번 선이라 한다.)

⑦ R1선에서 위로 발등둘레 + 6cm 높이까지 선을 긋는다. (이 선을 2번 선이라 한다.)

⑧ 2번 선에서 아래로 발등둘레 $\frac{2}{3}$ 또는 $\frac{1}{2}$ 만큼 선을 긋는다. (이 선을 4번 선이라 한다.)

⑨ 2번 선에서 앞으로 선을 긋는다. (이 선을 9번 선이라 한다.)

⑩ 9번 선 앞부분을 기준으로 발등둘레 $\frac{1}{2}$ +1cm 합친 방향으로 선을 긋는다. (이 점을 11점 이라 한다.)

⑪ 4번 선에서 앞으로 선을 긋는다. (이 선을 8번 선이라 한다.)

⑫ 8번 선 앞부분을 기준으로 발등둘레 $\frac{1}{2}$ +1cm 합친 방향으로 선을 긋는다. (이 점을 13점 이라 한다.)

⑬ 11번 점에서 5mm 높여 선을 긋는다. (이 선을 12번 선이라 한다.)

⑭ 9번 선에서 1cm 높여 선을 긋는다. (이 선을 10번 선이라 한다.)

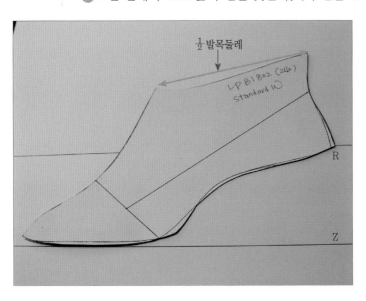

라스트 발목둘레 사이즈별 표준규격

220 – 10.5cm	225 – 10.9cm	
230 – 11.3cm	235 – 11.7cm	여화
240 – 12.0cm	245 – 12.4cm	
250 – 12.8cm	255 – 13.2cm	
260 – 13.5cm	265 – 13.9cm	
270 – 14.3cm	275 – 14.7cm	남화
280 – 15.0cm	285 – 15.4cm	

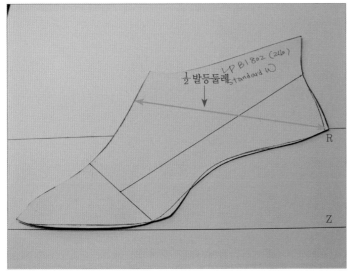

라스트 발등둘레 사이즈별 표준규격

220 – 14 .5cm	225 – 14.9cm	
230 – 15.3cm	235 – 15.7cm	여화
240 – 16.0cm	245 – 16.4cm	
250 – 16.8cm	255 – 17.2cm	
260 – 17.5cm	265 – 17.9cm	
270 – 18.3cm	275 – 18.7cm	남화
280 – 19.0cm	285 – 19.4cm	

2 기본 설계하기

step 01 패턴 종이 위에 수평으로 직선을 긋는다. (Z선)

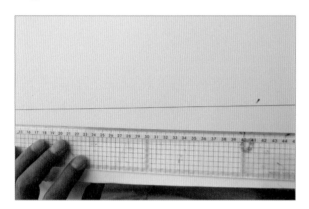

step 02 그은 직선 위로 굽높이(8cm)에 위치한 점을 표시한다.

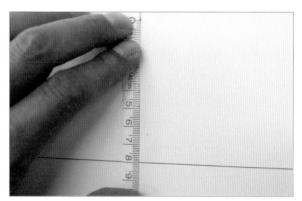

step 03 표시한 점에서 수평으로 직선을 긋는다. (R선)

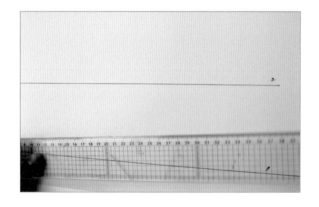

step 04 패턴의 볼 접지점과 뒤축점을 맞추어 본다.

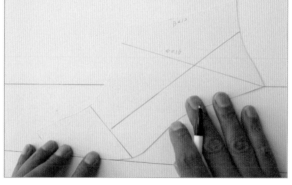

step 05 맞추어 본 부츠 W 패턴을 그려준다.

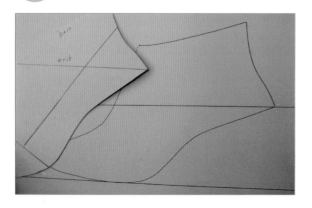

step 06 Z선 위에 패턴을 맞추어 그린 모습

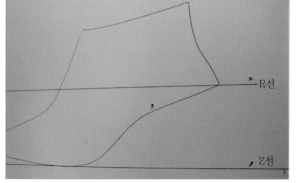

step 07 라스트 뒤축선 하단 끝점에서 3mm를 줄이고 R1이라 표시한다.

step 08 앞으로 3mm 줄인 후 직선을 그려준다.(이 선을 R1선이라 한다.)

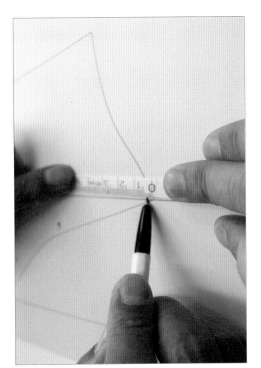

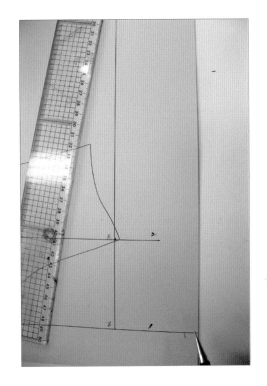

step 09 R1에서 $\frac{1}{2}$ 라스트 목둘레 11.7cm 지점에 숫자 1을 표시한다.

step 10 1번 선과 직각으로 직선을 그린다. 이 선을 7번 선이라 한다.

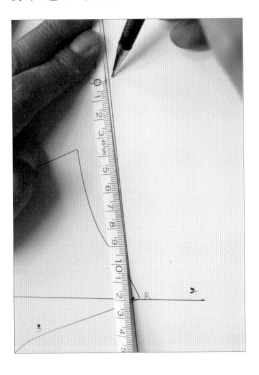

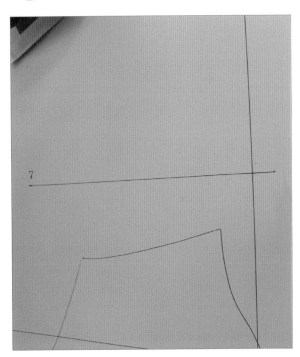

step 11 1번 점에서 앞으로 3mm 줄여 숫자 6을 표시하고 6번 점에서 7번 선 방향으로 $\frac{1}{2}$ 라스트 목둘레 기장 11.7cm 지점(7번 점)까지 직선을 그린다.

step 12 1번 선, 3mm 줄인 6번 점, 7번 선이 완성된 모습

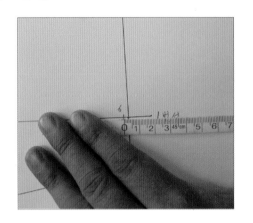

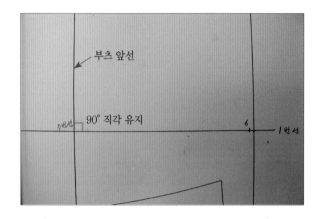

step 13 R1선에서 위로 발등둘레(32cm) +6cm 높이에 2번을 표시하고 선을 긋는다.(이 선을 2번 선이라 한다.)

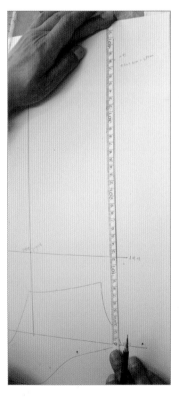

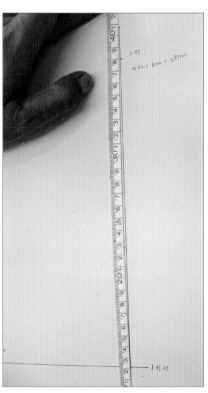

step
14
2번 선과 직각으로 직선을 그린다. 7번 선 위로 올라온 부츠 앞선과 직각으로 만나는 지점을 9번이라 표시한다. (이 선을 9번 선이라 한다.)

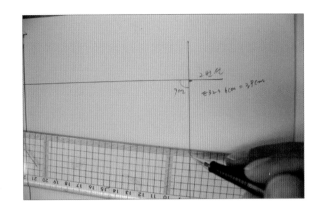

step
15
2번에서 아래로 발등둘레 $\frac{2}{3}$ 또는 $\frac{1}{2}$ 만큼 내려와 4번을 표시하고 선을 긋는다. (이 선을 4번 선이라 한다.) 여기서는 발등둘레 $\frac{2}{3}$ 만큼인 10.5cm을 기준으로 하였다.

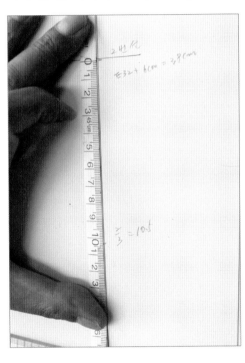

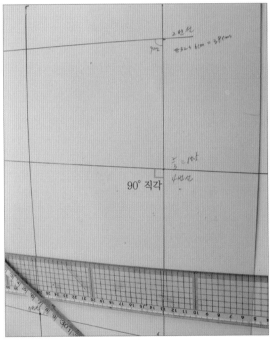

step
16
9번 점에서 뒤로 16cm(발등둘레 $\frac{1}{2}$)+1cm =17cm 지점에 11번을 표시한다.

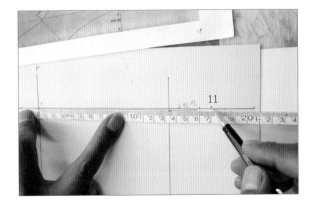

step 17 4번과 직각으로 직선을 그려 7번선 위로 올라온 선과 만나는 지점을 8로 표시한다.

step 18 8번 점에서 뒤로 16cm(발등둘레 $\frac{1}{2}$)+1cm =17cm 지점에 13번을 표시한다.

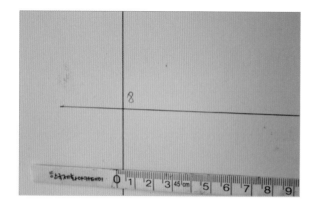

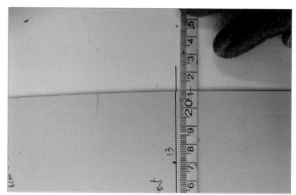

step 19 11번 점에서 위로 5mm 높여 12번이라 표시한다.

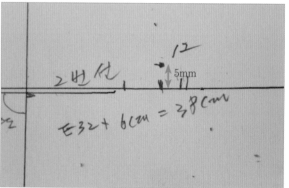

step 20 9번 점에서 위로 1cm 높여 10번이라 표시한다.

step 21 10번에서 11번까지 직선으로 연결한다.

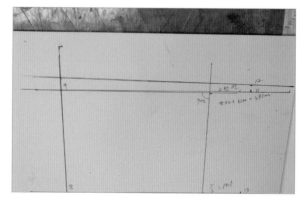

3 부츠 디자인하기

 step 01 12번에서 아래로 11번, 13번까지 수직선을 그린다.

step 02 13번에서 6번까지 수직선을 그려준다.

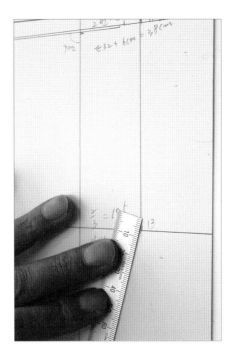

 step 03 12번→11번→13번→6번까지 선이 완성된 모습

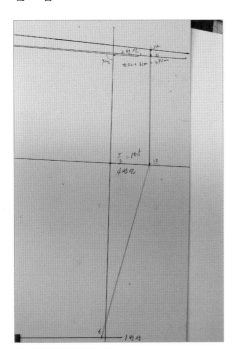

step 04 뒤축 상단 끝점과 하단 끝점의 $\frac{1}{2}$ 지점을 찾아 표시한다.

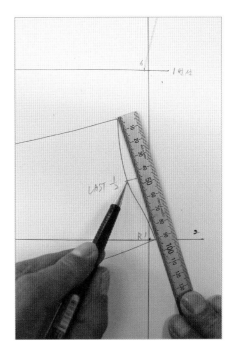

step 05 표시한 $\frac{1}{2}$ 지점에서 6번까지 직선으로 연결한다.

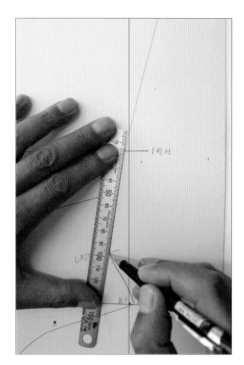

step 06 6번과 뒤축높이점 상단 지점까지 직선으로 연결한다.

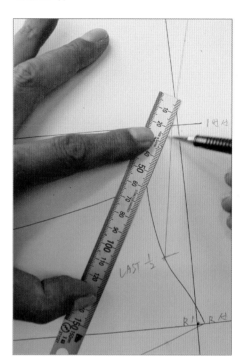

step 07 12번에서 시작해 13번까지 자연스럽게 연결되도록 라인을 살려준다.

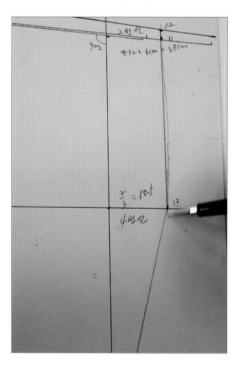

step 08 13번에서 6번까지 직선을 자연스러운 디자인 선으로 만들어준다.

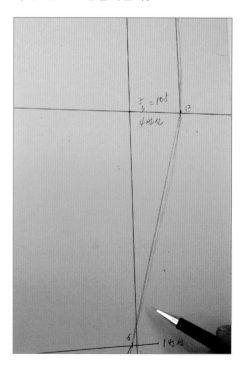

step 09 6번 지점에서 뒤축 상단과 $\frac{1}{2}$ 지점 사이를 최대한 자연스러운 라인으로 스케치한다.

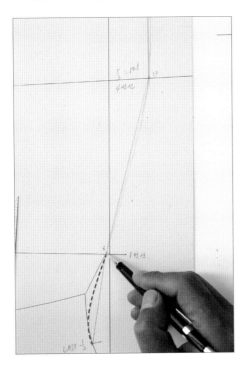

step 10 발등위치점에서 7번 점까지 자연스럽게 연결되도록 라인을 살려준다.

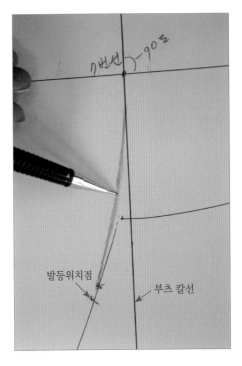

 step 11 발등위치점에서 직각을 유지하여 수직선을 그리면 통부츠 패턴의 설계도가 완성된다.

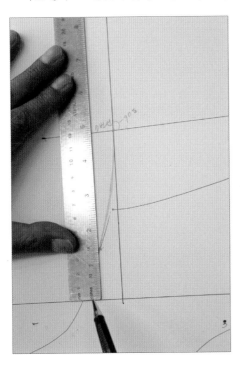

step 12 통부츠선과 지퍼부츠선의 모습

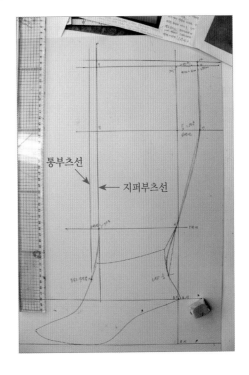

step 13 9번과 11번 중간 지점에 점을 표시한다.

step 14 8번과 13번 중간 지점에 동일하게 점을 표시한다.

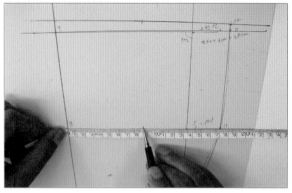

step 15 7번과 6번 중간 지점에 점을 표시한다.

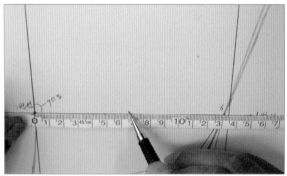

step 17 처음 점을 찍은 위치부터 순서대로 직선을 긋는다. 이 선이 지퍼선(zipper line)이다.

step 16 R1선 지점에서 앞라스트 중심선까지의 중간 지점에 점을 표시한다.

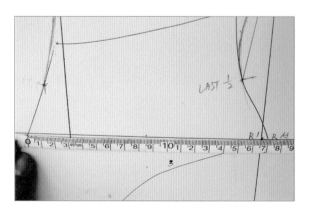

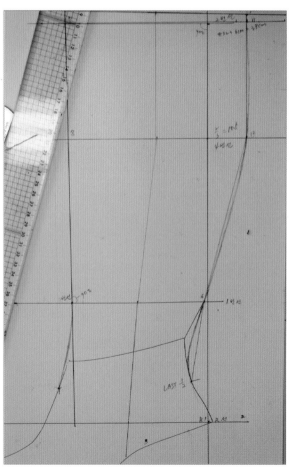

step 18 지퍼선에서 좌우 각각 4mm 너비로 동일하게 선을 그려준다.

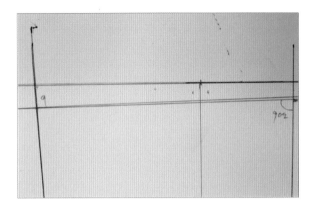

step 19 지퍼선 하단 마지막 지점은 라스트 하단 위로 2.5cm 떨어진 위치이다. 8번과 13번 중간 점이 각이 지면 점선 표시처럼 자연스럽게 수정한다.

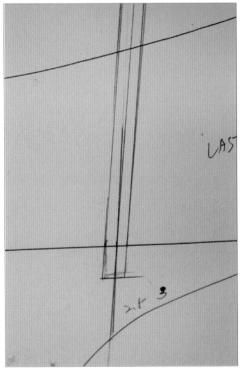
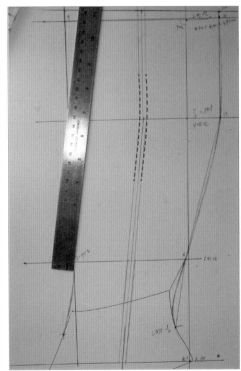

4 골밥선 만들기

step 01 다른 패턴과 동일한 방법으로 골밥선을 만들어준다(12→13→14→16→20→23→20mm).

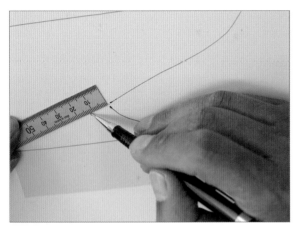

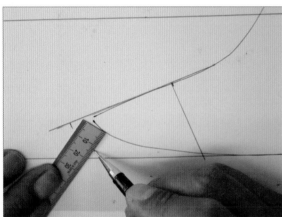

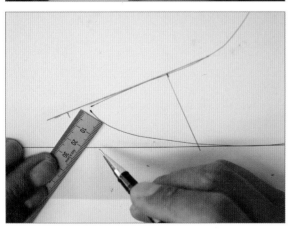

step 02 각 지점의 골밥 위치가 정해졌을 때 다음과 같이 그려주면 골밥선이 완성된다.

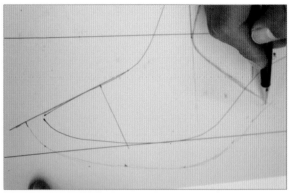

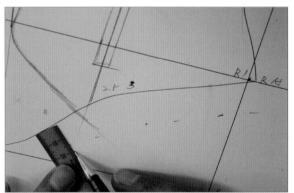

step 03 골밥선이 완성되면 부츠 앞날개 패턴을 스케치한다.

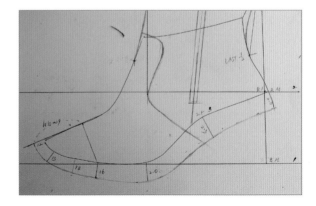

5 롱부츠 디자인

step 01 패턴이 완성되었으면 완성된 패턴의 외곽선을 따라 칼질한다.

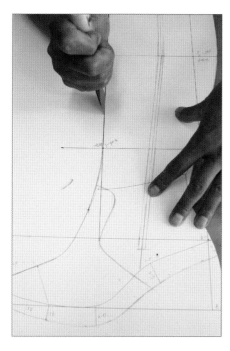
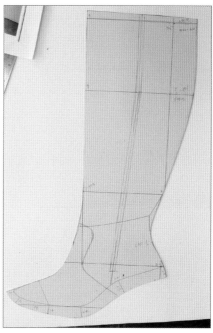

step 02 지퍼선 패턴을 그릴 수 있도록 홈을 만들어 주면 패턴이 완성된다.

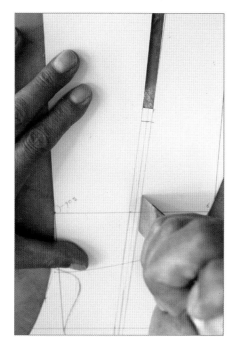
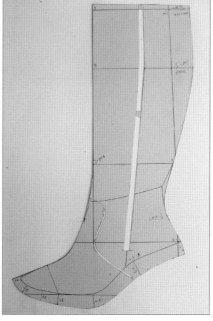

step 03 완성된 패턴에 스프링 작업을 한다. 저부 작업 시 골씌움할 때 당겨서 쒸우게 되는데 부츠 몸통이 앞으로 숙여지는 현상을 미리 방지하기 위해서이다(롱부츠만 적용). 발등둘레 $\frac{1}{2}$ 지점과 뒤축높이점을 선을 그어 칼질한다. 이때 떨어지지 않도록 중간 부분 2mm 정도를 남기고 칼질한다. 발등 위치 3mm를 벌려서 스카치테이프로 고정시킨 후 완성한다.

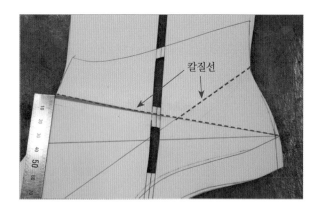

6 크리핑 패턴

step 01 새로운 패턴 종이에 앞날개 패턴을 대고 연필로 그려준다.

step 02 그린 앞날개 패턴을 칼질하여 분리한다.

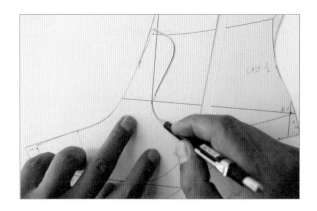

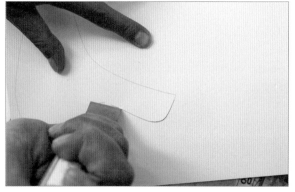

step 03 칼질하여 분리한 앞날개 패턴 모습

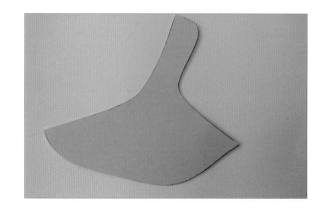

step 04 칼질하여 분리한 앞날개 패턴을 두 겹으로 접은 패턴 종이에 그린다. 이때 앞날개 상단을 직선으로 일치시킨 후 그린다. (패턴 상단에서 시작하여 가장 곡진 점 위치까지만 그린다.)

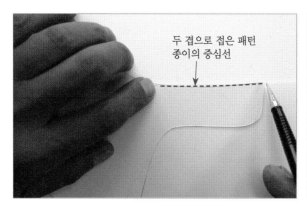

두 겹으로 접은 패턴
종이의 중심선

step 05 점을 기준으로 패턴 발등 부분을 패턴 종이를 두 겹으로 접은 중심선에 맞추면서 회전시킨다.

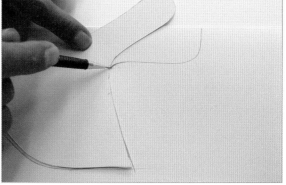

step 06 조금씩 회전하면서 앞날개 선을 그려준다.

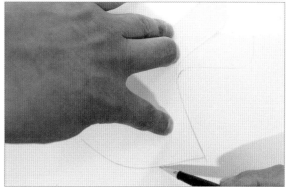

step 07 회전하면서 다 그려준 후 다시 앞코(토) 부분이 두 겹으로 접은 패턴 종이와 일치되게 맞추고 패턴 골밥선을 전체 그린다.

 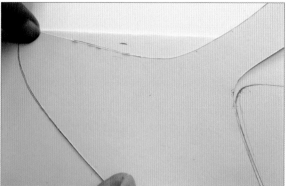

step 08 앞코 부분에서 일치된 패턴을 그려준다. 조금 전에 그렸던 패턴과 약간 차이가 생긴다. 이번에는 중간 부분 점에서 일치시킨 후 그려준다.

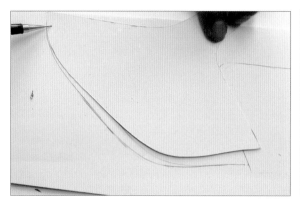 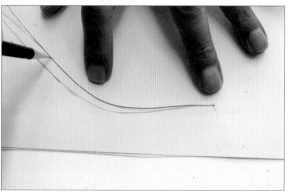

step 09 앞코 부분과 중간 부분에서 다시 그린 선이 일치할 수 있도록 맞추어 그려준다.

step 10 최종 선을 정리하여 완성된 크리핑 패턴의 모습

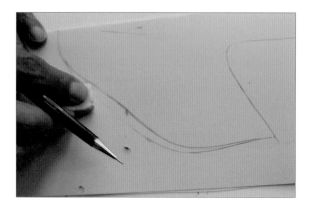 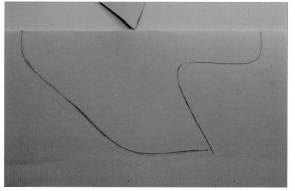

step 11 완성된 크리핑 패턴을 패턴 상단선에 1.5cm 여유분을 주어 칼질하여 분리한다.

 step 12 완성된 크리핑 패턴 모습

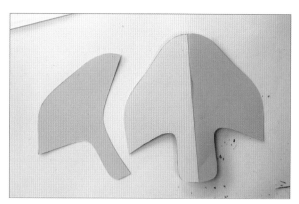

7 내피 패턴 만들기

 step 01 완성된 패턴을 새로운 패턴 종이에 그린다. 이때 패턴 앞과 뒤의 선은 각각 전체에서 2mm씩 줄여 그린다.

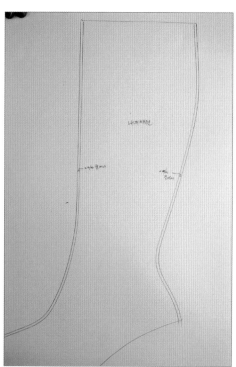

step 02 뒤축 하단에서 위로 9cm 지점에 점을 표시하고, 골밥선 앞으로 8cm 지점에 점을 표시한다.

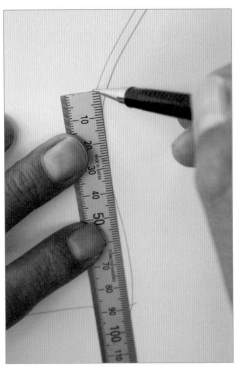 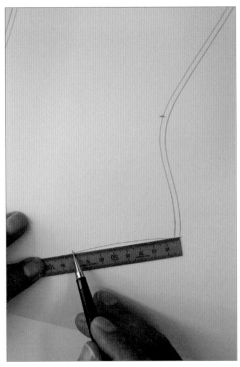

step 03 표시한 점들을 자연스럽게 곡선으로 그려주면 지활재가 완성된다.

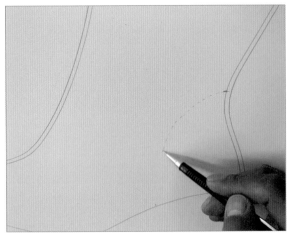 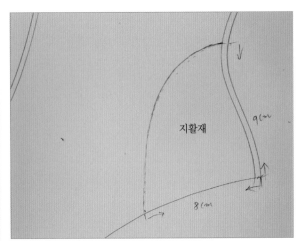

step 04
하나의 내피 패턴으로 만들어 줄 수도 있으나 앞부분은 분리하여 별개의 패턴으로 만들어준다. 먼저 앞코(토)에서 10cm 떨어진 센터 포인트 위치까지 점을 표시하고 그 점에서 아치 부분으로 직선을 긋는다.

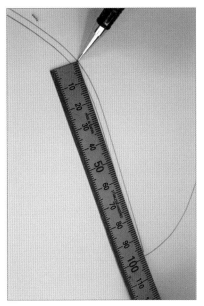
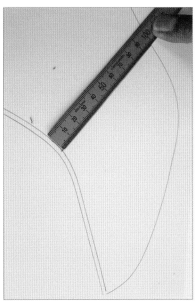
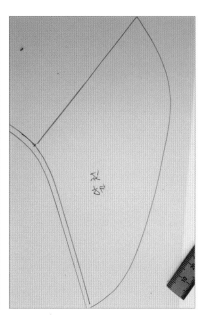

step 05
내피 상단 부분은 가죽 내피를 주로 사용하기 때문에 몸통 내피와 분리해서 만들어준다. 이때 가죽이 아닌 합성 내피를 사용하는 경우에는 분리하지 않고 하나의 몸통 내피로 사용하면 된다. 내피 상단에서 아래로 6cm 정도 떨어진 점을 표시하고 직선으로 연결하면 상단 내피 패턴이 완성된다.

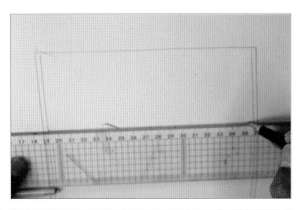

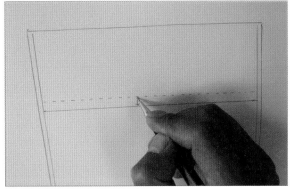
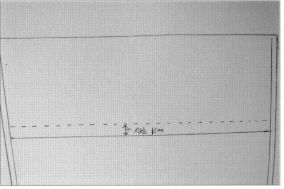

step
06
앞천 부분과 지활재 부분도 몸통 내피 패턴과 결합할 수 있도록 시접 1cm를 살려 그려준다. 지활재 뒤축선 하단은 점선과 같이 월형 공간만큼 3mm 줄여준다.

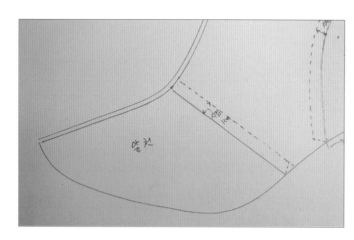

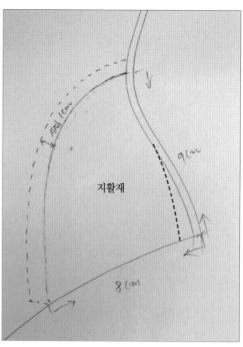

step
07
내피 패턴 설계가 완성된 모습

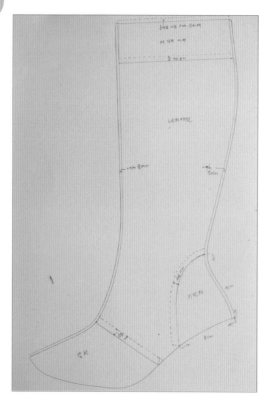

8 부츠 패턴 완성

❶ 설계가 완성된 내피 패턴을 앞뒤 2mm씩 줄여준 선을 따라 칼질한다. 앞천 부분을 칼질한 후 새로운 패턴 종이에 두 겹으로 접은 다음 앞천 패턴을 일치시켜 그린다. 이때 시접 1cm를 살려서 그린 후 분리하면 앞천 내피 패턴이 완성된다.

❷ 지활재 부분도 칼질하여 분리한 후 새로운 패턴 종이에 그린다. 역시 시접 1cm를 살려서 그린 후 분리하면 지활재가 완성된다.

❸ 몸통 부분도 칼질하여 분리한 후 새로운 패턴 종이에 그린다. 상단 부분과 결합해야 할 시접 1cm를 살려서 그린 후 분리하면 몸통 내피 패턴이 완성된다. 상단 부분을 칼질하여 그대로 사용하면 상단 내피 패턴이 완성된다.

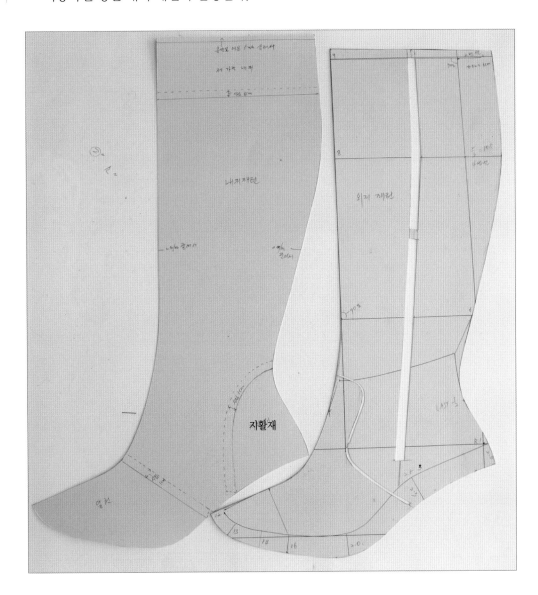

Shoes Pattern Process

창 패턴 제작 방법

1 중창(in sole) 패턴 제작 방법

❶ 라스트 바닥 지면에 마스킹테이프를 라스트 토 부분부터 가로로 부착하여 바닥면 전체를 부착한다.

❷ 라스트 바닥면 각진 부위를 연필로 스케치한 후 테이프를 떼어내고 외곽선을 칼질하여 패턴 종이에 부착한다.

❸ 칼질한 패턴이 라스트와 정확히 맞는지 확인한다. 이때 라스트에 표시된 라스트 A선인 중심선을 맞추고 확인한다.

❹ 정확한 중창 패턴은 라스트 제작 시 바닥면에 부착하여 라스트를 제작하기도 한다.

❺ 흑색선을 칼질하여 분리하면 중창 패턴이 완성된다.

> A : 라스트 중심선(앞코 끝점과 뒤축선 하단점)
> A1 : 발의 끝점(중심선에서 5도 각도 유지선)
> A, B점 : 라스트 볼포인트 표시점
> (A점 58% 136mm~B점 70% 165mm)

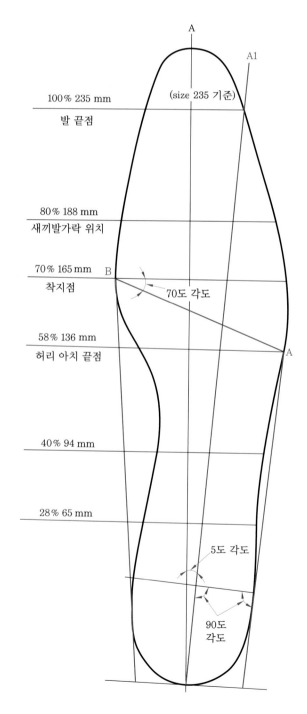

A

A1

100% 235 mm (size 235 기준)
발 끝점

80% 188 mm
새끼발가락 위치

70% 165 mm B
착지점 70도 각도

58% 136 mm A
허리 아치 끝점

40% 94 mm

28% 65 mm

5도 각도

90도 각도

❷ 단창(out sole) 패턴 제작 방법

① 중심선을 그린 후 중심선에 중창 패턴을 그린다.

② 앞코 끝점에서 5cm 위치에 선심 자리를 표시한다. 이때 58% 136mm 위치선을 표시한다.

③ 58% 위치선 안쪽은 15mm 살리고 바깥쪽은 25mm 살려서 위치점을 표시하여 선을 그린다. 이 선이 C선이다.(선이 교차되는 위치)

④ 앞코 부위부터 선심 자리까지는 1.5mm 간격을 살려주고 안쪽 15mm 살린 선까지는 1mm를 살려준다. 바깥쪽 25mm 살린 선까지도 1mm를 살려준다.(C선 교차되는 위치)

⑤ 굽자리는 중창 각도 3mm를 줄인 상태에서 굽을 올려놓고 그린다. C선에서 굽자리까지 자연스럽게 3mm 줄여주고 굽싸개 부착 부위는 5mm 홈칼질밥을 살려준다.

⑥ 청색선을 칼질하여 분리하면 단창(out sole) 패턴이 완성된다.

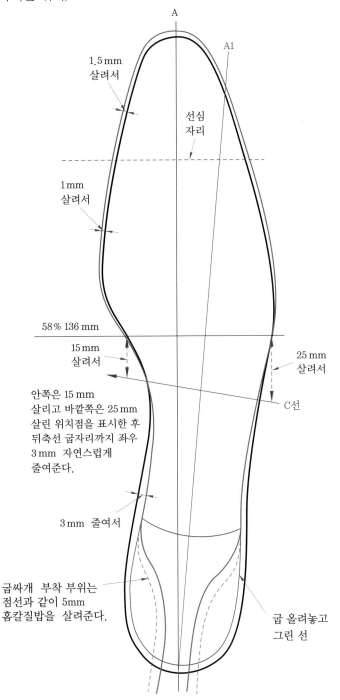

A

A1

1.5mm 살려서

선심 자리

1mm 살려서

58% 136mm

15mm 살려서

25mm 살려서

안쪽은 15mm 살리고 바깥쪽은 25mm 살린 위치점을 표시한 후 뒤축선 굽자리까지 좌우 3mm 자연스럽게 줄여준다.

C선

3mm 줄여서

굽싸개 부착 부위는 점선과 같이 5mm 홈칼질밥을 살려준다.

굽 올려놓고 그린 선

3 대다리(welt) out sole 패턴 제작 방법

■ 대다리 너비 계산법

가죽 두께 1.2mm + 내피 두께 0.8mm + 대다리 너비 4mm = 6mm

■ 제작 과정

❶ 중심선을 그린 후 중심선에 중창 패턴을 대고 그린다.

❷ 앞코 끝점에서 5cm 위치에 선심 자리를 표시한다. 이때 58% 136mm 위치선을 표시한다.

❸ 58% 위치선 안쪽은 15mm 살려서 점을 표시하고 바깥쪽은 25mm 살려서 점을 표시하여 C선을 그린다.

❹ 앞코 부위부터 선심 자리까지는 위에서 계산해 놓은 대다리 너비 6mm에 선심 두께 2mm를 더하여 8mm를 살려서 그린다. 선심선 끝부위부터 C선까지는 7mm 살려서 그린다.

❺ 굽자리는 중창 각도 3mm를 줄인 상태에서 굽을 올려놓고 그린다. C선에서 굽자리까지 자연스럽게 3mm 줄여서 그리고 굽과 만나는 위치는 1mm 더 줄여서 그린다.

❻ 청색선을 칼질하여 분리하면 대다리 out sole 패턴이 완성된다.

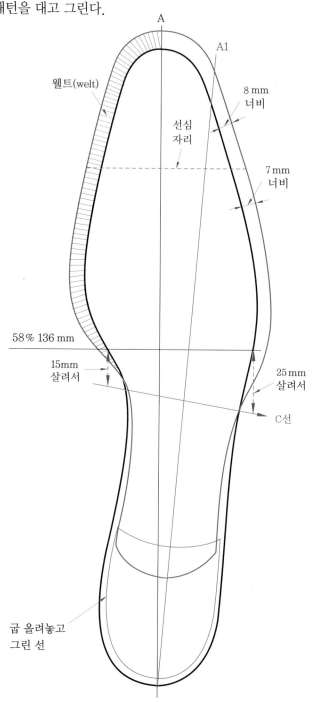

A

A1

웰트(welt)

선심 자리

8 mm 너비

7 mm 너비

58 % 136 mm

15mm 살려서

25 mm 살려서

C선

굽 올려놓고 그린 선

4　전체 대다리 out sole 패턴 제작 방법

■ 대다리 너비 계산법

가죽 두께 1.2mm + 내피 두께 0.8mm + 대다리 너비 4mm = 6mm

■ 제작 과정

❶ 중심선을 그린 후 중심선에 패턴을 그린다.

❷ 앞코 끝점에서 5cm 위치에 선심 자리를 표시한다.

❸ 앞코 부위부터 선심 자리까지 위에서 계산해 놓은 대다리 너비에 선심 두께 2mm를 더하여 8mm를 살려서 그린다. 선심선 끝부위부터 중창 굽자리까지 6mm를 살려서 그린다.

❹ 굽높이가 2~3cm이면 중창 패턴을 그대로 사용하여 대다리 너비를 살려서 그리지만 굽높이가 4cm 이상이면 중창 패턴 뒤축선을 2.5mm 줄여주고 대다리 너비를 그린다.(적색선 참조)

❺ 청색선을 칼질하여 분리하면 전체 대다리 out sole 패턴이 완성된다.

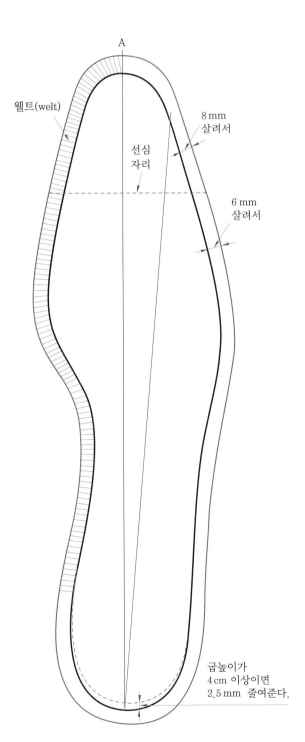

A

웰트(welt)

선심 자리

8 mm 살려서

6 mm 살려서

굽높이가 4 cm 이상이면 2.5 mm 줄여준다.

5 펌프스 까래 패턴 제작 방법

❶ 중심선을 그린 후 중창 패턴을 대고 중심선을 그린다.

❷ 앞코 끝점 위치를 3mm 줄여서 그린다.

❸ 70% 165mm 위치선과 58% 136mm 위치선에 C선을 그린다.

❹ 안쪽 70% 위치선에서부터 뒷굽자리 선을 따라 2mm를 바깥쪽 58% C선까지 줄여서 그려 준다.

❺ 패턴 중앙을 기준으로 뒤에서 4mm 위 치에 라벨 위치를 표시한다.

❻ 청색선을 칼질하여 분리하면 펌프스 까 래 패턴이 완성된다.

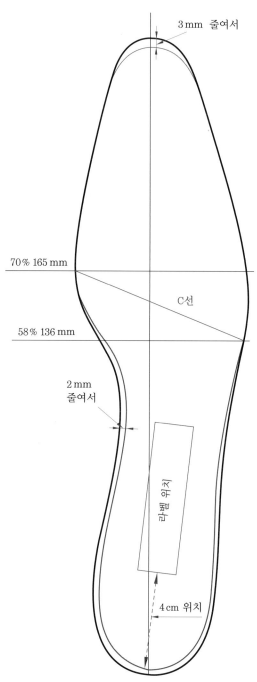

6 $\frac{1}{2}$ **반까래 패턴 제작 방법**

① 중심선을 그린 후 중창 패턴을 중심선에 그린다.

② 70% 165mm 위치선과 58% 136mm 위치선을 그린다.

③ 70% 위치선과 58% 위치선 중간선인 $\frac{1}{2}$선 C선을 그린다.

④ 70% 위치선 안쪽 선부터 둥글게 스케치를 시작하여 아치 부위는 5mm 살리면서 뒤축중심선 부위는 1.5mm를 자연스럽게 줄여준다. 바깥쪽 선은 C선까지 1mm 살려준다.

⑤ 청색선을 칼질하여 분리하면 $\frac{1}{2}$ 반까래 패턴이 완성된다. $\frac{1}{2}$ 반까래 패턴은 부츠에서나 남성화에서 많이 사용한다.

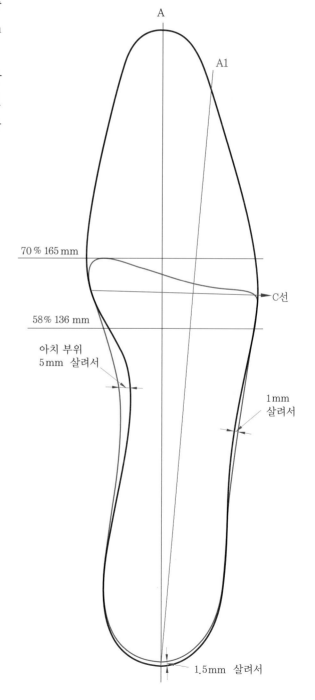

구두 패턴 프로세스

2014년 1월 20일 인쇄
2014년 1월 25일 발행

저자 : 차남수 · 김형래
감수 : 김영길
펴낸이 : 이정일

펴낸곳 : 도서출판 **일진사**
www.iljinsa.com

140-896 서울시 용산구 효창원로 64길 6
대표전화 : 704-1616, 팩스 : 715-3536
등록번호 : 제1979-000009호(1979.4.2)

값 **28,000원**

ISBN : 978-89-429-1379-4

* 이 책에 실린 글이나 사진은 문서에 의한 출판사의
동의 없이 무단 전재 · 복제를 금합니다.